Anwendung programmierbarer Taschenrechner

Band 1   Angewandte Mathematik – Finanzmathematik –
            Statistik – Informatik für UPN-Rechner, von H. Alt

Band 2   Allgemeine Elektrotechnik – Nachrichtentechnik –
            Impulstechnik für UPN-Rechner, von H. Alt

Band 3/I   Mathematische Routinen der Physik, Chemie und Technik
            für AOS-Rechner Teil I, von P. Kahlig

Band 3/II   Mathematische Routinen für Physik, Chemie und Technik
            für AOS-Rechner Teil II, von P. Kahlig

Band 4   Statik – Kinematik – Kinetik für AOS-Rechner,
            von H. Nahrstedt

Band 5   Numerische Mathematik. Programme für den TI-59,
            von J. Kahmann

Band 6   Elektrische Energietechnik – Steuerungstechnik –
            Elektrizitätswirtschaft für UPN-Rechner, von H. Alt

Band 7   Festigkeitslehre für AOS-Rechner, von H. Nahrstedt

Band 8   Graphische Darstellung mit dem Taschenrechner (AOS),
            von P. Kahlig

Anwendung programmierbarer Taschenrechner

Band 1

Helmut Alt

Angewandte Mathematik
Finanzmathematik
Statistik
Informatik

für UPN-Rechner

Mit 19 vollständigen Programmen und zahlreichen Anwendungsbeispielen

2., durchgesehene Auflage

Springer Fachmedien Wiesbaden GmbH

CIP-Kurztitelaufnahme der Deutschen Bibliothek

Alt, Helmut:
Angewandte Mathematik, Finanzmathematik, Statistik,
Informatik für UPN-Rechner / Helmut Alt. — 2., durchges.
Aufl.
   (Anwendung programmierbarer Taschenrechner; Bd. 1)
   ISBN 978-3-528-14150-9   ISBN 978-3-663-16238-4 (eBook)
   DOI 10.1007/978-3-663-16238-4

1. Auflage 1979
2., durchgesehene Auflage 1981

Alle Rechte vorbehalten
© Springer Fachmedien Wiesbaden 1981
Ursprünglich erschienen bei Friedr. Vieweg & Sohn Verlagsgesellschaft mbH,
Braunschweig 1981

Die Vervielfältigung und Übertragung einzelner Textabschnitte, Zeichnungen oder Bilder, auch für
Zwecke der Unterrichtsgestaltung, gestattet das Urheberrecht nur, wenn sie mit dem Verlag vorher
vereinbart wurden. Im Einzelfall muß über die Zahlung einer Gebühr für die Nutzung fremden
geistigen Eigentums entschieden werden. Das gilt für die Vervielfältigung durch alle Verfahren
einschließlich Speicherung und jede Übertragung auf Papier, Transparente, Filme, Bänder, Platten
und andere Medien.

ISBN 978-3-528-14150-9

Vorwort

Die mit dem vorliegenden Band 1 eröffnete Reihe *Anwendung programmierbarer Taschenrechner* bietet dem Leser eine breite Palette von Aufgabenstellungen aus Gebieten der Natur- und Wirtschaftswissenschaften, für die Programme zur numerischen Lösung erarbeitet wurden. Dieser Band führt den Leser in das Programmieren von Taschenrechnern ein, die nach dem Prinzip der Umgekehrten Polnischen Notation (UPN-Technik) arbeiten, und bringt Beispiele aus den Bereichen der angewandten Mathematik, der Finanzmathematik, der Statistik und der Informatik. Dabei wird besonders Gewicht auf eine rationelle und leicht überschaubare Programmierung als Hilfsmittel zur Problemlösung gelegt. Eine in dieser Weise als Handwerkszeug verstandene Programmierung wird nicht zum Selbstzweck ausarten, sondern den Leser befähigen, auf Grund der mühelosen Reproduzierbarkeit der Lösung alle wünschenswerten Variantenrechnungen einer fundierten Ergebnisaussage nutzbar zu machen.

Das Buch wendet sich insbesondere an Ingenieure in der Industrie und den verschiedenen Verwaltungsbereichen, die sowohl mit mathematisch-technischen wie auch mit mathematisch-betriebswirtschaftlichen Aufgabenstellungen konfrontiert werden. Studenten an Universitäten und Fachhochschulen erhalten eine gründliche Einführung in die unterschiedlichen Funktionsmerkmale der Rechensysteme und erlernen das methodische Vorgehen und die praktische Rechnungsdurchführung mit dem programmierbaren Taschenrechner.

Dem Leser wird ein Nachschlagfundus mit Beispielen für programmierte Aufgabenlösungen aus einem breiten Anwendungsspektrum in die Hand gegeben. Die hierbei gegebenen Programmierhinweise haben den Zweck, die Ausarbeitung spezieller, auf die eigene Problemstellung zugeschnittene Programme zu erleichtern.

Zu den Aufgabenstellungen werden die mathematischen Grundlagen nur soweit dargestellt, wie es zur Programmierung des Lösungsalgorithmus erforderlich ist. Zum tieferen Eindringen in die jeweilige Thematik wird auf die vorhandene Fachliteratur verwiesen.

Die angegebenen Programme sind auf die UPN-Rechner HP67 und HP97 mit externem Magnetkarten-Speicher zugeschnitten. Der Verfasser geht davon aus, daß die den Rechnern zugehörigen Bedienungshandbücher und die hierzu vorliegende Sekundärliteratur alle Fragen zur eigentlichen Bedienung und praktischen Einübung umfassend beantworten. Deshalb baut dieses Arbeitsbuch eine Brücke zwischen den objektiven Möglichkeiten der Technik (Hardware) und den subjektiven Fähigkeiten zu einer rechnergerechten Problemanalyse und rationellen Problemlösung (Software).

Dank gebührt Herrn Dr.-Ing. *Ch. Fuchs* für sachkundige Anregungen zu Programmierung und Rechnereinsatz sowie Herrn Dipl.-Ing. *K. Lange* für interessante Hinweise zur Einkommensteuerberechnung. Für viele fruchtbringende Fachdiskussionen und Anregungen danke ich Herrn Dipl.-Ing. *J. Hildebrandt.* Weiter habe ich zu danken Fräulein *E. Breuer* und Frau *B. Krauthausen* für die Übernahme der Schreibarbeiten sowie Fräulein *G. Stüsser* für die Ausführung der Zeichenarbeiten. Danken möchte ich auch Herrn *H.-J. Niclas,* Lektor im Verlag Vieweg, für die Anregung zu der Arbeit und dem Verlag für die gute Aufnahme. Nicht zuletzt gilt ein besonderer Dank meiner Frau und meinen Kindern, die mir größtes Verständnis über viele Monate der Manuskriptbearbeitung entgegengebracht haben.

Aachen-Brand *Helmut Alt*

Inhaltsverzeichnis

1 Historischer Überblick 1

2 Einführung 3
   2.1 Rechensysteme 3
      2.1.1 Funktionsmerkmale der AOS-Technik 3
      2.1.2 Rechnungsablauf in der AOS-Technik 3
      2.1.3 Funktionsmerkmale der UPN-Technik 4
      2.1.4 Rechnungsablauf in der UPN-Technik 6
      2.1.5 Stack-Register 7
      2.1.6 Gesamt-Bewertung 8

3 Programmiertechnik 9
   3.1 Speichertechnik 9
   3.2 Speicherarten 9
   3.3 Indirekte Adressierung 10
   3.4 Speicherregister Arithmetik 11
   3.5 Programmaufrufe 11
   3.6 Dateneingabe 11
   3.7 Ergebnisausgabe 12
   3.8 Programmverzweigungen 12
      3.8.1 Unbedingte Sprünge 13
      3.8.2 Bedingte Sprünge 13
      3.8.3 Flag-Steuerung 13
   3.9 Unterprogrammtechnik 14
   3.10 Fehlersuche 15
   3.11 Dokumentation 15

4 Angewandte Mathematik 16
   4.1 Quadratische und kubische Gleichungen 16
      4.1.1 Programmbeschreibung 17
      4.1.2 Testbeispiele 19
   4.2 Lineare Gleichungssysteme bis vierter Ordnung 20
      4.2.1 Programmbeschreibung „Lineare Gleichungssysteme bis vierter Ordnung" .. 20
      4.2.2 Testbeispiel 22
   4.3 Newtonsches Iterationsverfahren 23
      4.3.1 Programmbeschreibung „Newtonsches Iterationsverfahren" 24
      4.3.2 Testbeispiel Polynomberechnung 25
      4.3.3 Testbeispiele Nullstellensuche 26

4.4	Numerische Integration		28
	4.4.1	Trapez-Regel	28
	4.4.2	Simpson-Regel	29
	4.4.3	Newton-Regel	29
	4.4.4	Ablauf der programmierten numerischen Integration	31
	4.4.5	Numerische Integration einer analytischen Funktion	31
	4.4.6	Programmbeschreibung „Numerische Integration"	32
	4.4.7	Bestimmung der Stromabgabe aus der Leistungs-Ganglinie	33
	4.4.8	Integration der Gaußschen Normalverteilung	34
	4.4.9	Berechnung der Fourier-Koeffizienten	35
4.5	Lösung von Differentialgleichungen nach dem Runge-Kutta-Verfahren		40
	4.5.1	Differentialgleichungen erster Ordnung	40
	4.5.2	Schrittweitensteuerung	41
	4.5.3	Programmbeschreibung „Differentialgleichungen erster Ordnung"	42
	4.5.4	Test- und Anwendungsbeispiele	44
	4.5.5	Differentialgleichungen zweiter Ordnung	46
	4.5.6	Programmbeschreibung „Differentialgleichungen zweiter Ordnung"	48
	4.5.7	Test- und Anwendungsbeispiele	50
4.6	Komplexe Rechnung		53
	4.6.1	Test- und Anwendungsbeispiele	55
4.7	Harmonische Analyse		56
	4.7.1	Numerische Bestimmung der Fourier-Koeffizienten	56
	4.7.2	Berechnungsverfahren	57
	4.7.3	Programmstruktur	58
	4.7.4	Symmetrieeigenschaften	58
	4.7.5	Programmbeschreibung „Harmonische Analyse"	59
	4.7.6	Anwendungsbeispiele	61
4.8	Lösung nichtlinearer Gleichungssysteme mit Hilfe der Newton-Raphson-Methode		64
	4.8.1	Berechnungsgrundlagen	64
	4.8.2	Anwendung für Systeme bis zweiter Ordnung	65
	4.8.3	Programmstruktur „Newton-Raphson-Methode"	66
	4.8.4	Programmbeschreibung „Newton-Raphson-Methode"	67
	4.8.5	Anwendungsbeispiel	67

5 Finanzmathematik ... 70

5.1	Rentenberechnung		70
	5.1.1	Kapitalisierung einer Rente	70
	5.1.2	Verrentung eines Kapitals	72
5.2	Finanzierungsberechnung		72
	5.2.1	Annuitätentilgung	72
	5.2.2	Effektivverzinsung bei Disagio	73
	5.2.3	Tilgungsplan	74
	5.2.4	Auf- und abgezinstes Kapital	74
	5.2.5	Programmbeschreibung „Renten- und Finanzierungsprogramm"	74
	5.2.6	Anwendungsbeispiele	75

5.3 Zinseszinsberechnung für Jahres- und Monatszyklen 77
   5.3.1 Tilgungsplan 77
   5.3.2 Laufzeit 79
   5.3.3 Annuität 79
   5.3.4 Endwert gleichmäßiger Zahlungen 79
   5.3.5 Sparkassenverzinsung 80
   5.3.6 Anwendungsbeispiele 80
5.4 Wirtschaftlichkeitsberechnung von Investitionen 82
   5.4.1 Berechnungsverfahren 82
   5.4.2 Programmbeschreibung „Wirtschaftlichkeitsberechnung I" ... 87
   5.4.3 Durchführung der Investitionsberechnungen 89
   5.4.4 Anwendungsbeispiele 90
   5.4.5 Programmvariante für erweiterten Erlöszeitraum und Wachstumsansatz 92
   5.4.6 Anwendungsbeispiele 94
5.5 Einkommensteuerberechnung 97
   5.5.1 Berechnungsgrundlagen 98
   5.5.2 Steuerentlastung durch Freibeträge 99
   5.5.3 Programmbeschreibung „Einkommensteuer" 100
   5.5.4 Speicherplatzbelegung 100
   5.5.5 Graphische Darstellung des Einkommensteuertarifs 102
   5.5.6 Testbeispiele „Tarif 1978" 102
   5.5.7 Änderungen für Einkommensteuer ab 1979 104
   5.5.8 Testbeispiele „Tarif 1979" 106

6 Statistik 108
6.1 Gaußsche Normalverteilung 108
   6.1.1 Struktur des Programms „Normalverteilung" 109
   6.1.2 Programmbeschreibung 111
   6.1.3 Anwendungsbeispiele 113
6.2 Binominalverteilung 114
   6.2.1 Vertrauensgrenzen von Hypothesen 115
   6.2.2 Struktur des Programms „Binominalverteilung" 115
   6.2.3 Programmbeschreibung 116
   6.2.4 Anwendungsbeispiele 118
6.3 Klassifizierung durch Stichproben 120
   6.3.1 Vertrauensbereich des Mittelwertes 121
   6.3.2 Programmbeschreibung „Stichproben-Klassifizierung" 121
   6.3.3 Anwendungsbeispiele 123
6.4 Regressionsanalyse 125
   6.4.1 Programmbeschreibung „Regressionsanalyse" 126
   6.4.2 Anwendungsbeispiele 131
6.5 D'Hondtsches Verteilungsverfahren 136
   6.5.1 Formalismus des Verteilungsverfahrens 136
   6.5.2 Speicherstruktur 136
   6.5.3 Programmbeschreibung „D'Hondtsches Verteilungsverfahren" . 137
   6.5.4 Testbeispiele 137

7 Informatik 140
    7.1   Konvertierung zwischen Zahlensystemen 140
          7.1.1   Bildungsgesetz einer Zahl 140
          7.1.2   Konvertierung einer Zahl mit der Basis B in eine Dezimalzahl 140
          7.1.3   Konvertierung einer Dezimalzahl in eine Zahl mit der Basis B 141
          7.1.4   Programmbeschreibung „Zahlensystem-Konvertierung" 141
          7.1.5   Testbeispiele 145
    7.2   Code-Umwandlungen 147
          7.2.1   Programmbeschreibung „Code-Umwandlung" 148
          7.2.2   Testbeispiele 150
          7.2.3   Gray-Code-Abtaster 151
          7.2.4   Direkte Umwandlung Dezimal in Gray-Code 151
          7.2.5   Programmbeschreibung „Dezimal-Graycode-Umwandlung" 152
          7.2.6   Testbeispiele 153

Literaturverzeichnis 154

Sachwortverzeichnis 156

Anhang
Einkommensteuerberechnung für Österreich 159

1 Historischer Überblick

Die Anfänge der Entwicklung von Rechenmaschinen gehen zurück auf *Wilhelm Schickard* (1592–1635), Professor an der Universität Tübingen [1, 2]. Er baute im Jahre 1623 eine Maschine „Rechenuhr" für die vier Grundrechenarten, bei der für das Addier- und Subtrahierwerk erstmalig das dekadische Zählrad verwendet wurde. *Blaise Pascal* (1623–1662) vollendete seine erste Rechenmaschine für Addition und Subtraktion im Jahre 1645. Ein Vorläufer unserer heutigen Taschenrechner war *Samuel Morland's* (1625–1695) Taschenrechenmaschine aus dem Jahre 1666. Diese war vom Pascalschen Typ, jedoch in den Abmessungen nur 3 x 4 x 1/4 Inch groß und für Multiplikationen geeignet. Das Original ist im britischen Science Museum in London zu sehen. Eine schon fortgeschrittene Rechenmaschine, bei der die Arbeitsgänge der Zahleneinstellung und der Rechnung voneinander getrennt waren und mit der man nicht nur Additionen und Subtraktionen, sondern auch Multiplikationen „mühelos" und Divisionen „fast mühelos" ausführen konnte, konstruierte *Gottfried Wilhelm Leibniz* (1646–1716) im Jahre 1672. Seine Motivation wird in einem Zitat aus dem Jahre 1671 besonders deutlich [3]:

"Indignum enim est excellentium virorum horas servili calculandi labore perire, quia Machina adhibita vilissimo cuique secure transcribi posset."

Zu deutsch:
„Eines geistig hochstehenden Mannes ist es unwürdig, seine Zeit zu vertun mit sklavischer Rechenarbeit, denn mit einer Maschine könnte auch der Allerdümmste die Rechnung sicher ausführen."

Nach nahezu 250-jähriger Pause in der Rechenmaschinenentwicklung konzentrierte man sich ab der Jahrhundertwende auf die Verbesserung der mechanischen Realisierung der Vierspezies-Rechner. Im Sinne einer neuen Entwicklungsdimension gab *Konrad Zuse* (geb. 1910) im Jahre 1941 mit der ersten voll funktionstüchtigen programmgesteuerten Rechenanlage der Welt, der Zuse Z3 in Relaistechnik, den Startschuß zu einer stürmischen Entwicklung auf dem Gebiet elektronischer Großrechenanlagen.
Diese Entwicklung war im wesentlichen gekennzeichnet durch die Fortschritte, die auf dem Sektor der Halbleitertechnologie erzielt wurden.
Mit der Verfügbarkeit hochintegrierter monolithischer Schaltkreise war der Verwirklichung leistungsfähiger wissenschaftlicher Rechner im Taschenformat die Tür geöffnet. Im Jahre 1970 wurden bereits 14 000 Schaltelemente auf einer Fläche von 17 Quadratmillimetern untergebracht und Zeiten für eine Rechenoperation im Nanosekundenbereich erzielt. Zu dieser Zeit erschienen auch die ersten wissenschaftlichen Taschenrechner auf dem Markt, freilich noch zu einem Preis in der Größenordnung des Monatseinkommens eines Ingenieurs. Die folgenden Jahre waren durch eine rasche Zunahme von Typenvielfalt, Leistungsfähigkeit und Preisverfall auf diesem Markt gekennzeichnet.
Im Jahre 1974 erschienen die ersten programmierbaren Taschenrechner sowohl ohne als auch mit externen Speicher. Bei den Folgetypen wurde dann insbesondere der verfügbare Speicherplatz und der Programmierkomfort weiter gesteigert.

Der Taschenrechner trat ab 1972 unaufhaltsam an die Stelle des bewährten Rechenschiebers, der im Jahre 1654 von *Robert Bissaker* eingeführt wurde. In der von *Seth Partridge* im Jahre 1657 verbesserten Form, mit beweglicher Zunge zwischen den beiden an den Enden fixierten Körperteilen, wurde er in den folgenden 300 Jahren, nicht zuletzt wegen des ebenso mechanisch trivialen wie mathematisch genialen Aufbaus, zu einer höchst nützlichen „Rechenmaschine", die insbesondere im ingenieurwissenschaftlichen Bereich unverzichtbar geworden war.

Die Anwendung des Rechenschiebers im studentischen Bereich geht seit der offiziellen Zulassung der Taschenrechner als Hilfsmittel zu den Prüfungen an wissenschaftlichen Hochschulen und Fachhochschulen immer mehr zurück. Wegen der digitalen Anzeige elektronischer Rechner ist die Übersicht über einzelne Bereichsdekaden, wie man sie vom Rechenschieber gewöhnt war, nicht mehr gegeben. Die Abschätzung des Einflusses einzelner Faktoren auf das Rechenergebnis ist daher nicht mehr in anschaulicher Form möglich. Es bleibt zu hoffen, daß der hohe didaktische Nutzen, den viele Generationen aus der analogen Arbeitsweise mit dem Rechenschieber und dem Zwang zum *Mitdenken in Größenordnungen* zogen, bei der Anwendung des Taschenrechners auf andere Weise erreicht wird.

Inzwischen ist man an einem Punkt angelangt, wo die ausgereifte Hardware der programmierbaren Rechner eine intensive Investition in Software-Arbeiten rechtfertigt. Auf diesem Sektor ist praktisch ein unbegrenztes Innovationspotential vorhanden, aus dem in Zukunft wohl alle erdenklichen Anwendungen erwachsen werden.

Die persönliche Nachvollziehbarkeit schwieriger Berechnungen und vielfältiger logischer Abhängigkeiten wird die berechtigte Sorge gegenüber dem *schwarzen Kasten* EDV in weiten Bereichen mildern können.

Die zukünftige Hardware-Entwicklung wird wohl auf eine weitere Vergrößerung des verfügbaren Speicherplatzes, einer Steigerung des Programmierkomforts im Hinblick auf Makrobefehle mit Anlehnung an höhere Programmiersprachen und einer Verbesserung der Ausgabemöglichkeiten im Hinblick auf alphanumerische Ausdrücke hinzielen. Das vorhandene Software-Potential wird immer stärker eine Programmkompatibilität zu den Folgegenerationen erfordern.

2 Einführung

2.1 Rechensysteme

Ein wesentliches Unterscheidungsmerkmal zwischen Taschenrechnern etwa gleicher Leistungsausstattung ist das verwendete Rechensystem. In echter Konkurrenz auf dem Markt wissenschaftlicher Taschenrechner stehen heute zwei Systeme:

a) Die algebraische Notation in Verbindung mit dem Algebraischen-Operations-System (AOS)
b) Die Umgekehrte Polnische Notation (UPN) in Verbindung mit einem vierstufigen Stackregister

2.1.1 Funktionsmerkmale der AOS-Technik

Die AOS-Technik [4, 5, 6] organisiert selbsttätig einen hierarchischen Aufbau der Rechnung unter Beachtung der algebraischen Regeln. Eine Bestimmungsgleichung kann bis zu einer für die praktische Anwendung unbedeutende Einschränkung (z.B. 9 verschachtelte Klammerebenen für bis zu 8 unvollständige Operationen) von links nach rechts aus der schriftlichen Vorlage in den Rechner übertragen werden. Zwischenergebnisse werden nur angezeigt, wenn die Operationen in einer Ebene abgeschlossen werden. Ein Bruch in der Eingabesystematik entsteht jedoch dadurch, daß vor Betätigung einer Funktionstaste das Argument der Funktion eingegeben sein muß.

2.1.2 Rechnungsablauf in der AOS-Technik

Die Funktionsweise des AOS-Systems sei an der Aufgabe $6 + 5 (9 - \frac{6}{3})$ erläutert.
Zur Lösung dieser Aufgabe sind folgende 12 Tasten zu betätigen:

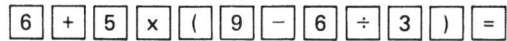

Nach den Regeln der Algebra kann mit der Berechnung erst begonnen werden, wenn die erste rechts stehende schließende Klammer eingegeben ist. Dies erfordert eine Zwischenspeicherung aller vorher eingegebenen Zahlen und Rechenbefehle. Die AOS-Technik bedient sich zur Nachhaltung aller unvollständigen Operationen der internen Verarbeitungsregister, auch flexible Speicher genannt. In unserem Beispiel werden 4 unvollständige Operationen in folgender Weise in Anspruch genommen.

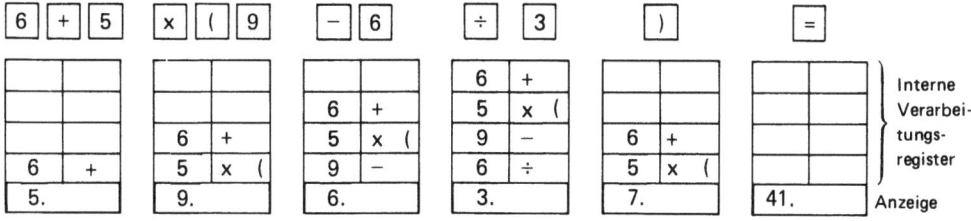

Wie man erkennt, wird als erstes Zwischenergebnis der abgeschlossene Klammerausdruck angezeigt. Dabei wird die algebraische Hierarchie, Division vor Subtraktion, automatisch beachtet. Das Zwischenergebnis der Division wird nicht angezeigt. Diese Eigenart wird von Nachteil sein, wenn auch dieses Zwischenergebnis von besonderem Interesse ist. Durch Einfügen einer zweiten Klammerebene ... (6 ÷ 3)) kann dieser Nachteil jedoch vermieden werden.

Nach dem Eingeben des Gleichheitszeichens wird das Endergebnis angezeigt und alle flexiblen Speicher gelöscht. Auch hier wurde wieder das Zwischenergebnis der Multiplikation nicht angezeigt. Die Steuerung der einzelnen Verarbeitungsstufen außerhalb des Rechenablaufs nach den Gesetzen der algebraischen Hierarchie wird durch die linken Klammern bewirkt. Die rechten Klammern veranlassen die Ausrechnung und Anzeige der Zwischenergebnisse. Da die Eingabe des Gleichheitszeichens alle unvollständigen Operationen abschließt, brauchen die rechten Klammern unmittelbar vor dem Gleichheitszeichen bei Verzicht auf die Anzeige der entsprechenden Zwischenergebnisse nicht eingegeben zu werden.

Zusammenfassend kann gesagt werden, daß die Eingabe nach der AOS-Technik lediglich die Übertragung der Vorlage ohne jede Nebenregeln auf die Tastatur des Rechners erfordert. Damit ist diese Organisationstechnik hinsichtlich der Bedienungsart sicher nicht zu überbieten.

Bei näherem Hinsehen, insbesondere bei umfangreicheren technisch-wissenschaftlichen Aufgabenstellungen, wird jedoch erkennbar, daß dieser Vorteil mit einem weitgehenden erzwungenen Verzicht auf die Verfolgung des Rechnungsablaufs bezahlt wird.

Anderenfalls muß die vorgegebene Aufgabe in ihrer Schreibweise auf Kosten einer höheren Zahl von Klammersetzungen erst rechnergerecht bearbeitet werden.

2.1.3 Funktionsmerkmale der UPN-Technik

Die Umgekehrte Polnische Notation (UPN) geht auf den polnischen Mathematiker *Jan Lukasiewicz* (1878–1956) zurück, der ab 1946 an der Royal Irish Academy in Dublin lehrte und grundlegende Arbeiten auf dem Gebiet der formalen Logik veröffentlichte. Die formale Logik strebt danach, die größtmögliche Exaktheit zu erreichen im Sinne Aristotelischer Vernunftschlüsse:

„Alle Menschen sind sterblich,
Socrates ist ein Mensch,
folglich:
Socrates ist sterblich."

Als formalistisches Hilfsmittel entwickelte *Lukasiewicz* im Jahre 1929 eine symbolische, klammerfreie Schreibweise für logische Aussagen, die er fortan in seinen Arbeiten benutzte [7]. Diese eindeutige klammerfreie Anordnung von Anweisungen zu mathematischen Operationen ist als Prefix-Schreibweise mit Operator, Operand, Operand-Struktur oder als Postfix-Schreibweise mit Operand, Operand, Operator-Struktur möglich. Mit Umgekehrter Polnischer Notation ist die Postfix-Schreibweise angesprochen. Die in der Algebra übliche Schreibweise mit Operand, Operator, Operand-Struktur, wie z.B. in a + b, bezeichnet man dagegen als eingeschobene Anordnung. Die Umgekehrte Polnische Notation hat als Postfix-Schreibweise gegenüber der eingeschobenen Anordnung Vorteile, da sie ohne Klammersetzungen frei von Mehrdeutigkeiten ist [8, 9, 10].

Der logische Ablauf zur Berechnung des Ausdruckes 3 · 4 + 7 · 9 läßt sich mit Hilfe des Stackregisters wie folgt darstellen:

Anweisung	Stack-Register			
	1	2	3	
Nimm	3			
Nimm	4	3		Stack-up
Multipliziere	12			Stack-down
Nimm	7	12		Stack-up
Nimm	9	7	12	Stack-up
Multipliziere	63	12		Stack-down
Addiere	75			Stack-down

Die Umgekehrte Polnische Notation führt auf folgende Schreibweise:

3 4x 7 9x +

Der logische Ablauf läßt sich in Form eines Graphen nach Bild 2.1.1 verdeutlichen.

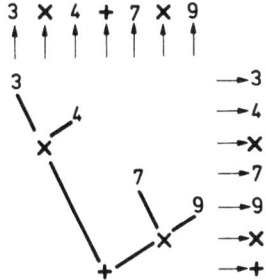

Bild 2.1.1
Darstellung einer eingeschobenen und nachgestellten Anordnung

Die waagerechte Projektion der Eckpunkte ergibt die Schreibweise der umgekehrten polnischen Notation und die senkrechte Projektion führt zu der üblichen algebraischen Schreibweise.

Die einzelnen Operanden müssen bei der Eingabe durch einen Separator (als ENTER-Taste realisiert) voneinander abgetrennt werden [11, 12]. Die Verarbeitung der Eingaben erfolgt bei der UPN-Technik stets nach dem in Bild 2.1.2 angegebenem Ablaufschema:

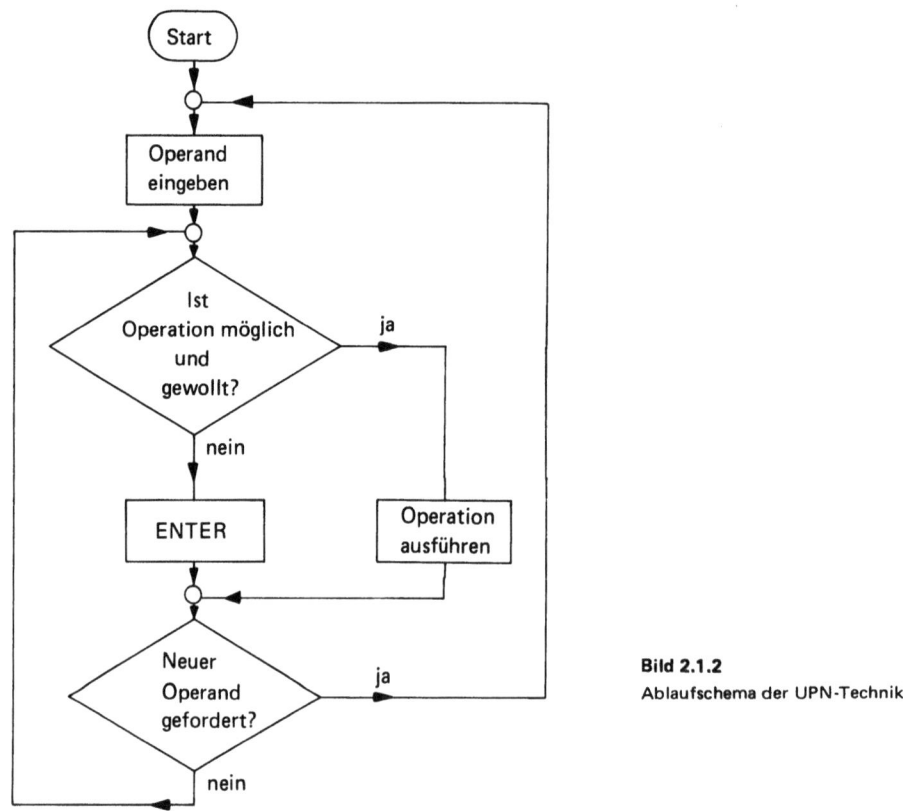

Bild 2.1.2
Ablaufschema der UPN-Technik

2.1.4 Rechnungsablauf in der UPN-Technik

Zur Lösung der unter Abschnitt 2.1.2 genannten Aufgabe sind bei Rechnern mit UPN-Technik folgende 11 Tasten zu betätigen:

Der Ablauf der Rechnung in der UPN-Technik entspricht genau demjenigen, den man bei eigener Kopfrechnung auch vollziehen würde. Der Anwender muß die algebraische Hierarchie selbst beachten und die Reihenfolge der Eingaben hiernach organisieren. Es wird zunächst der Klammerausdruck eingegeben. Da sowohl nach Eingabe der 9 wie auch nach Eingabe der 6 noch keine Operation möglich ist, müssen diese beiden Eingaben durch die Betätigung der ENTER-Taste von den nachfolgenden Eingaben separiert werden. Nach Eingabe der 3 ist die nach den Regeln der Algebra vorrangige Division möglich. Sie wird nach Eingabe des Operators ÷ unmittelbar ausgeführt und das Ergebnis 2 angezeigt. Anschließend ist auch die Subtraktion möglich. Sie wird ebenfalls nach

Eingabe des Operators — unmittelbar ausgeführt und das Ergebnis angezeigt. Um den natürlichen Ablauf der Rechnung fortzusetzen, muß die 5 als nächster Operand eingegeben werden. Die Multiplikation mit dem vorher berechneten Klammerausdruck ist nun möglich und wird nach Eingabe des Operators x unmittelbar ausgeführt und das Ergebnis 35 angezeigt. In gleicher Weise werden nun die 6 als letzter Operand und der Operator + zur Veranlassung der Addition eingegeben. Hiernach erscheint das Endergebnis 41 in der Anzeige.

2.1.5 Stack-Register

Um die Operanden für die jeweils eingegebene Operation verfügbar zu halten, setzt die UPN-Technik ein Stack-Register (Stapelregister) voraus. Bei den UPN-Taschenrechner der Firma Hewlett-Packard umfaßt das Stack-Register vier abrufbare Arbeitsregister, die mit den Buchstaben X, Y, Z und T bezeichnet werden.
Das X-Register dient als Rechenregister für einparametrige Operationen. Nur im X-Register befindliche Werte werden in dem gewählten Ausgabemodus angezeigt. Das Y-Register dient als Speicherregister für Zwischenergebnisse und in Verbindung mit dem X-Register als Rechenregister für zweiparametrige Operationen. Da nach Ausführung einer zweiparametrigen Grundoperation der vormalige Inhalt des Y-Registers nicht mehr benötigt wird, werden die Inhalte der darüber angeordneten Z- und T-Register um eine Stufe heruntergezogen (Stack wurde um eine Stufe abgearbeitet).
Das Z-Register dient als Speicherregister für Zwischenergebnisse. Beim Abarbeiten des Stacks wird der Inhalt des Z-Registers an das Y-Register übergeben.
Das T-Register dient wie das Z-Register als weiteres Speicherregister für Zwischenergebnisse mit der zusätzlichen Eigenart, daß durch Abarbeiten des Stacks der Inhalt des T-Registers zwar auch in das unterlagerte Z-Register übergeben wird, aber zusätzlich im T-Register selbst erhalten bleibt.
Die Anordnung des Stack kann man sich als übereinander angeordnete Register vorstellen (Bild 2.1.3):

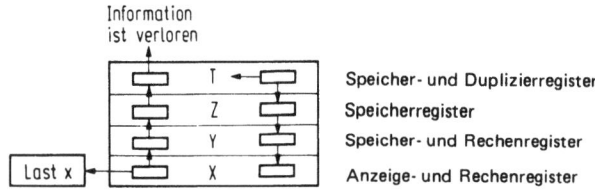

Bild 2.1.3 Stack- und Last x-Register

In Verbindung mit dem Stack-Register steht ein Last x-Register. In diesem Hilfsregister wird bei Veränderungen im Stack-Register jeweils der vorherige Inhalt des X-Registers übertragen und steht dort abrufbar zur Verfügung.
Wir wollen die Vorgänge im Stack-Register an Hand der unter Abschnitt 2.1.4 angegebenen Eingaben verfolgen:

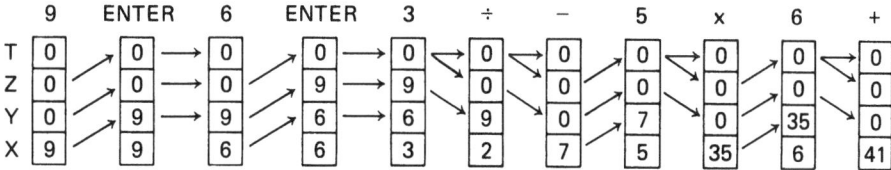

7

Es ist zu beachten, daß die auf ENTER folgende Eingabe den Inhalt des X-Registers überschreibt und keine Anhebung der Stack-Inhalte bewirkt. Nach Ausführung einer Grundoperation wird das Stack-Register jeweils um eine Stufe abgearbeitet. Da das T-Register nicht erreicht wurde, werden auch bei dem Abbauen des Stacks Nullen nachgezogen.

2.1.6 Gesamtbewertung

Bei der Anwendung von Rechnern mit UPN-Technik ist die Kenntnis der algebraischen Grundgesetze erforderlich. Unter dieser Premisse hat der Anwender weitgehende Freiheiten, den Rechnungsablauf zu bestimmen. Zwischenergebnisse werden in jedem Fall ohne Zusatzmaßnahmen angezeigt.
Der Rechnungsablauf verläuft damit synchron mit dem gedanklichen Nachvollziehen der Lösung. Dies führt insbesondere bei technisch-wissenschaftlicher Aufgabenstellung oft schon während der Rechnung zu entscheidenden Aussagen, die zu einer Bestätigung, Änderung oder zum vorzeitigen Abbruch der Rechnung Anlaß geben. Für ein verantwortlich zu vertretendes Rechnungsergebnis bedeutet die gedankliche Nachvollziehbarkeit eine unverzichtbare Forderung ingenieurmäßigen Arbeitens.
Aus pädagogisch-didaktischer Sicht ist der zwangsweise ständige Gebrauch des algebraischen Grundwissens von nicht zu unterschätzendem Wert und daher sicher nicht als Nachteil zu werten.
Eine generelle Bevorzugung eines der beiden konkurrierenden Rechensysteme ist insbesondere unter Hinzuziehung finanzieller Gesichtspunkte nicht möglich.
Aus den dargelegten Gesichtspunkten sollte jedoch hervorgehen, daß eine verblüffend anspruchslose Handhabung nicht gegen die Vorteile eines verantwortlichen Mitdenkens ausgespielt werden sollte.
In den vergangenen *Rechenschieber-Jahrzehnten* bezog sich das notwendige Mitdenken sowohl auf den Rechenablauf als auch auf die Zahlenwertbildung. Die elektronischen Rechner erlauben es, die gesamte Konzentration der Strategie des Lösungsweges zu widmen. Um das Gesetz des Handelns nicht ganz aus der Hand zu geben und um einer blinden Computer-Gläubigkeit vorzubeugen, sollte die Lösungsstrategie weiter dort bleiben, wo das Ergebnis zu verantworten ist. Diesem Anliegen trägt die UPN-Technik in besonderem Maße Rechnung.

3 Programmiertechnik

3.1 Speichertechnik

Im Anschluß an die Problemanalyse, also vor Beginn der Programmierung, sollten die im Programm benötigten Datenspeicher festgelegt werden. Dabei sind drei Speichergruppen zu unterscheiden:

— Permanente Datenspeicher
— Ergebnisspeicher
— Hilfsgrößenspeicher

Permanente Datenspeicher

Permanente Datenspeicher sind für solche Daten vorzusehen, die während der Programmbearbeitung als variable oder konstante Daten für die Berechnung benötigt werden. Hierzu gehören systembezogene Konstanten und problembezogene Eingabedaten.
Um ein Programm ohne wiederholte Erneuerung der Dateneingabe erneut ablauffähig starten zu können, ist es zweckmäßig, die permanenten Datenspeicher während der Programmbearbeitung nicht zu überschreiben.

Ergebnisspeicher

Ergebnisdaten sollten, soweit möglich, auch festgelegten Ergebnisspeichern zugewiesen werden. Diese Ergebnisspeicher dürfen bis zu dem Zeitpunkt, in dem das Ergebnis dort abgelegt ist, als Hilfsspeicher verwendet werden.

Hilfsgrößenspeicher

Während der Programmbearbeitung fallen im allgemeinen an mehreren Programmstellen benötigte Zwischenergebnisse an, die jedoch für den Benutzer ohne Interesse sind. Zur Verkürzung der Rechenzeit ist es daher zweckmäßig, solche Zwischenwerte nur einmal zu errechnen und dann in einen festgelegten Speicher verfügbar zu halten.

3.2 Speicherarten

Bei den Rechnertypen HP-67/97 unterscheidet man zwischen Primär- und Sekundärspeicher. Nur auf die Primärspeicher kann über die Speicheradressen 0 bis 9 direkt zugegriffen werden. Ein Wechsel dieser Definition kann über die Funktionstaste P $\rightleftarrows$ S vorgenommen werden. Da keinem der beiden Speicherbereiche eine besondere Kennung beigegeben ist, kann man leicht die Übersicht darüber verlieren, welche der beiden Speicherbereiche gerade aktiv ist. Ein mehrmaliger Programmstart würde dann dazu führen, daß man vorher definierte permanente Datenspeicher ungewollt überschreibt und damit einen ordnungsgemäßen Programmablauf verhindert. Daher ist es bei größeren Programmen, die permanente Datenspeicher benötigen und auf beide Speicherbereiche zurückgreifen, zweckmäßig,

konsequent mit indirekter Speicheradressierung zu arbeiten oder unmittelbar nach der Startadresse eine Ausrichtung und Definition der Speicherbereiche programmtechnisch vorzusehen.
Dies kann man über einen Wertvergleich zwischen einem programmtechnisch vorgegebenen Wert und einem als permanente Daten abgespeicherten Wert verwirklichen:
Zum Beispiel in STO 3 sei der Wert 7,9 als permanente Date im Primärbereich über eine Datenkarte eingelesen. Nach dem Start eines Programms bei Label A soll sichergestellt werden, daß für die zunächst folgenden Programmschritte unabhängig vom Anfangsstatus der in Bezug auf die Datenkarte als Sekundärbereich definierte Speicherbereich aktiv ist:

001	LBL A	Anfangsadresse
002 bis 004	7.9	programmierte Konstante
005	RCL 3	gerufene Konstante
006	f x = y	Vergleich, falls ja: nächste Anweisung, falls nein: übernächste Anweisung
007	f P $\rightleftarrows$ S	Speicherbereichwechsel
⋮	⋮	Ab hier ist der sekundäre Speicherbereich aktiviert

Um die Forderung zu erfüllen, wird in den Programmschritten 002 bis 004 der Wert 7,9 programmtechnisch vorgegeben. Im Schritt 005 wird mit der Anweisung RCL 3 der Inhalt von Speicher 3 in das X-Register übernommen. Hierbei ist noch unbekannt, welcher Speicherbereich zur Zeit aktiv ist. Anschließend wird über die Äquivalenzabfrage x = y abgefragt, ob in dem angeforderten Speicher 3 der Wert 7,9 enthalten war. Falls dies zutrifft, war der auf der Datenkarte als Primärbereich definierte Speicherbereich aktiv. Daher wird in Programmschritt 007 ein Umtausch der Speicherbereiche vorgenommen. Für die nun folgenden Programmschritte ist also der sekundäre Speicherbereich in Bezug auf die Datenkarte aktiv.
Bei negativem Ergebnis der Äquivalenzabfrage bei Programmschritt 006 würde die Anweisung zum Umtausch der Speicherbereiche übersprungen und das Programm mit dem in Bezug auf die Datenkarte aktiven Sekundärbereich fortgesetzt.
Diese automatische Speicherbereichsdefinition setzt natürlich voraus, daß unter der Speicheradresse des nicht zum Vergleichstest herangezogenen Primär- bzw. Sekundärspeichers mit Sicherheit ein anderer Wert abgespeichert ist.
Zur Unterscheidung zwischen den in Bezug auf die Datenkarte jeweils aktiven Primär- oder Sekundärspeicherbereichen ist es zweckmäßig, bei aktivem Sekundärspeicherbereich die Speicheradressen in der Anweisungsliste durch eine Strich-Markierung besonders zu kennzeichnen (z.B. STO 3').
Um die eindeutige Speicherbereichdefinition nicht zu gefährden, sollte ein Programm nicht mit Hilfe einer willkürlichen Sprunganweisung an beliebiger Stelle gestartet werden.

3.3 Indirekte Adressierung

Das Indexregister (I-Register) bietet zusammen mit der Tastenfunktion (i) die Möglichkeit, wichtige Rechnerfunktionen wie Speichern, Inkrementieren, Dekrementieren, Springen, Unterprogrammaufrufe und Arithmetik-Operationen mit indirekten Adressen auszuführen oder das Anzeigeformat indirekt zu steuern. Dabei wird der Inhalt des Indexregisters als Adresse für die aufgerufene Funktion oder als Formatspezifikation interpretiert. Diese Möglichkeiten sind insbesondere bei der Programmierung von Dateneingaberoutinen und zur Erzielung variabler Programmabläufe von großem Nutzen. Mit Hilfe der indirekten Adressierung können alle Speicher sowohl im Primärbereich $\{I\}$[1] = 0 bis 9 für STO 0 bis STO 9 als auch im Sekundärbereich $\{I\}$ = 10 bis 19 für STO 0' bis

---

[1] $\{I\}$ bedeutet: Inhalt von STO I

STO 9' sowie alle Label {I} = 0 bis 19 für Label 0 bis 9, A bis E und a bis e, unmittelbar erreicht werden. Bei negativem Inhalt des Indexregisters können auch Rücksprünge ohne Inanspruchnahme von Labels programmiert werden. Auf die Besonderheiten hierzu wird im Abschnitt 3.8 Programmverzweigungen näher eingegangen.

3.4 Speicherregister-Arithmetik

Der Entwicklung speicherplatzsparender Programme kommt die Möglichkeit, arithmetische Grundoperationen unmittelbar in den Speicherregistern auszuführen, sehr zu gute. Dieses Verfahren ist besonders dann vorteilhaft anzuwenden, wenn der Inhalt des X-Registers noch für andere Operationen unverändert weiter verwendet werden soll. Eine Speicher-Register-Arithmetik-Operation z.B. STO x(i), belegt nur eine einzige Programmzeile. Es ist darauf zu achten, daß die Speicherregister-Arithmetik bei direkter Adressierung nicht auf die Speicher A bis E und I anwendbar ist.

3.5 Programmaufrufe

Jedes Programm muß durch ein Label mit einer nachfolgenden Marke A bis E, fa bis fe oder 0 bis 9 als Anfangsadresse gekennzeichnet sein.
Für Hauptprogramme ist es zweckmäßig, als Anfangsadressen nur die Marken A bis E oder fa bis fe zu verwenden. Nach den Aufrufen einer dieser Marken über die Tastatur im RUN-Modus wird der Rechner veranlaßt, den Programmspeicher nach dem ersten Auftauchen der entsprechenden Marke abzusuchen und dort mit der Ausführung der gespeicherten Programmanweisungen zu beginnen. Um die eindeutige Zuordnung nicht zu gefährden, sollte für jedes Hauptprogramm eine andere Marke verwendet werden. Damit können bis zu 10 Hauptprogramme selektiv im Programmspeicher aufgerufen werden.

3.6 Dateneingabe

Die Versorgung eines Programms mit Daten kann über vier Arten erfolgen:

- Dateneingabe über externen Datenträger (Datenkarte)
- Dateneingabe in bestimmte Speicher vor dem Programmstart
- Datensetzung in Form von Programmanweisungen
- Datenabrufe durch Programmunterbrechungen

Dateneingabe über externen Datenträger (Datenkarte)

Die Form der Dateneingabe über Magnetkarten als Datenträger wird gewählt, wenn das Programm auf viele permanente Daten zurückgreift. Nach dem Einlesen der Datenkarte im RUN-Modus können die Daten der einzelnen Speicher über die Tastatur gezielt verändert und über die Organisationsanweisung WRITE DATA wieder zurückgespeichert werden. Dabei werden normalerweise die Inhalte sämtlicher Primär- und Sekundärregister neu eingeschrieben.
Es ist jedoch auch möglich, nur ein Teil der Daten von einer Magnetkarte in den Rechner zu übertragen, während die Inhalte der übrigen Speicherregister unverändert bleiben. Hierzu muß eine Zahl zwischen 0 und 25 als Adresse in das I-Register eingespeichert werden. Mit der Organisationsanweisung MERGE übernimmt der Rechner dann die neuen Daten in STO 0 bis STO k, wenn der Inhalt des Indexregisters gleich k ist ($0 \leq k \leq 25$).

Dateneingabe in bestimmte Speicher vor dem Programmstart

Die Form der Dateneingabe in bestimmte Speicher vor dem Programmstart wird meist für aktuelle problemorientierte Daten gewählt. Der besseren Übersichtlichkeit wegen, insbesondere im Hinblick auf die Beschriftung der Programmkarte, ist es im allgemeinen zweckmäßig, hierfür die Speicher STO A bis STO E vorzusehen. Falls der Umfang des Programms es erlaubt, sollen diese Datenspeicher innerhalb der Programmbearbeitung nicht überschrieben werden, damit das Programm ohne wiederholte Dateneingabe mehrmals aufgerufen werden kann.

Datensetzung in Form von Programmanweisungen

Datensetzungen in Form von Programmanweisungen sind unzweckmäßig, da jede einzelne Ziffer sowie der Dezimalpunkt je eine Programmzeile belegen und dadurch der Programmspeichervorrat sehr unrationell verbraucht wird. Ausnahmen sind dann notwendig, wenn schon alle Datenspeicher verbraucht sind oder es sich um Daten mit nur einer oder wenigen Ziffern handelt. Bei vorheriger Abspeicherung einer im Programm benötigten Zahl in einem hierfür reservierten Speicher erfordert die Anforderung der Zahl nur eine einzige Programmzeile in Form einer RCL n-Anweisung.

Datenabrufe durch Programmunterbrechungen

Datenabrufe im Zuge der Programmbearbeitung an programmierten Haltepunkten sind grundsätzlich möglich, haben jedoch den Nachteil, daß die Programmbearbeitung große Aufmerksamkeit des Benutzers verlangt. Außerdem müssen die Daten bei jedem Programmlauf wieder neu eingegeben werden. Um eine bessere Übersichtlichkeit über den Programmzustand an den Haltepunkten zu erzielen, ist es zweckmäßig, durch kleine Hilfsprogramme markante Display-Anzeigen vor den Unterbrechungen zu erzeugen (z.B. E10 ÷ 9 = 1111111111). Mit Hilfe der Pause-Anweisung können Daten auch automatisch von einer in den Rechner eingeschobenen Magnetkarte eingelesen werden.

3.7 Ergebnisausgabe

Da bei Taschenrechnern keine Klartextausgabe möglich ist, kommt es sehr darauf an, die Aufeinanderfolge der Ergebnisse sinnvoll zu organisieren. Dies trifft ganz besonders für den Rechner HP-67 ohne Druckstreifen zu. Bei diesem Typ können als Unterscheidungsmerkmale zwischen mehreren Ergebnissen die Ausgabearten mit kurzer oder langer Pause alternativ gewählt werden. Die programmierte lange Pause (mit blinkendem Dezimalpunkt) erzeugt auf dem Rechner HP-97 einen Ausdruck auf dem Papierstreifen. Als weitere Gliederungsmöglichkeit kann bei diesem Typ die SPACE-Anweisung dienen, die auf dem Papierstreifen eine Leerzeile erzeugt. Als besonders geeignetes Mittel zur Gliederung der Ergebnisse kann das Ausgabeformat mit Hilfe der DSP-Anweisung variiert werden. Damit können z.B. Geldbeträge grundsätzlich mit zwei Kommastellen, Zinssätze mit einer Kommastelle und sonstige besondere Werte ohne Kommastelle ausgegeben werden.

3.8 Programmverzweigungen

Programmverzweigungen können durch unbedingte Sprünge, Unterprogrammaufrufe, als Ergebnis von Vergleichsoperationen oder Flag-Abfragen eingeleitet werden.

3.8.1 Unbedingte Sprünge

Unbedingte Sprünge werden durch die GTO-Anweisung in Verbindung mit einer Sprungadresse erzeugt. Bei direkter Adressierung enthält die Sprungadresse eine der 20 Label-Marken der Form 0 bis 9, A bis E oder a bis e. Daneben ist eine indirekte Adressierung der Form GTO (i) möglich. Enthält dabei das Indexregister I eine positive Zahl zwischen 0 und 19, so sucht der Rechner den Programmspeicher auf das erste Auftreten derjenigen Marke ab, deren Adresse durch den Inhalt des Indexregisters gegeben ist. Die Programmausführung wird ab dieser Stelle fortgesetzt.
Enthält das Indexregister eine negative Zahl zwischen -1 und -999, so springt der Rechner im Programmspeicher um die entsprechende Anzahl von Programmzeilen zurück und setzt die Ausführung des Programms von dieser Stelle aus fort. Wenn auch diese Art der Programmierung bei Rücksprunganweisungen einen schnelleren Ablauf erbringt, ist doch der Nachteil zu beachten, daß nach Einschieben oder Löschen von Anweisungen innerhalb des Rücksprungbereiches der Inhalt des Indexregisters mit geändert werden muß, da sonst die Rücksprungposition nicht mehr stimmt. Durch jede Rücksprunganweisung wird eine Programmschleife erzeugt.
Auch durch einen Unterprogrammaufruf GSB in Verbindung mit einer Marke 0 bis 9, A bis E, a bis e (markierter Unterprogrammaufruf) oder in Verbindung mit indirekter Adressierung der Form GSB (i) wird ein unbedingter Programmsprung ausgeführt. Im Gegensatz zur GTO-Anweisung wird das Programm nach dem Auffinden der nächsten RTN-Anweisung nicht angehalten, sondern kehrt zu der auf GSB folgenden Anweisung zurück. Aus einem Unterprogramm soll nicht mit einer GTO-Anweisung herausgesprungen werden, da dadurch die Kontrolle über die Wirkung der folgenden RTN-Anweisung verloren geht. Die nach Ausführung der GSB-Anweisung zuerst gefundene RTN-Anweisung bewirkt einen unbedingten Sprung zu der auf die rufende GSB-Anweisung folgende Programmzeile.

3.8.2 Bedingte Sprünge

Die Möglichkeit, abhängig vom Ergebnis einer Vergleichsoperation, zu verschiedenen Programmadressen zu springen, verleiht dem Rechner die Qualität eines Automaten im Sinne von DIN 19 233 [13]. Die vier elementaren Vergleichsoperationen *gleich, ungleich, größer* und *kleiner,* sind zwischen den Inhalten vom X- und Y-Register oder auch zwischen dem Inhalt des X-Registers und Null möglich (Ausnahme $x \leqslant y$, anstelle $x < y$).
Im allgemeinen wird auf die Vergleichsoperation als nächster Programmschritt eine unbedingte Sprunganweisung der Form GTO a folgen. Diese Anweisung wird dann ausgeführt, wenn die in der Vergleichsabfrage formulierte Bedingung erfüllt ist, die Vergleichsabfrage also mit *ja* zu beantworten ist. Andernfalls wird der auf die Vergleichsabfrage folgende Programmschritt übersprungen.
Eine weitere Art, bedingte Sprünge auszuführen, ist durch die Inkrement-Anweisung ISZ und die Dekrement-Anweisung DSZ gegeben. Mit der ISZ (i) bzw. DSZ (i)-Anweisung wird der Inhalt des durch den Inhalt des Indexregisters I angesprochenen Speichers um 1 erhöht bzw. erniedrigt. Wenn der Inhalt des auf diese Weise indirekt adressierten Speichers nach Ausführung der ISZ- bzw. DSZ-Anweisung zwischen -1 und $+1$ liegt, überspringt der Rechner die nachfolgende Anweisung im Programmspeicher.

3.8.3 Flag-Steuerung

Neben den Vergleichsoperationen und den Inkrement- bzw. Dekrement-Anweisungen stehen sogenannte *Flag's* zur Verfügung, um bedingte Sprünge oder bedingt auszuführende Operation zu programmieren. Die Flag-Abfragen haben gegenüber den Vergleichsoperationen den Vorteil, daß der augenblickliche Inhalt der Rechenregister unabhängig von der Abfrage ist. Weiter bieten die Flags die Möglichkeit, den Programmablauf je nach Aufgabenstellung vor dem Start oder während einer Programmpause extern zu beeinflussen.

Es stehen vier Flags F0, F1, F2 und F3 zur Verfügung, die mit der Anweisung STF a gesetzt und mit der Anweisung CLF a gelöscht werden können. Die Flags 2 und 3 werden nach jeder Status-Abfrage F? a automatisch gelöscht.

Das Flag 3 weist daneben noch die weitere Besonderheit auf, daß es bei jeder Dateneingabe, sei es vom Tastenfeld aus oder durch das Einlesen einer Datenkarte über den Kartenleser des Rechners, automatisch gesetzt wird. Mit diesem Flag kann der Programmablauf in Abhängigkeit von einer beliebigen Dateneingabe beeinflußt werden.

3.9 Unterprogrammtechnik

Ein erforderliches Hilfsmittel zur Minimierung des Programmumfangs ist die Programmierung mit Unterprogrammen. Ein Unterprogramm wird durch die GSB-Anweisung, gefolgt von einer der Marken 0 bis 9, A bis E oder a bis e, aufgerufen. Die Anfangsadresse besteht daher aus der Label-Anweisung und der im Aufruf angesprochenen Marke. Der Rücksprung in das rufende Programm wird durch die nächst folgende RTN-Anweisung bewirkt. Ein Unterprogramm mit den Anfangsadressen A bis E oder a bis e kann auch als selbständiges Hauptprogramm über die entsprechende Adresse direkt aufgerufen werden. Einem Hauptprogramm können bis zu drei Unterprogrammebenen nachgeordnet sein. Ein Unterprogramm kann im Anschluß an die Adresse mit einer beliebigen Anweisung beginnen. Daher ist z.B. die Programmierung eines Unterprogramms zur Reduzierung des Programmspeicherplatzes schon dann zweckmäßig, wenn an zwei Stellen im Programm gleichartige Befehlsfolgen mit mehr als vier Anweisungen vorliegen. Bezeichnet man mit k die Häufigkeit gleichartiger Befehlsfolgen und mit n die Anzahl der Programmzeilen innerhalb dieser Folgen, so führt ein Unterprogramm zu einer geringeren Anzahl von Programmanweisungen, wenn gilt:

$$n > \frac{k+2}{k-1}$$

Wenn z.B. an 5 Stellen im Programm die Stackregister-Operationen + und − aufeinanderfolgen, so ist eine Übernahme dieser Anweisungsfolge in ein Unterprogramm bereits zweckmäßig:

$$2 > \frac{5+2}{5-1} = \frac{7}{4}$$

In der Unterprogrammvariante werden dann 5 GSB Anweisungen und 4 Unterprogrammanweisungen benötigt (Label a, +, −, RTN), also insgesamt 9 Programmzeilen, wogegen sonst 5 · 2 = 10 Programmzeilen erforderlich sind.

Besondere Vorsicht ist beim Aufruf eines Unterprogramms geboten, wenn die Inhalte im Stackregister über die Unterprogrammbearbeitung hinaus noch verwendet werden sollen. Am besten ist es, insbesondere wenn zukünftige Programmänderungen nicht auszuschließen sind, hierauf ganz zu verzichten und die entsprechenden Werte vorher abzuspeichern.

Um eine eindeutige Unterscheidung zwischen dem logischen Ende der Unterprogramme und dem logischen Ende der Hautprogramme zu gewährleisten, ist es zweckmäßig, die Hautprogramme mit der R/S-Anweisung abzuschließen.

Ein Unterprogramm sollte nicht über eine Sprunganweisung verlassen werden, sondern immer über eine RTN-Anweisung. Anderenfalls würde die übergangene RTN-Anweisung bei einem späteren Aufruf einen Rücksprung zu der vorherigen rufenden Adresse bewirken.

3.10 Fehlersuche

Nach dem ersten Startversuch eines neu entworfenen Programms ist nicht unbedingt zu erwarten, daß der Rechner alle logischen Operationen in der gleichen Weise ausführt, wie der Programmierer es vorausgedacht hat. Die Umsetzung unserer intuitiven Denkprozesse in serielle Folgen von Tastenbetätigungen weist sicher hier und da Fehler auf. Der Rechner denkt leider nicht mit, führt aber dafür mit unübertrefflicher Gleichartigkeit exakt diejenigen Befehle aus, die über die Tastatur eingegeben wurden oder die sich als logische Konsequenz programmierter Operationen ergeben. Um hier schnell und sicher zum Ziel zu kommen, ist es zweckmäßig, überschaubare Programmteile, insbesondere alle Unterprogramme, eigenständig auf ihre Funktionsrichtigkeit zu prüfen. Dies gelingt besonders gut, wenn sowohl mittlere wie auch untere und obere Extremwerte als Prüfwerte eingesetzt werden. Für den Anfänger ist besondere Vorsicht beim Abarbeiten des Stack-Registers geboten. Es ist zweckmäßig, neben dem Programmlisting in einer Vierspaltenliste die Inhalte des Stack-Registers zu verfolgen und nach Registerarithmetik-Operationen, z.B. STO + 5, auch diese Veränderungen nachzuhalten. Der Inhalt des X-Registers wird dadurch nicht verändert. Eine gute Hilfe, Fehlern auf die Spur zu kommen, ist durch die schrittweise Programmbearbeitung mit Hilfe der SST-Anweisung im RUN-Modus gegeben. Beim Rechnertyp HP-97 kann die schrittweise Bearbeitung mit dem Ausdrucken aller Zwischenergebnisse im Trace-Modus erreicht werden. Eine weitere Hilfe ist durch die Möglichkeit gegeben, vom Tastenfeld mit der Anweisung GTO . nnn jede beliebige Programmzeile oder mit der Anweisung GTO, gefolgt von einer Marke, jedes Label anspringen zu können. Ggf. ist es zweckmäßig, in der Entwurfsphase zusätzliche Ausgabebefehle (PAUSE oder PRINT) einzubauen, um wichtige Zwischenwerte gezielt überprüfen zu können.

Der Austestung eines fertigen Programms sollte größte Aufmerksamkeit geschenkt werden. Hierbei ist insbesondere auf die richtige Bearbeitung extremer Eingabewerte zu achten.

3.11 Dokumentation

Eine gute Programmdokumentation ist die Basis jeder nutzbringenden Programmierung. Dies zu erreichen ist leider oft recht mühsam, da der Programmierer unmittelbar nach der Fertigstellung eines Programms so intensiv mit sämtlichen Eigenarten vertraut ist, daß er glaubt, für die zukünftige Anwendung auch ohne Dokumentation ausreichend gerüstet zu sein.

Nach kurzer Zeit sind jedoch selbst die notwendigen Eingabeerfordernisse und Speicherzuordnungen nicht mehr gegenwärtig und müssen aus dem Programmlisting mühsam rekonstruiert werden.

Neben der ausführlichen schriftlichen Dokumentation kommt der Beschriftung der Programmkarten und Datenkarten für die spontane Anwendung eines Programms große Bedeutung zu. Die Programmkarte soll alle Startadressen und die anfallenden Ergebnisse in unmißverständlicher Form enthalten. Falls zu dem Programm eine Datenkarte eingelesen werden muß, so soll diese die Speicherplatzadressen der problembezogenen Daten lesbar ausweisen.

Eine Kurzanleitung sollte folgende Punkte enthalten:

1. Startadressen mit Hinweisen zu der Programmvariante,
2. Eingabedaten und die zugehörigen Adressen,
3. Permanente Daten und abgespeicherte Ergebnisse mit ihrer Speicherzuordnung,
4. Ausgegebene Ergebnisse und ihre Ausgabeart (kurze Pause, lange Pause bzw. Ausdruck) und Hinweise zur Anzeige nach STOP-Befehlen und Hinweise zum erneuten Programmstart mit R/S-Anweisung oder über eine Startadresse,
5. Status-Angaben zu den Flags, zu dem verwendeten Winkelmodus und zu dem Anzeigeformat, soweit von den Standardsetzungen abgewichen wird.

4 Angewandte Mathematik

4.1 Quadratische und kubische Gleichungen

Quadratische Gleichungen

Ausgehend von der allgemeinen Form einer quadratischen Gleichung

$$Ax^2 + Bx + C = 0 \qquad (4.1.1)$$

wird zunächst durch Division der Gleichungen durch den Koeffizienten von x^2 die Normalform gebildet:

$$x^2 + ax + b = 0 \qquad (4.1.2)$$

mit

$$a = \frac{B}{A} \qquad (4.1.3)$$

$$b = \frac{C}{A} \qquad (4.1.4)$$

Damit folgt für die beiden Lösungswerte

$$x_{1,2} = -\frac{a}{2} \pm \sqrt{\left(\frac{a}{2}\right)^2 - b} \qquad (4.1.5)$$

Kubische Gleichungen

Ausgehend von der Normalform einer kubischen Gleichung

$$x^3 + Ax^2 + Bx + C = 0 \qquad (4.1.6)$$

wird die programmierte Lösung in Abhängigkeit vom Wert ihrer Diskriminante Δ über zwei verschiedene Lösungsformeln berechnet [14].
Für die Diskriminante Δ gilt

$$\Delta = \left(\frac{b}{2}\right)^2 + \left(\frac{a}{3}\right)^3 \qquad (4.1.7)$$

mit

$$a = B - \frac{1}{3}A^2 \qquad (4.1.8)$$

$$b = C + \frac{2}{27}A^3 - \frac{1}{3}AB \qquad (4.1.9)$$

1. Für den Fall $\Delta > 0$ existieren eine reelle und zwei konjugiert komplexe Wurzeln, die mit der Cardanischen Formel berechnet werden:

$$x_1 = \alpha + \beta - \frac{A}{3} \tag{4.1.10}$$

$$x_{2,3} = -\frac{1}{2}(\alpha + \beta) - \frac{A}{3} \pm j\frac{1}{2}\sqrt{3}(\alpha - \beta) \tag{4.1.11}$$

mit

$$\alpha = \sqrt[3]{-\frac{b}{2} + \sqrt{\Delta}} \tag{4.1.12}$$

$$\beta = \sqrt[3]{-\frac{b}{2} - \sqrt{\Delta}} \tag{4.1.13}$$

2. Für den Fall $\Delta \leq 0$ existieren drei reelle Wurzeln, die über einen trigonometrischen Lösungsansatz berechnet werden:

$$x_1 = 2\sqrt{-\frac{a}{3}} \cos \varphi - \frac{A}{3} \tag{4.1.14}$$

$$x_2 = 2\sqrt{-\frac{a}{3}} \cos (\varphi + 120°) - \frac{A}{3} \tag{4.1.15}$$

$$x_3 = 2\sqrt{-\frac{a}{3}} \cos (\varphi + 240°) - \frac{A}{3} \tag{4.1.16}$$

mit

$$\varphi = \frac{1}{3} \arccos \frac{-b}{2\sqrt{-\left(\frac{a}{3}\right)^3}} \tag{4.1.17}$$

4.1.1 Programmbeschreibung

Die beiden in Tabelle 4.1.1 angegebenen Programme zur Lösung der quadratischen und kubischen Gleichungen umfassen zusammen 205 Programmzeilen und lassen sich daher gemeinsam auf einer Programmkarte des HP-67/97 abspeichern.

Das Programm zur Lösung quadratischer Gleichungen wird mit Label A in Zeile 001 gestartet. Es umfaßt 43 Programmzeilen. Daran anschließend beginnt mit der Startadresse Label B das Programm zur Lösung kubischer Gleichungen von Zeile 044 bis 205. Die Koeffizienten A, B und C nach Gl. (4.1.1 oder 4.1.6) müssen vor dem Programmstart für beide Varianten in die Speicher STO A, STO B und STO C eingegeben werden. Mit den Anweisungen 003 bis 014 wird der Wurzelradikant gemäß Gl. (4.1.5) gebildet. Ist dieser kleiner Null, so sind die beiden Lösungen konjugiert komplex. Für diesen Fall werden der Realteil in Zeile 034 und die imaginären Anteile der beiden Lösungswerte in den Zeilen 039 und 042 ausgegeben. Mit dem Aufruf des Unterprogramms Label 2 wird für diesen Fall in Zeile 204 als Trennungsmarkierung eine Ausgabezeile 1111 ... in der Anzeige bzw. Ausdruck erzeugt. Falls zwei reelle Lösungen existieren, werden diese mit den Anweisungen in den Zeilen 023 und 027 ausgegeben.

Tabelle 4.1.1 Anweisungsliste „Gleichungen zweiten und dritten Grades"

2.Grad	001	*LBLA	053	÷	105	ST00	157	ENT↑
	002	SPC	054	−	106	RCL4	158	RCL8
	003	RCLB	055	STO1	107	COS	159	−
	004	RCLA	056	RCLC	108	×	160	STOD
	005	÷	057	RCLA	109	RCL8	161	PRTX⇒X_1
	006	2	058	ST×0	110	−	162	SPC
	007	÷	059	RCLB	111	STOD	163	X⇄Y
	008	CHS	060	×	112	PRTX⇒X_1	164	2
	009	ENT↑	061	3	113	SPC	165	÷
	010	X^2	062	÷	114	RCL4	166	CHS
	011	RCLC	063	−	115	1	167	RCL8
	012	RCLA	064	RCL0	116	2	168	−
	013	÷	065	2	117	0	169	STOE
	014	−	066	×	118	+	170	PRTX⇒$X_{2,3r}$
	015	X<0?	067	2	119	COS	171	GSB2
	016	GTO0	068	7	120	RCL0	172	RCL6
	017	√X	069	÷	121	×	173	RCL7
	018	−	070	+	122	RCL8	174	−
	019	X⇄Y	071	STO2	123	−	175	3
	020	LSTX	072	2	124	STOE	176	√X
	021	+	073	÷	125	PRTX⇒X_2	177	×
	022	STOD	074	STO5	126	SPC	178	2
	023	PRTX⇒X_1	075	X^2	127	RCL4	179	÷
	024	SPC	076	RCL1	128	2	180	STOI
	025	X⇄Y	077	3	129	4	181	PRTX⇒X_{2i}
	026	STOE	078	÷	130	0	182	CHS
	027	PRTX⇒X_2	079	3	131	+	183	PRTX⇒X_{3i}
	028	R/S	080	Y^X	132	COS	184	R/S
	029	*LBL0	081	ST00	133	RCL0	UP 185	*LBLa
	030	CHS	082	+	134	×	186	X>0?
	031	√X	083	STO3	135	RCL8	187	GTO0
	032	X⇄Y	084	X>0?	136	−	188	SF2
	033	STOD	085	GTO1	137	STOI	189	CHS
	034	PRTX⇒X_r	086	RCL2	138	PRTX⇒X_3	190	*LBL0
	035	X⇄Y	087	RCL0	139	R/S	191	3
	036	GSB2	088	CHS	140	*LBL1	192	1/X
	037	R↓	089	√X	141	RCL3	193	Y^X
	038	STOE	090	2	142	√X	194	F2?
	039	PRTX⇒jX_i	091	×	143	STO0	195	CHS
	040	CHS	092	÷	144	RCL5	196	RTN
	041	STOI	093	CHS	145	−	UP 197	*LBL2
	042	PRTX⇒$-jX_i$	094	COS^{-1}	146	GSBa	198	EEX
	043	R/S	095	3	147	STO6	199	1
3.Grad	044	*LBLB	096	÷	148	RCL0	200	0
	045	SPC	097	STO4	149	RCL5	201	ENT↑
	046	RCLB	098	RCL1	150	+	202	9
	047	RCLA	099	3	151	CHS	203	÷
	048	STO8	100	÷	152	GSBa	204	PRTX
	049	X^2	101	CHS	153	STO7	205	RTN
	050	STO0	102	√X	154	RCL6	206	R/S
	051	3	103	2	155	+		
	052	ST÷8	104	×	156	ENT↑		

In dem Programm zur Lösung kubischer Gleichungen werden zunächst die Hilfsgrößen a, b und die Diskriminante Δ gemäß den Gln. (4.1.8, 9, 7) gebildet. Die Werte a werden in Zeile 055 nach STO 1, b in Zeile 071 nach STO 2 und Δ in Zeile 083 nach STO 3 abgespeichert. Über die Abfrage der Diskriminante auf größer Null in Zeile 084 werden die beiden Lösungsvarianten – Cardanische Formel oder trigonometrischer Ansatz – ausgewählt. Für den Fall, daß drei reelle Wurzeln existieren, wird der Programmteil 086 bis 139 durchlaufen und die Lösungswerte x_1, x_2, x_3 in den Zeilen 112, 125 und 138 ausgegeben. Das logische Programmende ist dann mit Zeile 139 erreicht. Falls die Diskriminante größer Null ist, d.h. die Lösung besteht aus einer reellen und zwei konjugiert komplexen Wurzeln, wird der Programmteil mit den Anweisungen ab Zeile 140 bis 184 durchlaufen.

Der reelle Lösungswert x_1 wird in Zeile 161 und der Realteil der beiden konjugiert komplexen Lösungswerte wird in Zeile 170 ausgegeben. Danach wird durch den Unterprogrammaufruf in Zeile 171 eine Ausgabezeile 1111 ... erzeugt und anschließend die beiden imaginären Anteile ausgegeben.

4.1.2 Testbeispiele

Eingaben: 1 STO A
                            1 STO B
                            1 STO C

Start: [A]   Lösung zu: $x^2 + x + 1 = 0$
Ergebnisse:
                           $x_1 = -0{,}5 + j\,0{,}866$
                           $x_2 = -0{,}5 - j\,0{,}866$

Rechenzeit: rund 5 Sekunden

Start: [B]   Lösung zu: $x^3 + x^2 + x + 1 = 0$
Ergebnisse:
                           $x_1 = -1$
                           $x_2 = 0 + j\,1$
                           $x_3 = 0 - j\,1$

Rechenzeit: rund 15 Sekunden

Eingaben: 5 STO A
                            10 STO B
                            2 STO C

Start: [A]   Lösung zu: $5x^2 + 10x + 2 = 0$
Ergebnisse:
                           $x_1 = -0{,}2254$
                           $x_2 = -1{,}7746$

Start: [B]   Lösung zu: $x^3 + 5x^2 + 10x + 2 = 0$
Ergebnisse:
                           $x_1 = -0{,}2240$
                           $x_2 = -2{,}3880 + j\,1{,}7966$
                           $x_3 = -2{,}3880 - j\,1{,}7966$

Eingaben: $-$ 4 STO A
                            $-$ 11 STO B
                            30 STO C

Start: [B]   Lösung zu: $x^3 - 4x^2 - 11x + 30 = 0$
                           $x_1 = 5$
                           $x_2 = -3$
                           $x_3 = 2$

4.2 Lineare Gleichungssysteme bis vierter Ordnung

Zur Lösung linearer Gleichungen wird das Gaußsche Eliminationsverfahren zur Erzielung einer dreiecksfaktorisierten Koeffizientenmatrix angewandt. Hierbei wird von dem allgemeinen System vierter Ordnung ausgegangen:

$$\begin{aligned} a_{11}x_1 + a_{12}x_2 + a_{13}x_3 + a_{14}x_4 &= y_1 \\ a_{21}x_1 + a_{22}x_2 + a_{23}x_3 + a_{24}x_4 &= y_2 \\ a_{31}x_1 + a_{32}x_2 + a_{33}x_3 + a_{34}x_4 &= y_3 \\ a_{41}x_1 + a_{42}x_2 + a_{43}x_3 + a_{44}x_4 &= y_4 \end{aligned} \quad (4.2.1)$$

Die erste Zeile wird mit dem Faktor $\frac{a_{i1}}{a_{11}}$ multipliziert und von der i-ten Zeile subtrahiert. Diesen Vorgang nennt man Dreiecksfaktorisierung, da mit fortschreitender Anwendung alle Koeffizienten unterhalb der Diagonalen verschwinden, so daß schließlich folgendes System vorliegt:

$$\begin{aligned} b_{11}x_1 + b_{12}x_2 + b_{13}x_3 + b_{14}x_4 &= y_1^* \\ b_{22}x_2 + b_{23}x_3 + b_{24}x_4 &= y_2^* \\ b_{33}x_3 + b_{34}x_4 &= y_3^* \\ b_{44}x_4 &= y_4^* \end{aligned} \quad (4.2.2)$$

Aus dem dreiecksfaktorisierten Gleichungssystem lassen sich durch rückwärtige Auflösungen alle Unbekannten bestimmen. Damit die Rechnung nicht wegen einer Division durch Null mit Error-Anzeige abgebrochen wird, ist das Gleichungssystem vorher so zu ordnen, daß in den Diagonalgliedern der einzelnen Gleichungen Werte mit maximalem Betrag stehen.
Für die Unbekannte x_4 bis x_1 gilt:

$$x_4 = \frac{y_4^*}{b_{44}} \quad (4.2.3)$$

$$x_3 = \frac{y_3^* - b_{34}x_4}{b_{33}} \quad (4.2.4)$$

$$x_2 = \frac{y_2^* - b_{24}x_4 - b_{23}x_3}{b_{22}} \quad (4.2.5)$$

$$x_1 = \frac{y_1^* - b_{14}x_4 - b_{13}x_3 - b_{12}x_2}{b_{11}} \quad (4.2.6)$$

4.2.1 Programmbeschreibung „Lineare Gleichungssysteme bis vierter Ordnung"

Im allgemeinen Fall eines Gleichungssystems vierter Ordnung sind 20 Eingabeparameter zu verarbeiten. Damit sind alle numerisch adressierten Speicher belegt. Zur rationellen Eingabe und Abspeicherung dieser Werte ist es zweckmäßig, ein besonderes Eingabeprogramm als Unterprogramm vorzusehen. Da das Programm auch gleichzeitig für Gleichungen dritter und zweiter Ordnung verwendbar sein soll, sind entsprechende Einsprungstellen zu beachten.
Für Systeme mit vier Unbekannten erfolgt der Start über Label D in Programmzeile 001. Als Merkmal wird das Flag 1 gesetzt. Mit dem Aufruf des Unterprogramms Label E in Zeile 005 wird die Dateneingabe angefordert. Das Programm hält mit der Anzeige des Wertes 0 als Adresse für die

Tabelle 4.2.1 Anweisungsliste „Lineare Gleichungssysteme bis vierte Ordnung"

4 Unb.	001	*LBLD	057	×	113	ST-i	169	RCL9
	002	SF1	058	ISZI	114	RCLA	170	+
	003	4	059	ST-i	115	RCL8	171	RCL6
	004	STOE	060	RCLA	116	×	172	÷
	005	GSBE	061	RCL2	117	ISZI	173	STOB
	006	RCL5	062	×	118	ST-i	174	3
	007	RCL0	063	ISZI	119	RCLA	175	RCLE
	008	÷	064	ST-i	120	RCL9	176	X≤Y?
	009	STOA	065	RCLA	121	×	177	GTO3
	010	RCL1	066	RCL3	122	ISZI	178	RCLB
	011	×	067	×	123	ST-i	179	RCL1
	012	ST-6	068	ISZI	2 Unb. 124	*LBLB	180	×
	013	RCLA	069	ST-i	125	F1?	181	RCLC
	014	RCL2	070	RCLA	126	GTO0	182	RCL2
	015	×	071	RCL4	127	2	183	×
	016	ST-7	072	×	128	STOE	184	+
	017	RCLA	073	ISZI	129	GSBE	185	RCLD
	018	RCL3	074	ST-i	130	*LBL0	186	RCL3
	019	×	3 Unb. 075	*LBLC	131	CF1	187	×
	020	ST-8	076	F1?	132	P⇄S	188	+
	021	RCLA	077	GTO0	133	RCL7	189	CHS
	022	RCL4	078	3	134	RCL2	190	RCL4
	023	×	079	STOE	135	÷	191	+
	024	ST-9	080	GSBE	136	STOA	192	RCL0
	025	1	081	*LBL0	137	RCL3	193	÷
	026	0	082	SF1	138	×	194	STOA
	027	STOI	083	1	139	ST-8	195	PRTX⇒▷X$_1$
	028	RCLi	084	1	140	RCLA	196	*LBL3
	029	RCL0	085	STOI	141	RCL4	197	RCLB
	030	÷	086	RCLi	142	×	198	PRTX⇒▷X$_2$
	031	STOA	087	RCL6	143	ST-9	199	*LBL2
	032	RCL1	088	÷	144	RCL9	200	RCLC
	033	×	089	STOA	145	RCL8	201	PRTX⇒▷X$_3$
	034	ISZI	090	RCL7	146	÷	202	RCLD
	035	ST-i	091	×	147	STOD	203	PRTX⇒▷X$_4$
	036	RCLA	092	ISZI	148	RCL3	204	R/S
	037	RCL2	093	ST-i	149	×	UP für 205	*LBLE
	038	×	094	RCLA	150	CHS	Eingabe 206	DSP0
	039	ISZI	095	RCL8	151	RCL4	207	CHS
	040	ST-i	096	×	152	+	208	4
	041	RCLA	097	ISZI	153	RCL2	209	÷
	042	RCL3	098	ST-i	154	÷	210	6
	043	×	099	RCLA	155	STOC	211	λ
	044	ISZI	100	RCL9	156	P⇄S	212	STOI
	045	ST-i	101	×	157	2	213	*LBLe
	046	RCLA	102	ISZI	158	RCLE	214	R/S⇐=a$_{ik}$
	047	RCL4	103	ST-i	159	X≤Y?	215	STOi
	048	×	104	ISZI	160	GTO2	216	ISZI
	049	ISZI	105	ISZI	161	RCLC	217	1
	050	ST-i	106	RCLi	162	RCL7	218	9
	051	ISZI	107	RCL6	163	×	219	RCLI
	052	RCLi	108	÷	164	RCLD	220	X≤Y?
	053	RCL0	109	STOA	165	RCL8	221	GTOe
	054	÷	110	RCL7	166	×	222	DSP2
	055	STOA	111	×	167	+	223	PSE
	056	RCL1	112	ISZI	168	CHS	224	RTN

Abspeicherung des Koeffizienten a_{11} an. Nach Eingabe dieses Koeffizienten und Betätigung der R/S-Taste wird der Eingabewert mit Hilfe der indirekten Adressierung in Zeile 215 nach STO 0 abgespeichert und es erscheint der monoton folgende Adressenwert 1 in der Anzeige. Dieser Ablauf wird fortgesetzt, bis der Wert y_4 mit der Adresse STO 19 eingegeben wurde. Infolge der Verneinung der Abfrage in Zeile 220 wird das Programm in Zeile 006 am Anfangspunkt der Gauß-Elimination fortgesetzt.

Bei Zeile 074 sind alle Koeffizienten in der ersten Spalte unter a_{11} gleich Null. An dieser Programmstelle wird die Berechnung von Gleichungssystemen dritter Ordnung gestartet. Falls das Flag 1 gesetzt ist, wird der Unterprogrammaufruf für die Eingabe übersprungen.

Bis zur Zeile 123 wird die zweite Spalte unterhalb der Hauptdiagonalen mit Nullen aufgefüllt. In Zeile 124 ist mit Label B die Startadresse für die Berechnung von 2 Gleichungen mit 2 Unbekannten erreicht.

Ab Zeile 144 beginnt die rückwärtige Auflösung der Gl. (4.2.3). Der zuerst ermittelte Wert x_4 wird in STO D und die folgenden Werte x_3 werden in STO C, x_2 in STO B und x_1 in STO A abgespeichert. Mit den Anweisungen 195 bis 204 werden alle Rechenergebnisse ausgegeben.

Die Koeffizienten werden in die Primärspeicher STO 0 bis STO 9 und in die Sekundärspeicher STO 10 bis STO 19 nach folgendem Schema abgespeichert:

```
       Koeffizienten von x    |  y
       0   1   2   3          |  4              ⎫
       5   6   7   8          |  9              ⎬ 3. Ordnung  ⎫
      10  11  12  13          | 14  ⎫                         ⎬ 4. Ordnung
      15  16  17  18          | 19  ⎭ 2. Ordnung              ⎭
```

Während der Programmbearbeitung werden die abgespeicherten Daten überschrieben. Bei Programmstart durch Betätigung der Taste C für Gleichungssysteme dritter Ordnung beginnt die Dateneingabe mit der Speicheradresse STO 6 und bei B mit STO 12. Die folgenden Zeilen beginnen jeweils mit der ersten Zeilenadresse (10 bzw. 15), so daß dann ein- bzw. zweimal die R/S-Taste zusätzlich zu betätigen ist.

4.2.2 Testbeispiel

Das folgende Gleichungssystem vierter Ordnung ist zu lösen:

$$3x_1 + 5x_2 - 6x_3 + 4x_4 = 17$$
$$4x_1 - 4x_2 + 7x_3 - 12x_4 = -3$$
$$2x_1 + 6x_2 - 6x_3 - 6x_4 = 13$$
$$10x_1 - 2x_2 + 8x_3 + 2x_4 = 23$$

Start: $\boxed{D}$

Anzeige 0   Eingabe   3, R/S
Anzeige 1   Eingabe   5, R/S
Anzeige 2   Eingabe - 6, R/S
Anzeige 3   Eingabe   4, R/S
    ⋮   ⋮
Anzeige 18 Eingabe   2, R/S
Anzeige 19 Eingabe   23, R/S
Anzeige 20 Beginn der Rechnung

Nach rund 15 Sekunden werden folgende Ergebnisse ausgegeben:

$x_1 = 2{,}0$
$x_2 = 3{,}0$
$x_3 = 1{,}0$
$x_4 = 0{,}5$

Tabelle 4.3.1 Anweisungsliste „Newtonsches Iterationsverfahren"

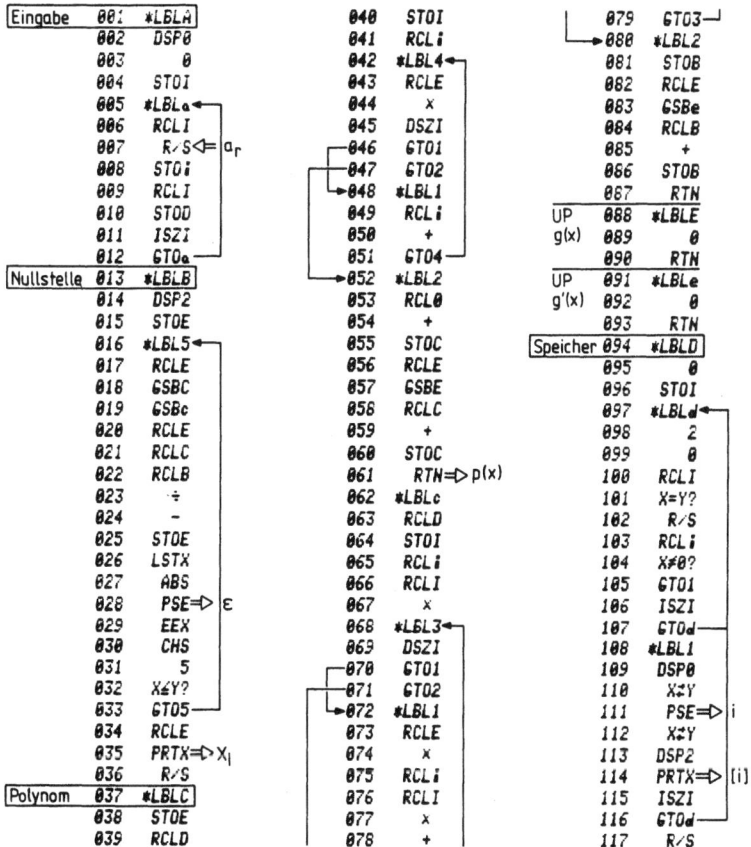

4.3 Newtonsches Iterationsverfahren

Das Newton-Verfahren dient zur Verbesserung eines Näherungswertes für die Nullstelle (Wurzel) einer Funktion y = f (x). Die allgemeine Gleichung für den verbesserten Wurzelwert lautet [15]:

$$x_{n+1} = x_n - \frac{y_n}{y'_n} \qquad (4.3.1)$$

Das Newton-Verfahren konvergiert, wenn gilt:

$$\left| \frac{y \cdot y''}{y'^2} \right| \leq q < 1 \tag{4.3.2}$$

Falls f(x) ein Polynom n-ten Grades ist, läßt sich die iterative Wurzelverbesserung besonders günstig durch Anwendung des Horner-Schemas programmtechnisch ausführen:

$$f(x) = \{(a_n x + a_{n-1}) x + \ldots + a_1\} x + a_0 \tag{4.3.3}$$

$$f'(x) = \{[n a_n x + (n-1) a_{n-1}] x + \ldots + 2a_2\} x + a_1 \tag{4.3.4}$$

Um das Programm für die Nullstellensuche mit Hilfe des Newtonschen Iterationsverfahrens allgemein anwendbar zu machen, wird die Funktion y = f(x) als Summe aus einer Polynomfunktion p(x) und einer differenzierbaren Funktion g(x) angesetzt:

$$y = f(x) = p(x) + g(x) \tag{4.3.5}$$

$$y' = f'(x) = p'(x) + g'(x) \tag{4.3.6}$$

4.3.1 Programmbeschreibung „Newtonsches Iterationsverfahren"

Das in Tabelle 4.3.1 angegebene Programm umfaßt neben dem eigentlichen Iterationsprogramm noch zwei Hilfsprogramme zur Dateneingabe und zur Abfrage der Speicherinhalte.
Das Eingabeprogramm beginnt mit der Startadresse Label A in Programmzeile 001 und umfaßt die Anweisungen bis zur Zeile 012. Nach Betätigung der Starttaste A wird der Ablauf bei Zeile 007 mit der Anzeige des Indexregister-Inhaltes „0" gestoppt. Über die Tastatur ist dann der Koeffizient a_0 der zu untersuchenden Funktion f(x) einzugeben. Nach Betätigung der R/S-Taste wird dieser Eingabewert mit Hilfe der indirekten Speicheradressierung in STO 0 abgespeichert. Nach Erhöhung des Indexregisters um 1 durch die ISZI-Anweisung in Zeile 011 wird durch einen Rücksprung nach Label a in Zeile 005 der nächste Polynomkoeffizient a_1 abgerufen.
Sind alle Koeffizienten eingegeben, so ist vor dem Start des Iterationsprogramms durch Betätigung der Taste B ein Anfangswert für die Nullstellensuche über die Tastatur einzugeben.
Dieser Anfangswert wird in Zeile 015 nach STO E, dem Ergebnisspeicher, abgelegt.
Mit dem ersten Unterprogrammaufruf GSB C in Zeile 018 wird der Wert der Funktion f(x) für den Startwert x_0 gebildet. Das Unterprogramm kann gleichzeitig als eigenständiges Hauptprogramm für Polynomberechnungen benutzt werden. Der Rechnungsablauf für die Polynomberechnung erfolgt nach dem Horner-Schema gemäß Gl. (4.3.3) innerhalb der Programmschleife von Zeile 042 bis 051.
In Zeile 057 wird ein weiteres Unterprogramm Label E aufgerufen. In diesem Unterprogramm ist ggf. zwischen den Zeilen 088 und 090 die gegebene Funktion g(x) zu programmieren. Im vorliegenden Programm wird dort lediglich der Wert 0 gesetzt. Nach dem Rücksprung ins rufende Programm nach Zeile 058 wird der errechnete Funktionsanteil g(x) zu dem Polynomwert p(x) hinzuaddiert. In analoger Weise wird mit dem Aufruf des Unterprogramms Label c in Zeile 019 für die differenzierten Funktionswerte verfahren. Die differenzierte Polynomfunktion wird in dem Unterprogramm Label c gemäß der Gl. (4.3.4) berechnet. Dagegen muß die ggf. vorhandene differenzierte Funktion g'(x) zwischen den Zeilen 091 und 093 programmtechnisch eingebaut werden.
Für die einzubauenden Funktionen g(x) und g'(x) stehen als Sprung- oder Rücksprungadressen noch die Label 6 bis 9 und alle Speicher, die nicht durch Polynomkoeffizienten belegt sind, zur freien Verfügung.
Nach Betätigung der Starttaste A sind in jedem Fall die ersten beiden Koeffizienten der Polynomfunktion a_0 und a_1 einzugeben. Dies gilt auch, wenn diese Koeffizienten identisch Null sein sollen.

Daher dürfen die Primärspeicher STO 0 und STO 1 für die Funktionen g(x) bzw. g'(x) nicht verwendet werden.

Die Iterationsschleife wird zwischen der Adresse Label 5 in Zeile 016 und der Rücksprunganweisung GTO 5 in Zeile 033 durchlaufen. Sobald der Betrag des neu errechneten Korrekturwertes y_n/y'_n kleiner als 10^{-5} ist, wird die Schleife verlassen und der in STO E abgespeicherte Wurzelwert ausgegeben. Zur Abkürzung der Rechenzeit kann ggf. in der kurzen Pause zur Anzeige des Korrekturwertes der Wert 0 über die Tastatur eingegeben werden.

Das Ergebnis des nach Gl. (4.3.5) berechneten Funktionswertes f(x) wird in Speicher C abgelegt.

Automatische Ausgabe aller belegten Speicher

Über die Startadresse Label D in Zeile 094 kann ein Programm zur Abfrage aller Speicherinhalte für die Polynomkoeffizienten aufgerufen werden. Dieses Hilfsprogramm ist so konzipiert, daß nur die Speicherinhalte zur Anzeige gebracht werden, deren Inhalt ungleich null ist. Es umfaßt 22 Programmzeilen und reicht bis zur Zeilennummer 116. Damit stehen für die beiden Unterprogramme der Funktionen g(x) und g'(x) noch 98 freie Programmzeilen zur Verfügung.

4.3.2 Testbeispiel „Polynomberechnung"

Mit dem Programmaufruf Label C können Polynome bis 20ten Grades berechnet werden. Die Eingabe der Polynomkoeffizienten wird zweckmäßig durch Aufruf des Eingabeprogramms Label A getätigt.

Zu berechnen sei der Funktionswert folgenden Polynoms 8ten Grades:

$$p(x) = 2x^8 - 3x^7 + 4x^6 - 3x^4 - 15x^2 + 10$$

Start: $\boxed{A}$

Anzeige 0 Eingabe 10 R/S	Anzeige 5 Eingabe 0 R/S
Anzeige 1 Eingabe 0 R/S	Anzeige 6 Eingabe 4 R/S
Anzeige 2 Eingabe − 15 R/S	Anzeige 7 Eingabe − 3 R/S
Anzeige 3 Eingabe 0 R/S	Anzeige 8 Eingabe 2 R/S
Anzeige 4 Eingabe − 3 R/S	Anzeige 9

Nach Abschluß der Koeffizienteneingabe ist der Grad des Polynoms in STO D abgespeichert.

Eingabe des Argumentes: x = 2

Start: $\boxed{C}$: Ergebnis p(x) − 286,00

Rechenzeit rund 6 Sekunden

Zur Kontrolle der Eingabewerte Start: $\boxed{D}$:

kurze Pause: 0 lange Pause bzw. Ausdruck: 10,00
kurze Pause: 2 lange Pause bzw. Ausdruck: − 15,00
kurze Pause: 4 lange Puase bzw. Ausdruck: − 3,00
kurze Pause: 6 lange Pause bzw. Ausdruck: 4,00
kurze Pause: 7 lange Pause bzw. Ausdruck: − 3,00
kurze Pause: 8 lange Pause bzw. Ausdruck: 2,00

4.3.3 Testbeispiele „Nullstellensuche"

1. Zu der Funktion vierten Grades:

   $f(x) = x^4 + 2x^3 - 13x^2 - 14x + 24$

   sollen die Wurzeln gesucht werden.
   Die Dateneingabe wird durch Start $\boxed{A}$ aufgerufen:

   Anzeige 0 Eingabe   24 R/S
   Anzeige 1 Eingabe -14 R/S
   Anzeige 2 Eingabe -13 R/S
   Anzeige 3 Eingabe   2 R/S
   Anzeige 4 Eingabe   1 R/S

   Eingabe eines Startwertes für die Wurzelsuche: $x_0 = 0$

   Start: $\boxed{B}$
   Ergebnisse:

   1. kurze Pause: 1,71
   2. kurze Pause: 0,94
   3. kurze Pause: 0,29
   4. kurze Pause: 0,01
   5. kurze Pause: $1{,}163999910 \cdot 10^{-6}$

   Stop mit Anzeige bzw. Ausdruck $x_1 = 1{,}00$
   Rechenzeit rund 50 Sekunden

   Neuer Startwert $x = 4$
   Start $\boxed{B}$:   Ergebnis $x_2 = 3{,}00$
   Neuer Startwert $x = -1$
   Start $\boxed{B}$:   Ergebnis $x_3 = -2{,}00$
   Neuer Startwert $x = -5$
   Start $\boxed{B}$:   Ergebnis $x_4 = -4{,}00$

   Falls der Startwert eine Error-Anzeige ergibt, hat die Funktion an der betreffenden Stelle eine waagerechte Tangente, d.h. $f'(x) = 0$. In diesem Fall muß das Programm mit einem veränderten Startwert erneut gestartet werden.
   Beim vorliegenden Beispiel ist dies für den Startwert $x_0 = -0{,}5$ der Fall. Der Programmablauf wird dann in Zeile 023 wegen der dort vorliegenden Division durch Null mit ERROR-Anzeige gestoppt.
   Der Verlauf einer Iteration ist im Bild 4.3.1 für den Startwert $x_0 = 0$ verdeutlicht.

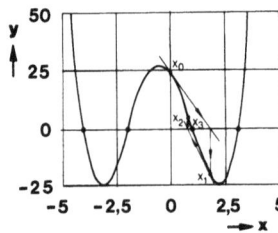

Bild 4.3.1
Wurzelverbesserung nach Newton

2. In der Reaktortheorie tritt bei der Berechnung eines optimalen Moderator-Brennstoffverhältnisses $x = N_M/N_u$ im Zusammenhang mit der Vierfaktorenformel für die Kritikalität folgende Gleichung auf [16]:

$1890 + x - 0{,}175 x^{1{,}585} = 0$

Die Wurzel dieser Gleichung findet man durch Aufspaltung in einen Polynomanteil $p(x)$:

$p(x) = x + 1890$

und in einen exponentiellen Funktionsanteil $g(x)$:

$g(x) = -0{,}175 x^{1{,}585}$

Für die Ableitung der Funktion $g(x)$ ist zu setzen:

$g'(x) = -0{,}175 \cdot 1{,}585 x^{0{,}585}$

Die beiden Funktionsunterprogramme Label E für $g(x)$ und Label e für $g'(x)$ können wie folgt programmiert werden:

LABEL E	LABEL e
RCL 2	RCL 2
y^x	1
RCL 3	−
×	y^x
RTN	RCL 2
	×
	RCL 3
	×
	RTN

Vor dem Programmstart mit Label B sind folgende Werte abzuspeichern:

1	STO D	Grad des Polynoms
1890	STO 0	} Koeffizienten des Polynoms
1	STO 1	
1,585	STO 2	} Konstanten der Funktion $g(x)$
−0,175	STO 3	

Startwert: $x_0 = 100$
Start: $\boxed{B}$ Ergebnis $x = 395{,}16$
Rechenzeit: rund 40 Sekunden

3. Bei der Untersuchung der Wärmestrahlung tritt die Gleichung $e^{-x} = 1 - \frac{x}{5}$ auf [17]. Die Funktion $f(x) = 1 - \frac{1}{5}x - e^{-x}$ enthält einen Polynomanteil $p(x) = 1 - \frac{1}{5}x$ und einen transzendenten Funktionsanteil $g(x) = -e^{-x}$. Die Funktion $g(x)$ und ihre Ableitung $g'(x) = e^{-x}$ müssen im Anschluß an die Unterprogrammadressen Label E und Label e programmiert werden:

Label E	Label e
CHS	CHS
e^x	e^x
CHS	RTN
RTN	

Vor dem Programmstart mit Label B sind folgende Werte abzuspeichern:

1	STO D	Grad des Polynoms
1	STO 0	} Koeffizienten des Polynoms
− 1/5	STO 1	

Mit dem Startwert x = 2 ist die Iteration nach rund 20 Sekunden beendet.
Anzeige des Lösungswertes x_1 = 4,96511.
Der Startwert x_0 = 1 führt zu dem zweiten Lösungswert x_2 = 0 (in der Anzeige erscheint der Wert $4{,}162253 \cdot 10^{-10}$).

4. Für das unter Abschnitt 4.3.3 angegebene Polynom 8ten Grades ergibt sich mit dem Startwert 1 nach rund 70 Sekunden Rechenzeit ein Wurzelwert zu x_1 = 0,80 und mit dem Startwert 2 nach rund 110 Sekunden Rechenzeit ein weiterer Wurzelwert zu x_2 = 1,44.

4.4 Numerische Integration

In Fällen, in denen das Integral einer Funktion $I = \int_a^b f(x)\, dx$ nicht geschlossen berechnet werden kann oder der Integrand als empirische Funktion vorgegeben ist, bedient man sich der numerischen Integration. Diese gestattet durch stückweise Integration angepaßter Hilfsfunktionen eine angenäherte Lösung des Integrals zu finden [15]. Die einfachste Annäherung erhält man durch die Anwendung der Trapezregel, nach der jeweils zwei benachbarte Stützpunkte durch Geradenstücke verbunden werden. Verwendet man für die angepaßte Hilfsfunktionen Parabelstücke, so gelangt man zur Simpson-Regel mit minimal drei Stützpunkten. Polynome dritten Grades führen zur Newton-Regel und erfordern minimal vier Stützpunkte. Die numerische Integration ermöglicht durch die Verfügbarkeit leistungsfähiger programmierbarer Taschen- und Tischrechner Problemlösungen am Schreibtisch, die bisher den Zugriff zu einer EDV-Anlage erforderten.

4.4.1 Trapezregel

Läßt sich die Funktion f(x) im Intervall [a, b] durch eine Gerade mit den Stützwerten f(a) und f(b) annähern, so gilt als angenäherter Wert des Integrals $I = \int_a^b f(x)\, dx$ nach der Trapezregel mit h = b − a:

$$I \approx \frac{h}{2}\,[f(a) + f(b)] \qquad (4.4.1)$$

Unterteilt man das Integrationsintervall in mehrere äquidistante Streifen der Breite h, so stehen n = 2 + k Stützwerte zur Verfügung (k = 0, 1, 2, ...). Die Trapezregel liefert dann angenäherten Wert des Integrals $I = \int_a^b y\, dx$:

$$I \approx \frac{h}{2}\,(y_0 + 2y_1 + 2y_2 + \ldots + y_{n-1}) \qquad (4.4.2)$$

mit:

$$h = \frac{b-a}{n-1} \qquad (4.4.3)$$

$$n = 2 + k \quad (k = 0, 1, 2, \ldots) \qquad (4.4.4)$$

4.4.2 Simpson-Regel

Teilt man das Integrationsintervall [a, b] in zwei gleiche Abschnitte der Breite h, so gilt als angenäherter Wert des Integrals $I = \int_a^b f(x)\,dx$ nach der Simpson-Regel:

$$I \approx \frac{h}{3}[f(a) + 4 \cdot f(a + h) + f(b)] \qquad (4.4.5)$$

Fügt man mehrere dieser Doppelstreifen innerhalb des Intervalls [a, b] aneinander, so stehen n = 3 + 2k Stützwerte zur Verfügung (k = 0, 1, 2, ...). Die Simpson-Regel liefert dann als angenäherten Wert des Integrals $I = \int_a^b y\,dx$:

$$I \approx \frac{h}{3}(y_0 + 4y_1 + 2y_2 + 4y_3 + \ldots + 4y_{n-2} + y_{n-1}) \qquad (4.4.6)$$

mit:

$$h = \frac{b - a}{n - 1} \qquad (4.4.7)$$

$$n = 3 + 2k \quad (k = 0, 1, 2, \ldots) \qquad (4.4.8)$$

Bei der Simpson-Regel muß die Anzahl der Stützwerte größer oder gleich drei und ungerade sein.

4.4.3 Newton-Regel

Teilt man das Integrationsintervall [a, b] in drei gleiche Abschnitte der Breite h, so gilt als angenäherter Wert des Integrals $I = \int_a^b f(x)\,dx$ nach der Netwon-Regel:

$$I \approx \frac{3}{8}h[f(a) + 3 \cdot f(a + h) + 3 \cdot f(a + 2h) + f(b)] \qquad (4.4.9)$$

Fügt man mehrere dieser Streifentrippel innerhalb des Intervalls [a, b] aneinander, so stehen n = 4 + 3k Stützwerte zur Verfügung (k = 0, 1, 2, ...). Die Netwon-Regel, auch Drei-Achtel-Regel genannt, liefert dann als angenäherten Wert des Integrals $I = \int_a^b y\,dx$:

$$I \approx \frac{3}{8}h(y_0 + 3y_1 + 3y_2 + 2y_3 + 3y_4 + 3y_5 + 2y_6 + \ldots + 3y_{n-2} + y_{n-1}) \qquad (4.4.10)$$

mit:

$$h = \frac{b - a}{n - 1} \qquad (4.4.11)$$

$$n = 4 + 3k \quad (k = 0, 1, 2, \ldots) \qquad (4.4.12)$$

Durch die Kombination der Simpson-Regel mit der Newton-Regel können alle Integrationsintervalle mit beliebiger Stützstellenzahl größer 5 bearbeitet werden. Für n = 6 wendet man z.B. für die ersten drei Stützstellen y_0, y_1, y_2 die Simpson-Regel an und für die vier letzten Stützstellen y_2, y_3, y_4, y_5 die Newton-Regel und addiert die beiden Teilergebnisse zum gesamten Lösungswert. Es ist zu beachten, daß bei der Aufteilung in zwei Bereiche der Grenzstützwert beiden Bereichen angehört.

Tabelle 4.4.1 Anweisungsliste „Numerische Integration"

Trapez-Regel	001	*LBLA		062	*LBL5	UP	123	*LBLc
	002	GSBc		063	SF0		124	CF2
	003	0		064	ST01		125	CF1
	004	GSBE		065	*LBLb		126	DSP0
	005	ST01		066	2		127	RCLB
	006	RCL1		067	F2?		128	RCLA
	007	X=0?		068	GT01		129	ST02
	008	GT01		069	3		130	-
	009	*LBL7		070	F0?		131	RCLC
	010	2		071	GT02		132	1
	011	GSBd		072	SF0		133	-
	012	DSZI		073	SF2		134	ST00
	013	GT07		074	GT01		135	÷
	014	*LBL1		075	*LBL2		136	ST0D
	015	GSBa		076	CF0		137	RCL0
	016	ST+1		077	*LBL1		138	1
	017	RCLD		078	GSBd		139	-
	018	2		079	DSZI		140	ST0I
	019	÷		080	GT0b		141	RCLA
	020	RCL1		081	GSBa		142	RTN
	021	×		082	ST+1	UP	143	*LBLd
	022	GT0e		083	RCLD		144	ST03
Simpson-R.	023	*LBLB		084	3		145	GSBa
	024	GSB9		085	×		146	RCL3
	025	-		086	8		147	×
	026	X≠0?		087	÷		148	ST+1
	027	√X=▷Error		088	RCL1		149	RTN
	028	GSBc		089	×	UP	150	*LBLa
	029	*LBL3		090	F1?		151	RCLD
	030	0		091	GT06		152	ST+2
	031	GSBE		092	GT0e		153	RCL2
	032	ST01	Simp./Newt.-R.	093	*LBLD		154	RCL0
	033	*LBL0		094	GSB8		155	RCLI
	034	2		095	X=Y?		156	-
	035	F2?		096	GT0C		157	GSBE
	036	GT01		097	GSB9		158	RTN
	037	4		098	X=Y?	Ergebnis	159	*LBLe
	038	SF2		099	GT0B		160	DSP2
	039	*LBL1		100	GSBc		161	PRTX=▷∫ydx
	040	GSBd		101	RCLI		162	R/S
	041	DSZI		102	3	UP	163	*LBL8
	042	GT00		103	ST-0	Prüfe	164	RCLC
	043	GSBa		104	-	Newton	165	4
	044	ST03		105	ST0I		166	-
	045	ST+1		106	RCLA		167	3
	046	RCLD		107	SF1		168	÷
	047	3		108	GT03		169	INT
	048	÷		109	*LBL4		170	LSTX
	049	RCL1		110	CF2		171	RTN
	050	×		111	ST04	UP	172	*LBL9
	051	F1?		112	2	Prüfe	173	RCLC
	052	GT04		113	ST0I	Simpson	174	1
	053	GT0e		114	3		175	+
Newton-R.	054	*LBLC		115	ST00		176	2
	055	GSB8		116	SF1		177	÷
	056	-		117	RCL3		178	INT
	057	X≠0?		118	GT05		179	LSTX
	058	√X=▷Error		119	*LBL6		180	RTN
	059	GSBc		120	ST+4	UP	181	*LBLE
	060	0		121	RCL4		182	R/S⇐f(x)
	061	GSBE		122	GT0e		183	RTN
							184	R/S

4.4.4 Ablauf der programmierten numerischen Integration

Zur Durchführung einer numerischen Integration nach den vorgenannten Regeln muß das Integrationsintervall [a, b], die Anzahl der Stützstellen und die Funktionswerte an den Stützstellen bekannt sein. Die untere Integrationsgrenze wird in STO A und die obere Integrationsgrenze wird in STO B abgespeichert. Die gewählte Anzahl Stützstellen wird in STO C abgespeichert. Die Anweisungsliste des Programms ist in Tabelle 4.4.1 angegeben.

Durch Betätigung der Taste A wird die Berechnung des Integrals nach der Trapezregel, durch die Taste B nach der Simpson-Regel und durch die Taste C nach der Newton-Regel gestartet. Bei Programmstart über die Taste D wird zunächst geprüft, ob aufgrund der vorgegebenen Anzahl Stützwerte eine ausschließliche Berechnung nach der Newton-Regel möglich ist. Falls dies nicht der Fall ist, wird geprüft, ob die Anzahl der Stützwerte ungerade ist, so daß die Berechnung nach der Simpson-Regel durchgeführt werden kann. Falls auch dies nicht der Fall ist, wird die Anzahl Stützwerte um drei verringert ($n' = n - 3$) und der Wert des Integrals für die n' Stützwerte nach der Simpson-Regel berechnet. Hieran wird dann für die letzten vier Stützwerte die Newton-Regel angeschlossen.

Nach der Betätigung einer Starttaste $\boxed{A}$, $\boxed{B}$, $\boxed{C}$ oder $\boxed{D}$ wird die Programmbearbeitung zur Eingabe des jeweiligen Stützwertes mit Anzeige des laufenden Indizes (0, 1, 2, ... , n − 1) gestoppt. Nach Eingabe des betreffenden Stützwertes und anschließender Betätigung der R/S-Taste wird die Programmbearbeitung fortgesetzt. Nachdem der letzte Stützwert abgefragt wurde, wird der in STO 1 laufend aufaddierte Wert des Integrals zur Anzeige gebracht. Falls bei Aufruf der Simpson-Regel über Starttaste B die Anzahl der Stützstellen nicht ungerade ist, oder bei Aufruf der Newton-Regel über Starttaste C die Anzahl der Stützstellen nicht der Bedingung $n = 4 + 3k$ genügt, wird die Anzeige ERROR erzeugt. In diesen Fällen kann der gesuchte Wert des Integrals mit $n > 5$ in jedem Fall über den Programmstart mit Starttaste D, d.h. mit Hilfe der kombinierten Simpson-Newton-Regel gefunden werden.

4.4.5 Numerische Integration einer analytischen Funktion

In vielen Fällen ist der Integrand eine analytische Funktion, die nicht geschlossen gelöst werden kann oder zu der keine geschlossene Lösung greifbar ist. In diesen Fällen ist es zweckmäßig, die Stützwerte in Abhängigkeit von der Abszissenkoordinate in einem Unterprogramm zu berechnen. Ein hierzu geeignetes Unterprogramm muß dann dem vorgegebenen Integrationsprogramm angefügt werden.

Hierzu ist ein Unterprogramm mit der Einsprungadresse Label E ab Zeile 181 schon programmtechnisch vorgesehen. Dieses Unterprogramm besteht in dem vorgegebenen Programm lediglich aus den drei Programmzeilen Label E, R/S und Return.

Die zur Berechnung des jeweiligen Stützwertes aus der vorgegebenen analytischen Funktion erforderlichen Programmanweisungen sind zwischen den beiden Programmzeilen Label E und RTN einzuschieben. Die Anweisung für den Programmstop ist dann nicht mehr erforderlich und kann gelöscht werden. Dabei ist zu beachten, daß beim Einsprung der Index des jeweiligen Stützwertes im X-Register und das Argument x für die Funktion f(x) im Y-Register übergeben wird. Der aktuelle Abszissenwert ist außerdem in STO 2 abgespeichert. Er errechnet sich durch Multiplikation des Wertes im X-Register mit der Streifenbreite h, die in STO D abgespeichert ist, zuzüglich der unteren Integrationsgrenze.

Soll z.B. das Integral $I = \int e^{-\frac{x^2}{2}} dx$ über n Stützstellen berechnet werden, so sind hinter Label E folgende Anweisungen einzufügen:

	Stackregister			
	X	Y	Z	T
x ⇄ y	x	i		
x^2	x^2	i		
2	2	x^2	i	
÷	$\frac{x^2}{2}$	i		
CHS	$-\frac{x^2}{2}$	i		
e^x	$e^{-\frac{x^2}{2}}$	i		

4.4.6 Programmbeschreibung „Numerische Integration"

Das Programm besteht aus vier eigenständigen programmtechnisch ineinandergeschachtelten Programmen mit den Startadressen A für die Anwendung der Trapezregel, B für die Simpson-Regel, C für die Newton-Regel und D für die kombinierte Simpson- und Newton-Regel. Hinzu kommen 6 Unterprogramme.

Die zu integrierende Funktion f(x) ist in dem Unterprogramm Label E ab Zeile 181 programmtechnisch zu formulieren. Beim Aufruf dieses Unterprogramms werden im X-Register die Nummer des Stützwertes von 0 bis n und im Y-Register die zugehörige Koordinate x mit a ≤ x ≤ b übergeben. Bei der Programmierung der Funktion f(x) im Anschluß an STO E ist darauf zu achten, daß die Adressen Label 0, Label 3, Label 5, Label 7 und Label b nicht verwandt werden, da diese im Hauptprogramm bereits als Rücksprungadressen vorkommen. Da der Rechner bei direkt adressierten Rücksprunganweisungen das entsprechende Label in Vorwärtsrichtung sucht, wäre bei mehrfacher Verwendung dieser Label kein ordnungsgemäßer Ablauf möglich. Falls z.B. bei analytischen Funktionen f(x) das Argument x benötigt wird, so ist unmittelbar hinter Label E die Anweisung x ⇄ y für einen Austausch der X- und Y-Register vorzusehen.

Die Programmstelle Label E kann im RUN-Modus über die Tastatur durch Betätigung der Tasten GTO E angesteuert werden. Die nach Betätigung der Taste SST im Programm-Modus erscheinende R/S-Anweisung ist dann durch Betätigung der Taste DEL zu tilgen. Für den Einschub zusätzlicher Anweisungen zur Berechnung des Funktionswertes stehen die Programmzeilen 182 bis 223 zur freien Verfügung. Falls das Argument x oder der Funktionswert f(x) ausgegeben werden sollen, so können PAUSE- oder PRINT-Anweisungen eingebaut werden.

Trapezregel: Start ⬚A⬚

Der Programmstart bei Label A führt zu der Programmzeile 001 an den physikalischen Anfang des Programms. Mit der folgenden Anweisung GSB c wird das Unterprogramm Label c in den Zeilen 123 bis 142 zur Berechnung und Abspeicherung der Streifenbreite aufgerufen. Innerhalb der Programmschleife zwischen den Zeilen 009 und 013 wird die Summe der Ordinaten an den Stützstellen nach Gl. (4.4.2) gebildet. Hierzu werden die drei Unterprogrammebenen Label d, Label a und Label E hintereinander aufgerufen. In Zeile 022 erfolgt ein Programmsprung zu dem Ausgabe-Programmteil Label e. Das errechnete Integral wird dort mit zwei Dezimalstellen ausgegeben.

Simpson-Regel: Start $\boxed{B}$

Der Programmteil für die Integrationsberechnung nach der Simpson-Regel umfaßt die Programmzeilen 023 bis 053 in Verbindung mit den aufgerufenen Unterprogrammen. Mit dem Unterprogramm Label 9 und der Abfrage in Zeile 026 wird geprüft, ob die Anzahl der Stützstellen ungerade ist. Falls dies nicht der Fall ist, wird eine Error-Anzeige erzeugt. In der Programmschleife zwischen den Zeilen 033 und 042 wird die Summe der Ordinaten an den Stützstellen nach Gl. (4.4.6) gebildet. In Zeile 053 wird wieder zu dem Ausgabe-Programmteil gesprungen.

Newton-Regel: Start $\boxed{C}$

Der Programmteil für die Newton-Regel umfaßt die Programmzeilen 054 bis 092. Auch hier wird zunächst geprüft, ob die Bedingung für die Anzahl der Stützstellen nach Gl. (4.4.12) erfüllt ist. Die Summation nach Gl. (4.4.10) wird in der Schleife zwischen den Zeilen 065 und 080 vorgenommen. Das Programm endet in Zeile 092 mit der unbedingten Sprunganweisung für die Ausgabe.

Simpson/Newton-Regel: Start $\boxed{D}$

Um von der Anzahl Stützstellen unabhängig zu sein, ist es zweckmäßig, die kombinierte Anwendung der beiden Integrationsverfahren nach Simpson und Newton programmtechnisch zu vereinen. Es wird zunächst geprüft, ob mit der vorgegebenen Anzahl Stützstellen die Newton-Regel alleine anwendbar ist. Falls dies nicht der Fall ist, wird die Verträglichkeit der Anzahl Stützstellen für die Simpson-Regel geprüft. Ist auch die Simpson-Regel alleine nicht anwendbar, so wird die Anzahl Streifenintervalle um 3 verringert und die ersten $n-3$ Stützstellen mit Hilfe der Simpson-Regel integriert. Für die restlichen 4 Stützstellen wird dann die Newton-Regel angewandt. In Zeile 122 ist die Sprunganweisung GTO e für die Ergebnisausgabe erreicht.

4.4.7 Bestimmung der Stromabgabe aus der Leistungs-Ganglinie

In der elektrischen Energieversorgung ergibt sich häufig die Notwendigkeit, aus den gemessenen Ganglinien der Leistung an eine Übergabestelle im Netz die abgegebene Arbeit zu bestimmen. Hierzu liegen vielfach 25 Meßwerte (von 0 bis 24 Uhr) für die Leistung vor.
In Bild 4.4.1 ist die Ganglinie der Leistung für ein abgegrenztes Gebiet der öffentlichen Energieversorgung angegeben.

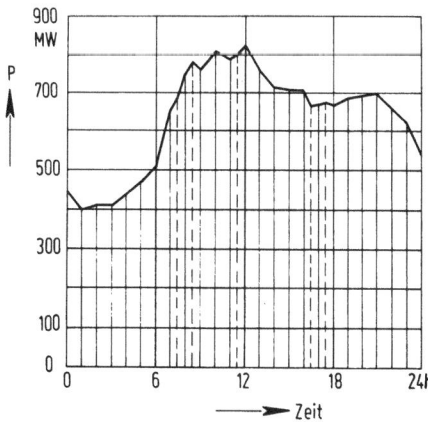

Bild 4.4.1
Beispiel einer Leistungs-Ganglinie

Vor dem Start des Programms für die kombinierte Simpson-Newton-Integration durch Betätigung der Taste D sind folgende Eingaben erforderlich:

    0 STO A
   24 STO B
   25 STO C

Start: [D]

Anzeige	Eingabe			Anzeige	Eingabe		
0	P(0)	=	450 MW	13	P(13)	=	760 MW
1	P(1)	=	400 MW	14	P(14)	=	720 MW
2	P(2)	=	410 MW	15	P(15)	=	710 MW
3	P(3)	=	410 MW	16	P(16)	=	710 MW
4	P(4)	=	440 MW	17	P(17)	=	670 MW
5	P(5)	=	470 MW	18	P(18)	=	670 MW
6	P(6)	=	510 MW	19	P(19)	=	685 MW
7	P(7)	=	660 MW	20	P(20)	=	695 MW
8	P(8)	=	755 MW	21	P(21)	=	700 MW
9	P(9)	=	760 MW	22	P(22)	=	660 MW
10	P(10)	=	810 MW	23	P(23)	=	625 MW
11	P(11)	=	790 MW	24	P(24)	=	535 MW
12	P(12)	=	830 MW				

Unmittelbar im Anschluß an die letzte Eingabe wird die abgegebene Arbeit $A = \int_0^{24h} P(t)\,dt$ mit 15 354,38 MWh als Ergebnis der numerischen Integration angezeigt.

4.4.8 Integration der Gaußschen Normalverteilung

Eine in der Statistik grundlegende kontinuierliche Verteilung ist die Gaußsche Normalverteilung mit der normierten Verteilungsdichte:

$$f(x) = \frac{1}{\sqrt{2\pi}}\, e^{-\frac{x^2}{2}} \tag{4.4.13}$$

Gl. (4.4.13) beschreibt eine zu x = 0 symmetrisch gelegene Verteilung, deren Integral über alle x-Werte von $x = -\infty$ bis $x = +\infty$ den Wert eins ergibt. Das Maximum der normierten Normalverteilung erreicht bei x = 0 den Wert f = 0,3989. Will man z.B. zu einer normal verteilten Grundgesamtheit feststellen, mit welcher Wahrscheinlichkeit ein bestimmtes Ereignisspektrum aus der Menge aller x-Ereignisse statistisch auftreten wird, so ist die Verteilungsdichte über den betrachteten Ereignisbereich zu integrieren. Man spricht hierbei von der statistischen Sicherheit S(x):

$$S(x) = \int_{-x}^{+x} f(t)\,dt \tag{4.4.14}$$

In Bild 4.4.2 ist die Fläche der statistischen Sicherheit für das Integrationsintervall $-2 \leqslant x \leqslant +2$ unterhalb der Glockenkurve dargestellt.

Das Integral zur Bestimmung der statistischen Sicherheit ist nicht geschlossen lösbar. Daher ist es zweckmäßig, eine Näherungslösung mit Hilfe der programmierten numerischen Integration zu bestimmen.

Vor dem Start des Programms durch Betätigung der Taste D müssen die Anweisungen zur Berechnung des Integranden y(x) nach Gl. (4.4.13) ab Programmzeile 182 eingeschrieben werden. Hierzu wählt man nach dem Einlesen des Programms durch die Anweisung GTO E die Anfangsadresse des Unterprogramms Label E in Zeile 181 an. Nach Umschaltung vom RUN-Modus in den PRGM-Modus wird der Tastencode für Label E angezeigt. Da das Argument im Y-Register übergeben wird, beginnt das einzuschiebende Programm mit der x ⇄ y Anweisung (oder einer RCL 2 Anweisung):

181	*LBLE	
182	x ⇄ y	x-Wert aus Y-Register
183	x^2	
184	2	
185	÷	
186	CHS	
187	e^x	$y(x) = e^{-\frac{x^2}{2}}$
188	2	
189	Pi	
190	x	
191	$\sqrt{x}$	$\sqrt{2\pi}$
192	÷	
193	RTN	

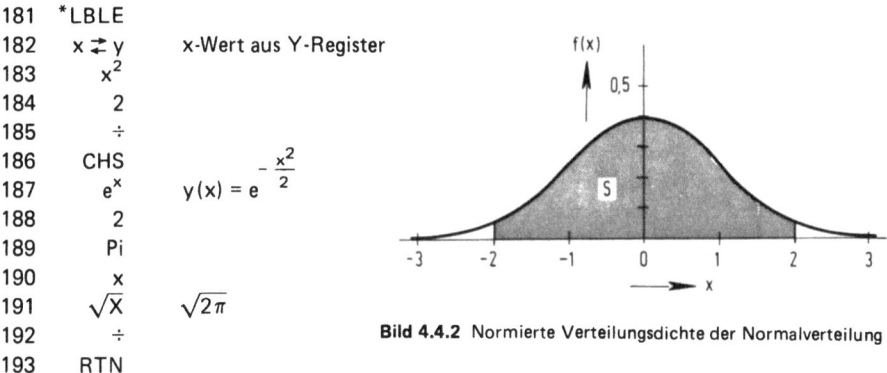

Bild 4.4.2 Normierte Verteilungsdichte der Normalverteilung

Die untere Integrationsgrenze wird in STO A und die obere in STO B abgespeichert (−2 STO A, 2 STO B). Die Anzahl der Stützwerte ist in Abhängigkeit von der angestrebten Genauigkeit zu wählen und in STO C abzuspeichern (z.B. 15 STO C).

Nach dem Programmstart D wird der Wert des Integrals zu 0,95 nach rund 50 Sekunden Rechenzeit angezeigt. Durch Multiplikation dieses Wertes mit 100 erhält man den Wert für die statistische Sicherheit S(±2) = 95,45 %.

Die Rechenzeit t_R ist etwa proportional der Anzahl Stützstellen mit $t_R \approx n\,3$ s. Dagegen nimmt die Anzahl der signifikanten Ziffern im Ergebnis nur etwa mit dem Logarithmus der Stützstellenzahl zu:

n =	10:	S(±2) = 95,4 %	bei t_R =	35 s
n =	50:	S(±2) = 95,4499 %	bei t_R =	180 s
n =	100:	S(±2) = 95,449973 %	bei t_R =	330 s
n =	1 000:	S(±2) = 95,44997348 %	bei t_R =	3240 s

Spezielle Programme zur statistischen Sicherheit werden in Abschnitt 6.1 angegeben.

4.4.9 Berechnung der Fourier-Koeffizienten

In der Technik besteht vielfach das Problem, von einer empirisch vorgegebenen periodischen Funktion, z.B. als Bild von einem Oszilloskop oder als geschriebener Linienzug von einem Oszillographen, den Grundschwingungsanteil und die Oberschwingungsanteile oder auch den Gleichstromanteil zu bestimmen. Auch hierzu ist die programmierte numerische Integration als wertvolles Hilfsmittel anwendbar.

Für die Fourier-Koeffizienten einer periodischen Funktion f(x) gilt [15]:

$$a_k = \frac{1}{\pi} \int_{-\pi}^{+\pi} f(x) \cos kx \, dx \qquad (4.4.15)$$

$$b_k = \frac{1}{\pi} \int_{-\pi}^{+\pi} f(x) \sin kx \, dx \qquad (4.4.16)$$

Hierzu kommt ein konstantes Glied:

$$a_0 = \frac{1}{2\pi} \int_{-\pi}^{+\pi} f(x) \, dx \qquad (4.4.17)$$

Im Falle einer symmetrischen Funktion f(x) braucht nur jeweils eine Koeffizientengruppe über das halbe Integrationsintervall berechnet zu werden:
Für eine gerade Funktion, d.h. $f(x) = f(-x)$ (z.B. cos x), verschwinden alle Koeffizienten b_k. Für den verbleibenden symmetrischen Anteil gilt:

$$a_k = \frac{2}{\pi} \int_{0}^{\pi} f(x) \cos kx \, dx \qquad (4.4.18)$$

Für eine ungerade Funktion, d.h. $f(x) = -f(-x)$ (z.B. sin x) verschwinden alle Koeffizienten a_k. Für den verbleibenden unsymmetrischen Anteil gilt:

$$b_k = \frac{2}{\pi} \int_{0}^{\pi} f(x) \sin kx \, dx \qquad (4.4.19)$$

1. Empirische Funktionen

Für die in Bild 4.4.3 angegebene ungerade Funktion sollen mit Hilfe der programmierten numerischen Integration die ersten 6 Fourier-Koeffizienten bestimmt werden.

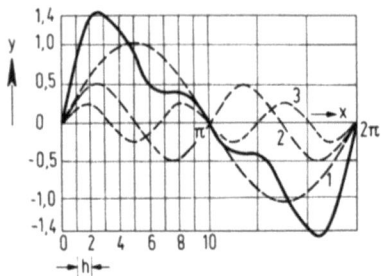

Bild 4.4.3
Harmonische Analyse einer empirisch vorgegebenen periodischen Funktion

Nach der Unterteilung des Integrationsintervalls von 0 bis π in 10 äquidistante Abschnitte werden folgende 11 Stützwerte abgelesen:

$f(0) = 0$
$f(1) = 0,8$
$f(2) = 1,4$
$f(3) = 1,4$
$f(4) = 1,2$
$f(5) = 0,9$
$f(6) = 0,5$
$f(7) = 0,4$
$f(8) = 0,4$
$f(9) = 0,3$
$f(10) = 0$

Da der Integrand sowohl aus einem empirischen Anteil f(x) als auch aus einem analytischen Anteil sin kx besteht, wird das Programm ab Programmzeile 182 mit der R/S-Anweisung zur Eingabe des betreffenden f(x) Wertes durch folgende Anweisungen zur Berechnung des analytischen Anteils sin kx und des konstanten Faktors $2/\pi$ erweitert:

182	R/S	Eingabe des f(x)-Wertes
183	RCL 2	x-Wert von STO 2
184	R → D	Umwandlung in Grad
185	RCL E	Ordnung k der Schwingung von STO E
186	x	kx
187	sin	sin kx
188	x	f(x) sin kx
189	2	
190	x	2 f(x) sin kx
191	π	
192	÷	$\frac{2}{\pi}$ f(x) sin kx
193	RTN	Rücksprung

Vor dem Start des Programms durch Betätigung der Taste D sind folgende Eingaben zu tätigen:

Eingabe der unteren Integrationsgrenze	0 STO A
Eingabe der oberen Integrationsgrenze	π STO B
Eingabe der Anzahl Stützpunkte	11 STO C
Eingabe der Ordnungszahl k	z.B. 1 STO E

Nach jedem Programmstop sind die Stützwerte f(0) bis f(10) einzugeben und durch Betätigung der R/S-Taste zu quittieren.
Die Bearbeitungszeit zur Berechnung eines Koeffizienten beträgt etwa 2 Minuten.
Nach Beendigung der Rechnung erscheint der berechnete Koeffizient in der Anzeige:

z.B. für k = 1 $b_1 = 1,08$
für k = 2 $b_2 = 0,51$
für k = 3 $b_3 = 0,24$
für k = 4 $b_4 = -0,04$
für k = 5 $b_5 = 0,05$
für k = 6 $b_6 = -0,02$

Die gegebene Funktion f(x) kann somit näherungsweise durch die ersten drei Fourier-Koeffizienten beschrieben werden:

$$f(x) = 1{,}08 \sin x + 0{,}51 \sin 2x + 0{,}24 \sin 3x$$

Da in dem Programm die Primärspeicher 5 bis 9 und alle Sekundärspeicher unbenutzt bleiben, ist es ggf. zweckmäßig, die Stützwerte in diesen Speichern abzuspeichern und durch entsprechende RCL-Anweisungen bei den Programmstops abzurufen. Mit Hilfe der indirekten Speicheradressierung können diese Abrufe für bis zu 14 Stützpunkten auch automatisch vorgenommen werden. Hierzu werden die ersten zehn Stützwerte in den Sekundärspeichern STO 0 bis STO 9 und die restlichen 4 in den Primärspeichern STO 6 bis STO 9 abgespeichert. An Stelle der R/S-Anweisung in Programmzeile 182 ist dann folgende Anweisungsfolge zusätzlich einzuschieben:

⋮

182	RCL I	} Der Wert des Indexregisters aus dem Hauptprogramm wird gespeichert
183	STO 5	
184	R↓	
185	STO I	Der Stützwertindex wird in STO I gespeichert
186	9	
187	X⇄Y	
188	X≤Y	
189	GTO 1	Sprung, falls Index des Stützwertes ≤ 9
190	4	} Bildung der Speicheradressen für den Primärbereich STO 6 bis STO 9
191	−	
192	STO I	
193	RCL (i)	Ruf des Stützwertes aus dem Primärbereich
194	GTO 2	
195	*LBL 1	
196	P⇄S	
197	RCL (i)	Ruf des Stützwertes aus dem Sekundärbereich
198	P⇄S	
199	*LBL 2	
200	RCL 5	} Der ursprüngliche Wert des Indexregisters wird wieder gesetzt
201	STO I	
202	X⇄Y	Rückholen des Stützwertes
(203	Pause)	ggf. Anzeige des Stützwertes
		Fortsetzung mit der Anweisung in der vorherigen Zeile 183 mit RCL 2

⋮

2. Analytische Funktionen

Ist die zu analysierende Funktion analytisch erklärt, so kann die Gleichung der Funktion unmittelbar als Unterprogramm Label E in das numerische Integrationsprogramm eingefügt werden. Ist z.B. als Funktion f(x) die bei 90° angeschnittene Sinusschwingung gegeben, so können die bei dieser alternierenden Funktion existierenden ungeraden Fourier-Koeffizienten aus Gl. (4.4.18) bestimmt werden.

$$f(x) = \begin{cases} 0 & 0 \leq x < \frac{\pi}{2} \\ 0{,}5 & \text{für } x = \frac{\pi}{2} \\ \sin x & \frac{\pi}{2} < x \leq \pi \end{cases}$$

Als Unterprogramm Label E sind folgende Anweisungen einzufügen:

181	*LBLE	
182	x⇄y	Argument x im Bogenmaß ins X-Register holen
183	Pi	
184	2	
185	÷	
186	X>Y?	Abfrage, ob Intervall $0 \leq x < \frac{\pi}{2}$
187	GTO1	
188	X=Y?	Abfrage, ob $x = \frac{\pi}{2}$
189	GTO2	
190	X⇄Y	⎱
191	R→D	⎬ $f(x) = \sin x$ für $\frac{\pi}{2} < x \leq \pi$
192	SIN	⎰
193	GTO6	
194	*LBL1	⎱ $f(x) = 0$ für $0 \leq x < \frac{\pi}{2}$
195	0	⎰
196	GTO6	
197	*LBL2	⎱
198	.	⎬ $f(x) = 0{,}5$ für $x = \frac{\pi}{2}$
199	5	⎰
200	*LBL6	
201	RCL2	
202	RCLE	⎱
203	×	⎬ $\cos kx$ (k aus STO E)
204	R→D	⎬
205	COS	⎰
206	×	
207	2	
208	×	
209	Pi	
210	÷	Mit $\frac{2}{\pi} f(x) \cos kx$ im X-Register
211	RTN	
		Rücksprung ins Hauptprogramm

Vor dem Programmstart mit Label D sind folgende Eingaben erforderlich:

    0 STO A untere Integrationsgrenze
    π STO B obere Integrationsgrenze
  10 STO C Anzahl der Stützwerte
    1 STO E Ordnungszahl k = 1

Start: [D] $a_1 = -0{,}3184$ (Der exakte Wert ist $a_1 = -0{,}31831$)
Rechenzeit rund 50 Sekunden

Eingaben: 50 STO C Anzahl der Stützwerte
          15 STO E Ordnungszahl k = 15

Start: [D] $a_{15} = 0{,}0469$ (Der exakte Wert ist $a_{15} = 0{,}04547$)
Rechenzeit rund 240 Sekunden

Ein spezielles Programm zur harmonischen Analyse wird in Abschnitt 4.7 angegeben.

4.5 Lösung von Differentialgleichungen nach dem Runge-Kutta-Verfahren

Das Runge-Kutta-Verfahren hat sich in der Praxis als besonders zuverlässiges und einfach zu handhabendes Verfahren zur numerischen Lösung von Differentialgleichungen bewährt [15]. Es beruht auf einer Verallgemeinerung der Simpson-Regel und arbeitet in dem gewählten Intervall h mit drei Stützstellen und vier Funktionswerten. Es ist hinsichtlich seiner Genauigkeit ebenso wie die Simpson-Regel ein Verfahren vierter Ordnung, d.h. die Verfahrensfehler sind von der Ordnung h^5.

Zur programmierten Berechnung ist ein von *Kutta* für Differentialgleichungen 1. Ordnung angegebener Formelsatz besonders geeignet. Zur Lösung von Differentialgleichungen 2. Ordnung wurde das Verfahren von *Nystrom* erweitert. Auch hierzu steht ein geeigneter Formelsatz für die numerische Berechnung zur Verfügung.

4.5.1 Differentialgleichung erster Ordnung

Gegeben sei die Differentialgleichung erster Ordnung:

$$y' = f(x, y) \tag{4.5.1}$$

mit den Anfangsbedingungen x_0 und y_0. Innerhalb des gewählten Intervalls h werden mit Hilfe der Steigung $y' = f(x_i, y_i)$ vier Zuwachswerte $k_i = \Delta y_i = f'(x_i, y_i) h$ nach folgendem Rechenschema ermittelt.

Ausgehend von den Anfangswerten für den ersten Rechenschritt:

$$x_1 = x_0 \tag{4.5.2}$$

$$y_1 = y_0 \tag{4.5.3}$$

berechnet man nach der Differentialgleichung die zugehörige Steigung y_1' und hieraus durch Multiplikation mit der Schrittweite h den auf den ganzen Schritt h bezogenen y-Zuwachs, der mit k_1 bezeichnet sei:

$$y_1' = f(x_1, y_1) = f_1 \tag{4.5.4}$$

$$k_1 = f_1 h \tag{4.5.5}$$

Mit dieser Steigung geht man geradlinig weiter, und zwar bis zur Schrittmitte, also bis zu den Werten

$$x_2 = x_0 + \frac{1}{2} h \tag{4.5.6}$$

$$y_2 = y_0 + \frac{1}{2} k_1 \tag{4.5.7}$$

Zu diesem vorläufigen Wertesatz errechnet man wiederum nach der Differentialgleichung die zugehörige Steigung y_2' und den zugehörigen, auf den ganzen Schritt h bezogenen y-Zuwachs k_2 nach:

$$y_2' = f(x_2, y_2) = f_2 \tag{4.5.8}$$

$$k_2 = f_2 h \tag{4.5.9}$$

Hiermit geht man abermals vom Anfangspunkt aus und noch einmal nur bis zur Schrittmitte, also zu den Werten:

$$x_3 = x_2 = x_0 + \frac{1}{2}h \tag{4.5.10}$$

$$y_3 = y_0 + \frac{1}{2}k_2 \tag{4.5.11}$$

Wiederum berechnet man hierzu nach der Differentialgleichung die Steigung y_3' und den Zuwachs k_3 nach:

$$y_3' = f(x_3, y_3) = f_3 \tag{4.5.12}$$

$$k_3 = f_3 h \tag{4.5.13}$$

und geht damit ein drittes Mal vom Anfangspunkt aus, diesmal aber bis zum Schrittende, also zu den Werten:

$$x_4 = x_0 + h \tag{4.5.14}$$

$$y_4 = y_0 + k_3 \tag{4.5.15}$$

zu denen ein viertes Mal die Steigung y_4' und der Zuwachs k_4 berechnet werden:

$$y_4' = f(x_4, y_4) = f_4 \tag{4.5.16}$$

$$k_4 = f_4 h \tag{4.5.17}$$

Aus den so errechneten vier k-Werten k_i wird nun ein Mittelwert k derart gebildet, daß der damit errechnete endgültige Näherungswert $y_1 = y_0 + k$ an der Stelle $x_1 = x_0 + h$ mit der wahren Lösung $y(x_1)$ an dieser Stelle, bei Taylor-Entwicklung von x_0 aus, in möglichst vielen h-Potenzen übereinstimmt. Dieser Mittelwert lautet:

$$k = \frac{1}{6}(k_1 + 2k_2 + 2k_3 + k_4) \tag{4.5.18}$$

und mit ihm das endgültige Wertepaar:

$$x_1 = x_0 + h \tag{4.5.19}$$

$$y_1 = y_0 + k \tag{4.5.20}$$

das zugleich als Anfangswertepaar der nächsten gleichartigen Schrittrechnung dient.

4.5.2 Schrittweitensteuerung

Da die Verfahrensfehler beim Runge-Kutta-Verfahren von der Ordnung h^5 sind, nehmen die Fehler bei Schrittverkleinerung sehr rasch ab und bei Schrittvergrößerung entsprechend h^5 stark zu. Daher kommt der richtigen Schrittwahl besondere Bedeutung zu. Um andererseits nicht durch zu kleine Schrittwahl unnötig viel Rechenzeit zu verlieren, ist es zweckmäßig, eine automatische Schrittweitensteuerung vorzunehmen.
Für mittlere Genauigkeitsanforderungen muß etwa gelten:

$$0{,}05 \leqslant \left| \frac{k_3 - k_2}{k_2 - k_1} \right| \leqslant 0{,}15 \tag{4.5.21}$$

Liegt der Differenzenquotient innerhalb des abgeschlossenen Intervalls [0,05; 0,15], so wird das Rechenschema mit unveränderter Schrittweite fortgesetzt.
Falls der Differenzenquotient die obere Schranke überschreitet, wird die Schrittweite halbiert und falls er die untere Schranke unterschreitet, wird sie verdoppelt.

4.5.3 Programmbeschreibung „Differentialgleichungen erster Ordnung"

Das Programm nach Tabelle 4.5.1 ist für den allgemeinen Anwendungsfall konzipiert und enthält daher nur das Rechenschema für die Bearbeitung einer Funktion der Form $y' = f(x, y)$ nach dem Runge-Kutta-Verfahren. Die im speziellen Fall gegebene Funktion $f(x, y)$ ist dann als Unterprogramm im Anschluß an die Einsprungadresse Label E in Programmzeile 111 einzubauen. Dafür stehen noch 112 Programmzeilen zur freien Verfügung. Aus dem Hauptprogramm werden in das Unterprogramm Label E im X-Register der aktuelle x-Wert und im Y-Register der aktuelle y-Wert übergeben. Der errechnete Wert für die Steigung y' im Punkt (x, y) wird im X-Register an das rufende Programm zurückgegeben. In dem Unterprogramm Label E können die Primärspeicher STO 8, STO 9, STO D, STO E und alle Sekundärspeicher sowie die Label 3 bis 9, B bis D und c bis e frei verwendet werden.

Vor dem Start mit Label A müssen die Anfangswerte x_0 in STO A, y_0 in STO B und die Schrittweite h in STO C abgespeichert werden. Das Programm beginnt mit dem Setzen des x_1, y_1-Wertepaares gemäß Gl. (4.5.2/3). In Zeile 006 ist mit dem Label b die Startadresse für die Berechnungszyklen mit der Schrittweite h eingebaut. Der Unterprogrammaufruf GSB E in Zeile 010 in Verbindung mit der anschließenden Multiplikation mit der Schrittweite h ergibt den ersten y-Zuwachs aus Gl. (4.5.4/5). Dieser wird in STO 5 abgespeichert. Bis Zeile 023 sind die Gln. (4.5.6/7) ausgewertet.

Mit dem Unterprogrammaufruf in Zeile 025 wird die Gl. (4.5.8) ausgewertet. Der y-Zuwachswert k_2 wird in STO 6 abgespeichert. Anschließend wird mit Zeile 037 Gl. (4.5.12) ausgewertet und dieser y-Zuwachs nach STO 7 abgespeichert. Falls das Flag 1 gesetzt ist, wird die in Zeile 043 aufgerufene automatische Schrittsteuerung übersprungen. In dem Unterprogramm Label a wird die Schrittweite nach Maßgabe der Ungleichung Gl. (4.5.21) verändert. Der vierte Unterprogrammaufruf für Label E erfolgt in Zeile 059. Mit Hilfe der Registerarithmetik wird der y-Zuwachs k_4 nach STO 0 aufaddiert. Nach Berechnung des neuen Wertepaares gemäß Gl. (4.5.19/20) werden der x-Wert in Zeile 070 und der y-Wert in Zeile 072 ausgegeben. Anschließend wird mit dem Rücksprung nach Label b das folgende Intervall h bearbeitet. Im Unterprogramm Label a wird als Kennzeichen für eine veränderte Schrittweite h das Flag 0 gesetzt. Dieses Flag bewirkt im gesetzten Zustand in den Zeilen 044/45 einen Rücksprung an den logischen Anfang der Intervallbearbeitung. Das Programm hat kein logisches Ende, so daß die Berechnung der Wertepaare (x, y) solange fortgesetzt wird, bis von der Tastatur aus ein Stop-Befehl durch die Betätigung der R/S-Taste erfolgt.

Tabelle 4.5.1 Anweisungsliste „Differentialgleichung erster Ordnung"

Start 001	*LBLA			058	STO1
002	RCLA			059	GSBE
003	STO1			060	RCLC
004	RCLB			061	x
005	STO2			062	ST+0
006	*LBLb			063	6
007	RCL2			064	ST÷0
008	RCL1			065	RCL0
009	CF0			066	ST+2
010	GSBE			067	RCL1
011	RCLC			068	SPC
012	x			069	PSE
013	STO5			070	PRTX⇒ x
014	STO0			071	RCL2
015	2			072	PRTX⇒ y
016	÷			073	GTOb
017	RCL2	UP		074	*LBLa
018	+	Schritt-		075	RCL7
019	RCLC	weiten-		076	RCL6
020	2	steuerung		077	X=Y?
021	÷		┌──	078	GTO2
022	RCL1		│	079	−
023	+		│	080	RCL6
024	STO3		│	081	RCL5
025	GSBE		│	082	−
026	RCLC		│	083	÷
027	x		│	084	ABS
028	STO6		│	085	2
029	2		│	086	x
030	x		│	087	.
031	ST+0		│	088	1
032	4		│	089	5
033	÷		│	090	X>Y?
034	RCL2		┌│	091	GTO1
035	+		││	092	.
036	RCL3		││	093	5
037	GSBE		││	094	SF0
038	RCLC		││	095	GTO2
039	x		└│→	096	*LBL1
040	STO7		│	097	R↓
041	F1?		│	098	.
┌─ 042	GTO0		│	099	0
│ 043	GSBa		│	100	5
│ 044	F0?		│	101	X≤Y?
│ 045	GTOb		┌│	102	GTO2
└→ 046	*LBL0		││	103	2
047	RCL7		││	104	SF0
048	2		│└→	105	*LBL2
049	x		│	106	RCLC
050	ST+0		│	107	F0?
051	RCL7		│	108	x
052	RCL2		│	109	STOC
053	+		│	110	RTN
054	RCL1	UP	│	111	*LBLE
055	RCLC		│	112	RTN⇐ f(x,y)
056	+		│	113	R/S
057	STO3				

43

4.5.4 Test- und Anwendungsbeispiele

1. Es sei die Differentialgleichung $y' = 2\frac{y}{x}$ mit den Anfangsbedingungen $x_0 = y_0 = 1$ gegeben. Die Genauigkeit der Rechnung kann hier durch Vergleich mit der exakten Lösung $y = x^2$ verfolgt werden.
   Das Unterprogramm Label E besteht hierfür aus folgenden Anweisungen:

LBL E	(Im X-Register wird x, im Y-Register wird y übergeben)
÷	Division $\frac{y}{x}$
2	
x	$2\frac{y}{x}$
RTN	Rücksprung mit $2\frac{y}{x}$ im X-Register

   Nach Eingabe der Anfangswerte 1 STO A, STO B und 0,1 STO C kann das Programm durch Betätigung der Taste A gestartet werden.
   Als Ergebnis wird in einer kurzen Pause die Schrittweite h angezeigt und anschließend die Wertepaare der Lösung {x, y} ausgegeben. Für einen Berechnungszyklus werden rund 7 Sekunden benötigt.
   Im Verlaufe der Rechnung wird die Schrittweite unter Beibehaltung des Verfahrensfehlers von rund $0,5 \cdot 10^{-5}$ je Rechenschritt automatisch angepaßt:

Schrittweite h	Lösungswerte x	Lösungswerte y	exakter Wert $y = x^2$	Fehler $\cdot 10^{-5}$
0,1 ab	1			
0,2 ab	2	3,999979	4	−0,5
0,4 ab	4	15,999835	16	−1,0
0,8 ab	8	63,999012	64	−1,5
1,6 ab	16	255,994730	256	−2,0
3,2 ab	32	1 023,973648	1 024	−2,6
6,4 ab	64	4 095,873508	4 096	−3,1
12,8 ab	128	16 383,40969	16 384	−3,6
25,6 ab	256	65 533,30143	65 536	−4,1
51,2 ab	512	262 131,8565	262 144	−4,6
102,4 ab	1 024	1 048 522,029	1 048 576	−5,2

   Nach 100 Rechenschritten beträgt der Fehler erst −0,0052 %.

2. Zu einem elektrischen Stromkreis nach Bild 4.5.1 ist der zeitliche Verlauf des Stromes i für den Fall zu bestimmen, daß die Klemmen 1,2 im Nulldurchgang der Spannung kurzgeschlossen werden (Bild 4.5.1).

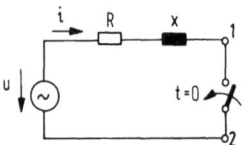

Bild 4.5.1 RL-Reihenschaltung mit Kurzschluß

Es gilt die Maschengleichung:

$$iR + L\frac{di}{dt} = u \qquad (4.5.22)$$

$$\frac{di}{d\omega t} = \frac{\hat{u}}{X}\sin\omega t - i\frac{R}{X} \qquad (4.5.23)$$

Mit den Daten:

R = 0,4 Ω
X = 3,2 Ω

$$\hat{i} = \frac{\hat{u}}{X} = \sqrt{2}\,\frac{20\,\text{kV}}{\sqrt{3}\cdot 3{,}2\,\Omega} = 16{,}3\,\text{kA}$$

Eingabedaten:

```
          0   STO A   Anfangspunkt t₀ = 0
          0   STO B   Anfangsstrom i(0) = 0
30 f D → R   STO C   Schrittweite h = 30° ≙ 0,52 rad
       16,3   STO D   Scheitelwert des Wechselstromes
        0,4   STO 8   Widerstand R
        3,2   STO 9   Reaktanz X
```

Im Anschluß an Label E in Zeile 111 sind folgende Programmzeilen einzufügen:

```
111   LBL E       Einsprungadresse
112   f R → D     Umwandlung von Radiant in Grad
113   SIN         Sinus (ωt)
114   RCL D       Scheitelwert des Stromes
115   ×           Multiplikation î sin ωt
116   x⇄y         Registertausch
117   RCL 8       Widerstand R
118   RCL 9       Reaktanz X
119   ÷           Division
120   ×           Multiplikation i R/X
121   −           Subtraktion
122   RTN         Rücksprung mit: di/dωt = î sin ωt − i R/X
```

Die Berechnung der (ωt, i)-Wertepaare wird durch die Betätigung der Taste A gestartet. Nach jeweils 15 Sekunden Rechenzeit wird ein Wertepaar ausgegeben:

$\omega t_1 = 0{,}52$ ωt in rad ≙ 30° $\omega t_4 = 2{,}09$ ωt in rad ≙ 120°
$i_1 = 2{,}14$ Strom i (30°) in kA $i_4 = 22{,}11$ Strom i (120°) in kA
$\omega t_2 = 1{,}05$ ωt in rad ≙ 60° $\omega t_5 = 2{,}62$ ωt in rad ≙ 150°
$i_2 = 7{,}79$ Strom i (60°) in kA $i_5 = 26{,}47$ Strom i (150°) in kA
$\omega t_3 = 1{,}57$ ωt in rad ≙ 90° $\omega t_6 = 3{,}14$ ωt in rad ≙ 180°
$i_3 = 15{,}19$ Strom i (90°) in kA $i_6 = 26{,}89$ Strom i (180°) in kA

Der Strom- und Spannungsverlauf als Lösung der Differentialgleichung ist in Bild 4.5.2 angegeben:

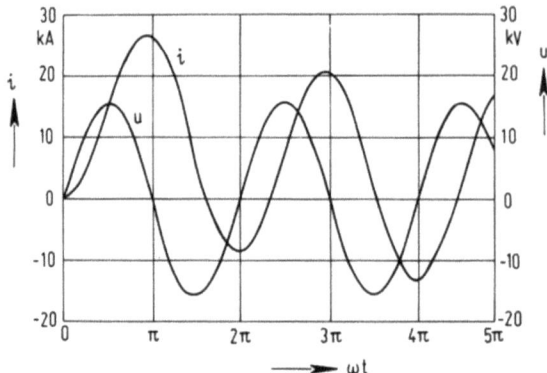

Bild 4.5.2 Strom- und Spannungsverlauf bei Kurzschluß im Nulldurchgang der Spannung

4.5.5 Differentialgleichungen zweiter Ordnung

Das Runge-Kutta-Verfahren wurde von *Nystrom* auch auf Differentialgleichungen zweiter Ordnung ausgedehnt. Auch hier verfolgt man die Strategie des Vortastens vom Schrittanfang aus auf Parabelbögen zweimal bis zur Schrittmitte und einmal bis zum Schrittende mit nachfolgender Mittelwertbildung. Damit wird wieder ein Taylor-Abgleich bis zur vierten Ordnung einschließlich erreicht, d.h. der Verfahrensfehler ist von der Ordnung h^5. Für Differentialgleichungen zweiter Ordnung der Form:

$$y'' = f(x, y, y') \tag{4.5.24}$$

läßt sich die Rechenvorschrift mit nachfolgendem Formelsatz ausdrücken. Als Ausgangswerte für den ersten Rechenschritt werden die Anfangsbedingungen eingesetzt:

$$x_1 = x_0 \tag{4.5.25}$$

$$y_1 = y_0 \tag{4.5.26}$$

$$y'_1 = y'_0 \tag{4.5.27}$$

Hiermit wird aus der gegebenen Funktion $f(x, y, y')$ die Änderung der Steigung im Ausgangspunkt und der Zuwachs des Funktionswertes $y = f(x)$ bis zum Schrittende bestimmt:

$$y''_1 = f(x_1, y_1, y'_1) = f_1 \tag{4.5.28}$$

Der errechnete Funktionswert $f(x, y, y')$ wird über die Schrittweite h als konstant angenommen. Nach zweimaliger Integration ergibt sich der jeweilige y-Zuwachs aus der Multiplikation des Funktionswertes mit $h^2/2$ zu $\Delta y = \int (\int f \, dx) \, dx = f \, h^2/2$:

$$k_1 = f_1 \frac{h^2}{2} \tag{4.5.29}$$

Mit diesen Werten werden die vorläufigen Argumente der Funktion bei der Schrittmitte ermittelt:

$$x_2 = x_0 + \frac{h}{2} \tag{4.5.30}$$

$$y_2 = y_0 + y_0' \frac{h}{2} + \frac{1}{4} k_1 \tag{4.5.31}$$

$$y_2' = y_0' + \frac{k_1}{h} \tag{4.5.32}$$

Hieraus folgt wieder für die Steigungsänderung und den Zuwachs:

$$y_2'' = f(x_2, y_2, y_2') = f_2 \tag{4.5.33}$$

$$k_2 = f_2 \frac{h^2}{2} \tag{4.5.34}$$

Im dritten Rechenschritt wird ein zweiter Wert für die Steigung der Funktion in Schrittmitte bestimmt:

$$x_3 = x_2 \tag{4.5.35}$$
$$y_3 = y_2 \tag{4.5.36}$$
$$y_3' = y_0' + \frac{k_2}{h} \tag{4.5.37}$$

Damit ergibt sich ein drittes Wertepaar für die Steigungsänderung und den Zuwachs:

$$y_3'' = f(x_3, y_3, y_3') = f_3 \tag{4.5.38}$$

$$k_3 = f_3 \frac{h^2}{2} \tag{4.5.39}$$

Schließlich werden die Argumente der Funktion am Schrittende berechnet:

$$x_4 = x_0 + h \tag{4.5.40}$$
$$y_4 = y_0 + y_0' h + k_3 \tag{4.5.41}$$
$$y_4' = y_0' + 2 \frac{k_3}{h} \tag{4.5.42}$$

Als viertes Wertepaar für die Steigungsänderung und den Zuwachs gilt:

$$y_4'' = f(x_4, y_4, y_4') = f_4 \tag{4.5.43}$$

$$k_4 = f_4 \frac{h^2}{2} \tag{4.5.44}$$

Mit den berechneten vier vorläufigen Zuwachswerten k_1 bis k_4 werden zwei Mittelwerte gebildet:

$$k = \frac{1}{3} (k_1 + k_2 + k_3) \tag{4.5.45}$$

$$2k' = \frac{1}{3} (k_1 + 2k_2 + 2k_3 + k_4) \tag{4.5.46}$$

Für die beiden endgültigen Näherungswerte am Schrittende $x_1 = x_0 + h$ gilt:

$$y_1 = y_0 + y_0' h + k \qquad (4.5.47)$$

$$y_1' = y_0' + 2 \frac{k'}{h} \qquad (4.5.48)$$

Mit dem Wertetrippel x_1, y_1, y_1' sind zugleich die Argumente für den nächsten Schritt gegeben.

4.5.6 Programmbeschreibung „Differentialgleichung zweiter Ordnung"

Das Programm nach Tabelle 4.5.2 umfaßt die Rechenvorschrift nach dem Runge-Kutta-Nystrom-Verfahren und die vorbereitete Parameterübergabe für den Aufruf eines Unterprogramms Label E, in dem die Funktion $y'' = f(x, y, y')$ programmtechnisch zu formulieren ist. Beim Einsprung in das Funktionsunterprogramm Label E werden die Argumente x im X-Register, y im Y-Register und y' im Z-Register als Stackregister-Inhalte übergeben. Beim Rücksprung wird im X-Register der errechnete Funktionswert y'' an das Hauptprogramm übergeben. Für die Programmierung der Funktion $f(x, y, y')$ stehen die Programmzeilen 156 bis 223 zur freien Verfügung. Die Return-Anweisung in Zeile 224 bewirkt dann den Rücksprung in das rufende Programm. In dem Unterprogramm Label E können die Primärspeicher STO 8, STO 9 und alle Sekundärspeicher sowie die Label 3 bis 9, B bis D und c bis e frei verwendet werden.

Vor dem Start mit Label A müssen die Anfangswerte x_0 in STO A, y_0 in STO B, y_0' in STO C und die Schrittweite h in STO D abgespeichert werden. Das Programm beginnt mit dem Setzen des x_1, y_1, y_1'-Wertetrippels gemäß Gln. (4.5.25 bis 27). In Zeile 008 ist mit dem Label b die Startaddresse für die Berechnungszyklen mit der Schrittweite h eingebaut. Der Unterprogrammaufruf GSB E in Zeile 018 ergibt den Wert für die zweite Ableitung der Funktion im Ausgangspunkt gemäß Gl. (4.5.28). Durch Multiplikation mit dem in STO E abgespeicherten Wert $h^2/2$ wird der vorläufige y-Zuwachs k_1 gebildet und in STO 5 abgespeichert. Anschließend werden die Argumente für den zweiten Rechenschritt nach Gln. (4.5.30 bis 32) bestimmt. Der Unterprogrammaufruf in Zeile 044 führt nach Multiplikation mit dem Inhalt von STO E zu dem zweiten Wert für den vorläufigen y-Zuwachs k_2 nach Gl. (4.5.34). Dieser wird nach STO 6 abgespeichert. In entsprechender Weise werden mit den Unterprogrammaufrufen in den Zeilen 054 und 082 und den nachfolgenden Multiplikationen mit dem Inhalt von STO E die y-Zunahme für den dritten und vierten Rechenschritt bestimmt. In Zeile 097 wird der Wert $2k'$ gemäß Gl. (4.5.46) nach STO 0 abgespeichert.

Die Argumente der Funktion $f(x, y, y')$ am Ende der Schrittweite h werden mit den Anweisungen 105 bis 110 nach STO 1, STO 2 und STO 3 abgespeichert und stehen dort für den folgenden Schritt als Startwerte zur Verfügung. Nach Ausgabe der Wertepaare (x, y) in den Zeilen 114 und 116 wird das endlose Programm mit dem Sprung nach Label b in Zeile 008 fortgesetzt.

Die automatische Schrittweitensteuerung wird in dem Unterprogramm Label a wie bei der Differentialgleichung erster Ordnung vorgenommen. Falls das Flag 1 vor dem Programmstart gesetzt wurde, wird die Schrittweitensteuerung übersprungen.

Tabelle 4.5.2 Anweisungsliste „Differentialgleichungen zweiter Ordnung"

Start 001	*LBLA	053	RCL0			106	RCL0
002	RCLA	054	GSBE			107	RCLD
003	ST01	055	RCLE			108	ST+1
004	RCLB	056	x			109	÷
005	ST02	057	ST07			110	ST+3
006	RCLC	058	ST04			111	RCL1
007	ST03	059	F1?			112	SPC
008	*LBLb	060	GT00			113	PSE
009	RCLD	061	GSBa			114	PRTX=▷ x
010	x^2	062	F0?			115	RCL2
011	2	063	GT0b			116	PRTX=▷ y
012	÷	064	*LBL0			117	GT0b
013	STOE	065	RCL7	UP		118	*LBLa
014	RCL3	066	2	Schritt-		119	RCL7
015	RCL2	067	x	weiten-		120	RCL6
016	RCL1	068	RCLD	steuerung	121	X=Y?
017	CF0	069	÷			122	GT02
018	GSBE	070	RCL3			123	-
019	RCLE	071	+			124	RCL6
020	x	072	RCL7			125	RCL5
021	ST05	073	RCL3			126	-
022	RCLD	074	RCLD			127	÷
023	÷	075	x			128	ABS
024	RCL3	076	+			129	2
025	+	077	RCL2			130	x
026	RCL5	078	+			131	.
027	4	079	RCLD			132	1
028	÷	080	RCL1			133	5
029	RCLD	081	+			134	X>Y?
030	RCL3	082	GSBE			135	GT01
031	x	083	RCLE			136	.
032	2	084	x			137	5
033	÷	085	RCL7			138	SF0
034	+	086	RCL6			139	GT02
035	RCL2	087	ST+4			140	*LBL1
036	+	088	+			141	R↓
037	ST04	089	2			142	.
038	RCLD	090	x			143	0
039	2	091	+			144	5
040	÷	092	RCL5			145	X≤Y?
041	RCL1	093	ST+4			146	GT02
042	+	094	+			147	2
043	ST00	095	3			148	SF0
044	GSBE	096	÷			149	*LBL2
045	RCLE	097	ST00			150	RCLD
046	x	098	3			151	F0?
047	ST06	099	ST÷4			152	x
048	RCLD	100	RCL4			153	STOD
049	÷	101	RCL3			154	RTN
050	RCL3	102	RCLD	UP		155	*LBLE
051	+	103	x			156	RTN◁= f(x,y,y')
052	RCL4	104	+			157	R/S
		105	ST+2				

4.5.7 Test- und Anwendungsbeispiele

1. Gegeben sei die Differentialgleichung zweiter Ordnung:

$$y'' = -xy' \qquad (4.5.49)$$

mit den Anfangsbedingungen $y_0 = 0$, $y'_0 = 1$ für $x_0 = 0$. Die exakte Lösung führt zu dem Gaußschen Fehlerintegral:

$$y(x) = \int_0^x e^{-\frac{x^2}{2}} dx \qquad (4.5.50)$$

Die gegebene Funktion muß im Anschluß an die Unterprogrammadresse Label E programmiert werden. Hierzu sind folgende Anweisungen erforderlich:

Zeilen-Nr.	Anweisung	\multicolumn{4}{c}{Registerinhalt}
		X	Y	Z	T
155	LABEL E	x	y	y'	⊔
156	$x \rightleftarrows y$	y	x	y'	⊔
157	R↓	x	y'	⊔	y
158	×	xy'	⊔	y	y
159	CHS	$-xy'$	⊔	y	y
160	RTN				

Vor dem Programmstart durch Betätigung der Taste A sind folgende Eingaben zu tätigen:

0   STO A   Anfangswert x_0
0   STO B   Anfangswert y_0
1   STO C   Anfangswert y'_0
0,2 STO D   Schrittweite h

Nach etwa 5 Sekunden erscheint die auf Grund der automatischen Schrittweitensteuerung verdoppelte Schrittweite von 0,4 als kurze Pause in der Anzeige.
Danach wird die Schrittweite nochmals verdoppelt zu dem angezeigten Wert 0,8. Falls der angezeigte Wert für die Schrittweite nicht in der Anzeigepause durch Eingabe eines neuen Wertes, z.B. h = 0,5 verändert wird, würde die automatische Schrittweitensteuerung immer zwischen diesen beiden Werten pendeln, da der Wert 0,4 jeweils verdoppelt und der Wert 0,8 jeweils halbiert wird. In einem solchen Fall kann entweder ein anderer Wert als Startwert genommen werden oder das Flag 1 ist zu setzen, damit die automatische Schrittweitensteuerung ausgeschaltet wird. Neue Eingabe: 0,5 in STO D

Start ⎡A⎤:

1. kurze Pause   h = 0,5
2. Ausgabe   x = 0,5
3. Ausgabe   y = 0,4798 ...
4. kurze Pause   h = 0,25 (automatische Reduzierung auf h/2)
5. Ausgabe   x = 0,75
6. Ausgabe   y = 0,6851 ...
7. kurze Pause   h = 0,25
8. Ausgabe   x = 1,00
9. Ausgabe   y = 0,8555 ...

Falls die Schrittweite 0,2 grundsätzlich beibehalten werden soll, ist vor dem Programmstart das Flag 1 zu setzen, um dadurch die automatische Schrittsteuerung zu unterbinden:

0,2 STO D   Schrittweite h = 0,2 abspeichern
STF 1   Flag 1 setzen
Start $\boxed{A}$:
Ergebnisse:

1. x = 0,2   7. x = 0,8
2. y = 0,1986 ...   8. y = 0,7222 ...
3. x = 0,4   9. x = 1,0
4. y = 0,3895 ...   10. y = 0,8556 ...
5. x = 0,6
6. y = 0,5658 ...

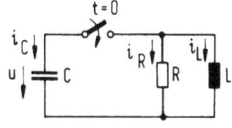

Bild 4.5.3 Parallelschwingkreis

Die geringere Schrittweite macht sich in der Genauigkeit erst in der vierten Stelle bemerkbar. Die Rechenzeit für ein Wertepaar beträgt rund 10 Sekunden.

2. Ein Parallelschwingkreis werde durch die Zuschaltung eines aufgeladenen Kondensators zur Zeit t = 0 angestoßen (Bild 4.5.3). Die Ladespannung im Kondensator sei im Augenblick des Zuschaltens gleich 100 V. Die Induktivität sei L = 0,3 H und die Kapazität C = 10 µF. Für die beiden Widerstandswerte R = 0,1 kΩ und R = 1 kΩ ist der zeitliche Verlauf der Spannung u(t) zu bestimmen.

Die Differentialgleichung für die Spannung ergibt sich aus der Kirchhoffschen Knotenregel:

$$i_C + i_R + i_L = 0 \tag{4.5.51}$$

$$C \frac{du}{dt} + \frac{u}{R} + \frac{1}{L} \int u \, dt = 0 \tag{4.5.52}$$

$$\frac{d^2u}{dt^2} + \frac{1}{RC} \frac{du}{dt} + \frac{1}{LC} u = 0 \tag{4.5.53}$$

$$\frac{d^2u}{dt^2} = -\left(\frac{1}{LC} u + \frac{1}{RC} \frac{du}{dt} \right) \tag{4.5.54}$$

Mit den Anfangsbedingungen:

$$u(0) = U_C(t=0) = 100 \text{ V}$$

$$u'(0) = -\frac{u(0)}{RC} = -\frac{U_C}{RC}$$

$$u'(0) = -10\,000 \, \frac{V}{s} \quad \text{für} \quad R = 1 \text{ k}\Omega$$

$$u'(0) = -100\,000 \, \frac{V}{s} \quad \text{für} \quad R = 0,1 \text{ k}\Omega$$

Eingaben:
Zunächst muß die gegebene Funktion für y'' entsprechend der Gl. (4.5.54) in dem Unterprogramm ab Label E in Zeile 155 programmiert werden. Mit der Vereinbarung, daß die

Systemkonstanten R, L, C den Sekundärspeichern STO 1', STO 2', STO 3' zugeordnet werden, sind folgende Anweisungen einzufügen:

Programmzeile	Anweisung	
155	LBL E	Einsprungadresse
156	R↓	Roll down
157	f P⇄S	Speicherbereichwechsel
158	RCL 2'	hole L
159	RCL 3'	hole C
160	×	Multiplikation LC
161	÷	Division u/(LC)
162	x⇄y	Registertausch (u' im X-Register)
163	RCL 3'	hole C
164	RCL 1'	hole R
165	×	Multiplikation RC
166	÷	Division u'/(RC)
167	+	Addition
168	CHS	Vorzeichenwechsel
169	f P⇄S	Speicherbereichwechsel
170	RTN	Rücksprung mit u''

Vor dem Start sind folgende Werte einzugeben:

$\quad$ 0 STO A $\quad$ Anfangszeit
$\quad$ 100 STO B $\quad$ Spannung U (t = 0)
$\quad$ −10 000 STO C $\quad$ erste Ableitung der Spannung u' (t = 0)
$\quad$ 0,001 STO D $\quad$ Schrittweite gleich 1 ms gewählt
$\quad$ 1 000 STO 1 $\quad$ Widerstand R
$\quad$ 0,3 STO 2 $\quad$ Induktivität L
$\quad$ 10^{-5} STO 3 $\quad$ Kapazität C
$\quad$ f P⇄S $\quad$ (Die Systemkonstanten müssen vor dem Programmstart den Sekundärspeichern zugeordnet werden)

Start: $\boxed{A}$

Als Ergebnisse werden die Wertepaare (t, u) mit der Schrittweite 1 ms ausgegeben:

t_1 = 0,0010 s $\qquad$ t_6 = 0,0060 s
u_1 = 75,3383 V $\qquad$ u_6 = −68,6107 V

t_2 = 0,0020 s $\qquad$ t_7 = 0,0070 s
u_2 = 29,8008 V $\qquad$ u_7 = −39,9778 V

t_3 = 0,0030 s $\qquad$ t_8 = 0,0080 s
u_3 = −20,5846 V $\qquad$ u_8 = −1,7487 V

t_4 = 0,0040 s $\qquad$ t_9 = 0,0090 s
u_4 = −59,8230 V $\qquad$ u_9 = 33,3768 V

t_5 = 0,0050 s $\qquad$ t_{10} = 0,0100 s
u_5 = −76,8799 V $\qquad$ u_{10} = 54,8656 V

Die Rechenzeit für ein Wertepaar beträgt rund 10 Sekunden.

Das Ergebnis der Rechnung ist für R = 1 kΩ und R = 0,1 kΩ in Bild 4.5.4 dargestellt.

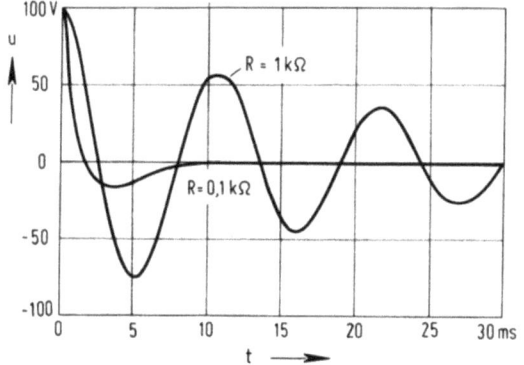

Bild 4.5.4
Lösung der Differentialgleichung für die Spannung u(t)

4.6 Komplexe Rechnung

Bei der komplexen Rechnung können die vier Grundrechenarten Addition, Subtraktion, Multiplikation, Division und die Inversion ohne Speicheraufrufe ausschließlich im Stack-Register durchgeführt werden. In den beiden nachfolgend in Tabelle 4.6.1 angegebenen Programmen werden die vier Grundrechenarten Addition, Subtraktion, Multiplikation und Division sowie der Kehrwert für die komplexe Zahlendarstellung in Polarkoordinaten über die Startadressen Label A bis Label E und für die Zahlendarstellung in kartesischen Koordinaten über die Startadressen Label a bis Label e gestartet:

Startadresse	Eingabe-Stack				Operation	Ergebnis-Stack	
	X	Y	Z	T		X	Y
A					$\underline{A}_p + \underline{B}_p$		
B					$\underline{A}_p - \underline{B}_p$		
C	B	φ_B	A	φ_A	$\underline{A}_p \cdot \underline{B}_p$	Z_p	φ_p
D					$\dfrac{\underline{A}_p}{\underline{B}_p}$		
E					$\dfrac{1}{\underline{A}_p}$		
a					$\underline{A}_k + \underline{B}_k$		
b					$\underline{A}_k - \underline{B}_k$		
c	B_r	B_i	A_r	A_i	$\underline{A}_k \cdot \underline{B}_k$	Z_r	Z_i
d					$\dfrac{\underline{A}_k}{\underline{B}_k}$		
e					$\dfrac{1}{\underline{A}_k}$		

53

Tabelle 4.6.1 Anweisungsliste „Komplexe Rechnung"

Variante 1		Variante 2	
Polarkoordinaten	Kartesischekoordinaten		

#	Var1-Pol	#	Var1-Kart	#	Var2 a	#	Var2 b
001	*LBLA	051	*LBLa	001	*LBLA	042	*LBLb
002	→R	052	X⇄Y	002	GSB0	043	X⇄Y
003	R↓	053	R↓	003	GSBa	044	R↓
004	R↓	054	+	004	GSB1	045	–
005	→R	055	R↓	005	RTN	046	R↓
006	X⇄Y	056	+	006	*LBLB	047	X⇄Y
007	R↓	057	R↑	007	GSB0	048	–
008	+	058	RTN	008	GSBb	049	R↑
009	R↓	059	*LBLb	009	GSB1	050	RTN
010	+	060	X⇄Y	010	RTN	051	*LBLc
011	R↑	061	R↓	011	*LBLC	052	GSB1
012	→P	062	–	012	X⇄Y	053	GSBC
013	RTN	063	R↓	013	R↓	054	GSB0
014	*LBLB	064	X⇄Y	014	×	055	RTN
015	→R	065	–	015	R↓	056	*LBLd
016	R↓	066	R↑	016	+	057	GSB1
017	R↓	067	RTN	017	R↑	058	GSBD
018	→R	068	*LBLc	018	RTN	059	GSB0
019	X⇄Y	069	→P	019	*LBLD	060	RTN
020	R↓	070	R↓	020	X⇄Y	061	*LBLe
021	X⇄Y	071	R↓	021	R↓	062	GSB1
022	–	072	→P	022	÷	063	GSBE
023	R↓	073	X⇄Y	023	R↓	064	GSB0
024	–	074	R↓	024	X⇄Y	065	RTN
025	R↑	075	×	025	–	066	*LBL0
026	→P	076	R↓	026	R↑	067	→R
027	RTN	077	+	027	RTN	068	R↓
028	*LBLC	078	R↑	028	*LBLE	069	R↓
029	X⇄Y	079	→R	029	1/X	070	→R
030	R↓	080	RTN	030	R↓	071	R↑
031	×	081	*LBLd	031	CHS	072	R↑
032	R↓	082	→P	032	R↑	073	RTN
033	+	083	R↓	033	RTN	074	*LBL1
034	R↑	084	R↓	034	*LBLa	075	→P
035	RTN	085	→P	035	X⇄Y	076	R↓
036	*LBLD	086	X⇄Y	036	R↓	077	R↓
037	X⇄Y	087	R↓	037	+	078	→P
038	R↓	088	X⇄Y	038	R↓	079	R↑
039	÷	089	÷	039	+	080	R↑
040	R↓	090	R↓	040	R↑	081	RTN
041	X⇄Y	091	–	041	RTN	082	R/S
042	–	092	R↑				
043	R↑	093	→R				
044	RTN	094	RTN				
045	*LBLE	095	*LBLe				
046	1/X	096	→P				
047	R↓	097	1/X				
048	CHS	098	R↓				
049	R↑	099	CHS				
050	RTN	100	R↑				
		101	→R				
		102	RTN				
		103	R/S				

Variante 1 groups: $\underline{A} + \underline{B}$ (005), $\underline{A} - \underline{B}$ (015), $\underline{A} \cdot \underline{B}$ (028), $\dfrac{\underline{A}}{\underline{B}}$ (038), $\dfrac{1}{\underline{A}}$ (047)

Variante 2: UP P → R (026), UP R → P (034)

In der Programmvariante 1 werden alle Operationen mit insgesamt 102 Anweisungszeilen unverzweigt ausgeführt. Die einzelnen Programmteile enden jeweils mit der RTN-Anweisung. Dadurch können alle Teile auch als Unterprogramme aufgerufen werden.

Die Programmvariante 2 benötigt bei Verwendung mehrerer Unterprogrammaufrufe nur 81 Programmzeilen. In dem Unterprogramm Label 0 werden die beiden in Polarkoordinaten eingegebenen komplexen Zahlen innerhalb des Stack-Registers in kartesische Zahlen umgewandelt. In dem Unterprogramm Label 1 wird die Umwandlung in umgekehrter Richtung durchgeführt.

4.6.1 Test- und Anwendungsbeispiele

Zu berechnen ist:

$$\underline{Z} = \frac{(A + B) C}{D}$$

mit: A = 3 + j4
B = 2 − j7
C = 4 + j5
D = 5 − j3

Eingaben und Ergebnisse:

Eingabewert	Taste	Register			
		X	Y	Z	T
4	ENTER	4	4	⊔	⊔
3	ENTER	3	3	4	⊔
−7	ENTER	−7	−7	3	4
2		2	−7	3	4
Addition:	f a	5	−3	⊔	⊔
5	ENTER	5	5	5	−3
4		4	5	5	−3
Multiplikation:	f c	35	13	⊔	⊔
−3	ENTER	−3	−3	35	13
5		5	−3	35	13
Division:	f d	4	5	⊔	⊔
	→P	6,40	51,34°	⊔	⊔

Ergebnis: $\underline{Z} = 4 + j5 = 6{,}40\, e^{j51{,}34°}$

Unter Beachtung, daß bei der komplexen Rechnung stets Wertepaare einzugeben sind (Imaginärteil bzw. Winkel und anschließend Realteil bzw. Betrag), verläuft die Rechnung nach den Regeln der umgekehrten polnischen Notation. Anstelle der Operator-Tasten + − × ÷ sind dann bei Polarkoordinaten A, B, C, D und bei kartesischen Koordinaten a, b, c, d zu betätigen.
Bei Betätigung der Tasten E bzw. e wird der komplexe Kehrwert 1/$\underline{Z}$ gebildet, analog zur 1/x-Taste für reelle Zahlen.

Bei der Rechnung mit komplexen Größen muß jedoch darauf geachtet werden, daß ein fiktives Stack-Register mit nur zwei Ebenen wirksam ist. Daher können ohne Zwischenspeicherung nicht mehrere Operationen hintereinander ausgeführt werden.

Beispiel:

In einem elektrischen Stromkreis sind zwei komplexe Widerstände $\underline{Z}_1 = (5 + j20)\,\Omega$ und $\underline{Z}_2 = (10 - j50)\,\Omega$ parallel geschaltet. Für den komplexen Gesamtwiderstand gilt:

$$\underline{Z} = \frac{\underline{Z}_1 \underline{Z}_2}{\underline{Z}_1 + \underline{Z}_2}$$

Eingaben:	20	ENTER	
	5	ENTER	
	−50	ENTER	
	10		
	f a		Addition in kartesischen Koordinaten
Eingaben:	20	ENTER	
	5		
	f d		Division in kartesischen Koordinaten
Eingaben:	−50	ENTER	
	10		
	f d		Division in kartesischen Koordinaten
	f e		Kehrwert in kartesischen Koordinaten

Ergebnis: X-Register   Y-Register
$Z_r = 15{,}33\,\Omega$; $Z_i = 27{,}33\,\Omega$ (kartesische Koordinaten)
→P : $Z_p = 31{,}34\,\Omega$; $\varphi_p = 60{,}71°$ (Polarkoordinaten)

4.7 Harmonische Analyse

4.7.1 Numerische Bestimmung der Fourier-Koeffizienten

Bei empirisch vorgegebenen periodischen Funktionen und in allen Fällen, bei denen die Integrale zur exakten Berechnung der Fourier-Koeffizienten formelmäßig nicht lösbar sind, ist man auf ihre numerische Bestimmung angewiesen. Die hierzu notwendigen Gleichungen liefert die Theorie der diskreten Approximation [15]. Wenn auch die Fourier-Koeffizienten, wie bereits in Abschnitt 4.4.9 gezeigt, mit Hilfe des Programms zur numerischen Integration bestimmt werden können, so soll doch der breiten Anwendung dieser Aufgabenstellung entsprechend ein auf den speziellen Anwendungsfall zugeschnittenes Programm entworfen werden. Daher wird nach kurzer Darstellung des mathematischen Rüstzeuges der Aufbau eines besonders einfach zu handhabenden Programms zur Bestimmung der numerischen Fourier-Koeffizienten erläutert.

4.7.2 Berechnungsverfahren

Das Intervall $[0, 2\pi]$ der periodischen Funktion $f(x)$ wird in $2N$ Streifen gleicher Breite Δx eingeteilt. Damit kann die Funktion $f(x)$ durch $n = 2N$ Funktionswerte $f(x_i)$ an den n Stützstellen x_i beschrieben werden:

$$f(x_i) = A_0 + \sum_{k=1}^{N} A_k \cos kx_i + \sum_{k=1}^{N-1} B_k \sin kx_i \tag{4.7.1}$$

$$\Delta x = \frac{2\pi}{n} \quad \text{bzw.} \quad \Delta x° = \frac{360°}{n} \quad \text{(n geradzahlig)} \tag{4.7.2}$$

$$x_i = i\,\Delta x \quad \text{mit } i = 0, 1, 2, \ldots, n-1 \tag{4.7.3}$$

Mit Hilfe der n Stützstellen lassen sich insgesamt n numerische Fourier-Koeffizienten nach folgenden Gleichungen bestimmen:

$$A_0 = \frac{1}{n} \sum_{i=0}^{n-1} f(x_i) \tag{4.7.4}$$

$$\left.\begin{array}{l} A_k = \dfrac{2}{n} \sum_{i=0}^{n-1} f(x_i) \cos kx_i \\[1em] B_k = \dfrac{2}{n} \sum_{i=0}^{n-1} f(x_i) \sin kx_i \end{array}\right\} \text{mit } k = 1, 2, \ldots, \frac{n}{2}-1 \quad \begin{array}{l}(4.7.5)\\[1em](4.7.6)\end{array}$$

$$A_N = \frac{1}{n} \sum_{i=0}^{n-1} f(x_i) \cos i\pi \tag{4.7.7}$$

Unter Einbeziehung der besonderen Eigenschaften symmetrischer Funktionen vereinfachen sich die Beziehungen derart, daß bei gerader Symmetrie, d.h. $f(x) = f(-x)$, die Koeffizienten B_k und bei ungerader Symmetrie, d.h. $f(x) = -f(-x)$, die Koeffizienten A_0 und A_k verschwinden. Die $n+1$ Stützpunkte brauchen dann nur über die halbe Periode gleichmäßig verteilt zu werden. Dabei ist jedoch zu beachten, daß die Funktionswerte $f(x_0)$ und $f(x_n)$ nur mit dem halben Wert in die Summe eingestellt werden dürfen:

$$\Delta x = \frac{\pi}{n} \quad \text{bzw.} \quad \Delta x° = \frac{180°}{n} \quad \text{(n geradzahlig)} \tag{4.7.8}$$

$$x_i = i\,\Delta x \quad \text{mit } i = 0, 1, 2, \ldots, n \tag{4.7.9}$$

$$A_0 = \frac{1}{n} \sum_{i=0}^{n} a\,f(x_i) \tag{4.7.10}$$

$$\left.\begin{array}{l} A_k = \dfrac{2}{n} \sum_{i=0}^{n} a\,f(x_i) \cos kx_i \\[1em] B_k = \dfrac{2}{n} \sum_{i=0}^{n} a\,f(x_i) \sin kx_i \end{array}\right\} k = 1, 2, \ldots, n-1 \quad \begin{array}{l}(4.7.11)\\[1em](4.7.12)\end{array}$$

$$A_n = \frac{1}{n} \sum_{i=0}^{n} a\, f(x_i) \cos i\pi \qquad (4.7.13)$$

$$a = \frac{1}{2} \text{ für } i = 0 \text{ und } i = n, \text{ sonst } a = 1 \qquad (4.7.14)$$

Die Funktion nach Gl. (4.7.1) entsteht aus einem unendlich ausgedehnten Frequenzspektrum dadurch, daß alle Oberschwingungen mit der Ordnungszahl $> N$ durch einen Tiefpaß weggedämpft werden.

Die numerischen Fourier-Koeffizienten stimmen daher mit den exakten Koeffizienten um so besser überein, je schneller die Glieder höherer Ordnung abklingen und somit keinen Beitrag zu der Approximation mit Hilfe der n Stützwerte liefern. Die exakte Fourier-Analyse:

$$f(x) = a_0 + \sum_{k=1}^{\infty} (a_k \cos kx + b_k \sin kx) \qquad (4.7.15)$$

kann durch die endliche Summe mit den numerischen Koeffizienten approximiert werden:

$$f(x) \approx A_0 + \sum_{k=1}^{n^*} (A_k \cos kx + B_k \sin kx) + A_{n^*+1} \cos(n^*+1)x \qquad (4.7.16)$$

mit

$$n^* = \begin{cases} \frac{n}{2} - 1 & \text{bei n Stützwerte auf } 2\pi \\ n - 1 & \text{bei n + 1 Stützwerte auf } \pi \end{cases} \quad \text{(n gerade)} \qquad (4.7.17)$$

Die Genauigkeit der Übereinstimmung zwischen den numerischen Fourier-Koeffizienten A_k, B_k mit den korrespondierenden analytischen Fourier-Koeffizienten a_k, b_k nimmt mit zunehmender Ordnungszahl k ab. Wegen des Tiefpaß-Charakters technischer Systeme ist jedoch das Frequenzspektrum nach oben beschränkt, so daß bei genügend großer Zahl Stützstellen die numerischen Koeffizienten das wirklich vorhandene Frequenzspektrum recht genau aufzeigen.

4.7.3 Programmstruktur

Das Programm besteht aus einem Organisationsteil für die Übernahme und Zuweisung der Stützwerte und aus einem Berechnungsteil, in dem je nach Art der vorgegebenen Symmetriebedingungen die erforderlichen Berechnungsgänge durchlaufen werden. Die Fourier-Koeffizienten werden beginnend mit dem Gleichstromglied A_0 über die Cosinusglieder A_k und den Sinusgliedern B_k berechnet. Koeffizienten mit Amplituden unter 10^{-5} werden nicht ausgegeben. Im Ausdruck erscheint jeweils die Ordnungszahl des berechneten Koeffizienten ohne Kommastellen und der zugehörige Amplitudenwert mit 2 Kommastellen. Für die harmonische Analyse einer beliebigen unsymmetrischen Funktion mit 20 Stützwerten werden rund 10 Minuten Rechenzeit benötigt.

4.7.4 Symmetrieeigenschaften

Um die Symmetrieeigenschaften im Sinne einer höheren Approximationsgenauigkeit oder einer verringerten Anzahl Stützpunkten nutzbar zu machen, kann die spezielle Funktionseigenschaft durch die Eingabe der Kennziffern 0, 1, 2 oder 3 in STO A festgelegt werden. Bei Kennziffer 0 in STO A werden die Stützpunkte ohne Berücksichtigung von Symmetriebedingungen über das Intervall [0, 2π] als gleichmäßig verteilt angenommen. Die in STO B abgespeicherte Anzahl der Stützpunkte muß geradzahlig sein.

Bei Kennziffer 1 in STO A wird eine ungerade Funktion $f(x) = -f(-x)$, d.h. Spiegelung um den Nullpunkt, vorausgesetzt. Die in STO B abgespeicherte Anzahl der Stützwerte enthält nun auch den Punkt am Intervallende, so daß der abgespeicherte Wert ungeradzahlig sein muß. Gegenüber der Auswertung ohne Berücksichtigung der Symmetrie sind bei gleicher Approximationsgenauigkeit nur $\frac{n}{2} + 1$ Stützwerte erforderlich. Die harmonische Analyse der gegebenen Funktion wird nur für die B-Koeffizienten (Sinus-Koeffizienten) durchgeführt. Bei Kennziffer 2 in STO A wird eine gerade Funktion $f(x) = f(-x)$, d.h. Spiegelung an der Y-Achse, vorausgesetzt. Die Auswertung erfolgt entsprechend zur ungeraden Symmetrie nur für die A-Koeffizienten (Cosinus-Koeffizienten).

Versetzt symmetrische Funktionen

Bei einer um eine halbe Periode versetzt symmetrischen Funktion $f(x) = f(x - \pi)$ oder $f(x) = -f(x - \pi)$ genügt es, die Stützpunkte auf eine halbe Periode zu verteilen. Dabei ist in STO A der Wert 3 zu wählen, damit die A-Koeffizienten und B-Koeffizienten wie für STO A = 0 nacheinander berechnet werden. Dies wird durch die Vergleichsabfrage und den Sprungbefehl in den Zeilen 30 und 31 erreicht. Um π versetzt symmetrische Funktionen der zweiten Art $f(x) = -f(x - \pi)$ nennt man alternierende Funktionen.

Um die Rechenzeit durch diese Variante nicht unnötig zu erhöhen, wurde auf die programmtechnische Auswertung der Eigenschaft, daß bei um π versetzt symmetrischen Funktionen der ersten Art nur geradzahlige Koeffizienten und bei alternierenden Funktionen nur ungeradzahlige Koeffizienten existieren, verzichtet. Daher sind bei Anwendung dieser Variante (mit STO A = 3) bei $f(x) = f(x - \pi)$ die ungeradzahligen und bei $f(x) = -f(x - \pi)$ die geradzahligen Koeffizienten einschließlich A_0 zu streichen.

Die um π versetzt symmetrische Funktion erster Art ist über das Intervall [0, π] periodisch und kann daher auch mit Kennziffer 0 behandelt werden. Die Frequenz der Grundschwingung ist dann auf das Intervall π bezogen. Dieser Fall liegt z.B. bei Vollwellengleichrichtung vor, wo die Grundschwingung die doppelte Frequenz der erzeugten Wechselspannung aufweist.

4.7.5 Programmbeschreibung „Harmonische Analyse"

Der Eingabeteil des Programms nach Tabelle 4.7.1 wird durch Betätigung der Taste E aufgerufen und führt an den physikalischen Anfang des Programms. In Programmzeile 002 wird das Unterprogramm Label d ab Zeile 149 aufgerufen. In diesem Unterprogramm wird in Zeile 163 das Flag 1 immer dann gesetzt, wenn der Inhalt von Speicher A ungleich null ist. Vor dem Rücksprung in das rufende Programm wird bei Berücksichtigung der Symmetriebedingung der Wert 1 in das X-Register übernommen. Ist keine Symmetriebedingung zu berücksichtigen, so wird der Wert 2 übergeben. Anschließend wird die Schrittweite Δx berechnet und in Zeile 009 nach STO C abgespeichert. Nach Nullsetzen der Kommastellen für die Ausgabe wird in die Zeile 012 das Indexregister I Null gesetzt und somit die bis zur Programmzeile 025 reichende Eingabeschleife c vorbereitet. Innerhalb der Eingabeschleife wird die jeweilige Koordinate des Stützwertes x_i ausgedruckt und der Index i angezeigt. Zur Eingabe des jeweiligen Stützwertes ist ein Unterprogramm Label e am physikalischen Ende des Programms vorgesehen. Es umfaßt zwischen der Einsprungadresse Label e in Zeile 161 und der Rücksprunganweisung RTN in Zeile 163 lediglich eine STOP-Anweisung. Da beim Einsprung in dieses Unterprogramm im X-Register der Index i des Stützwertes und im Y-Register der Winkel in Grad des jeweiligen Stützpunktes auf der Abszissenachse x_i übergeben wird, kann für

Tabelle 4.7.1 Anweisungsliste „Harmonische Analyse"

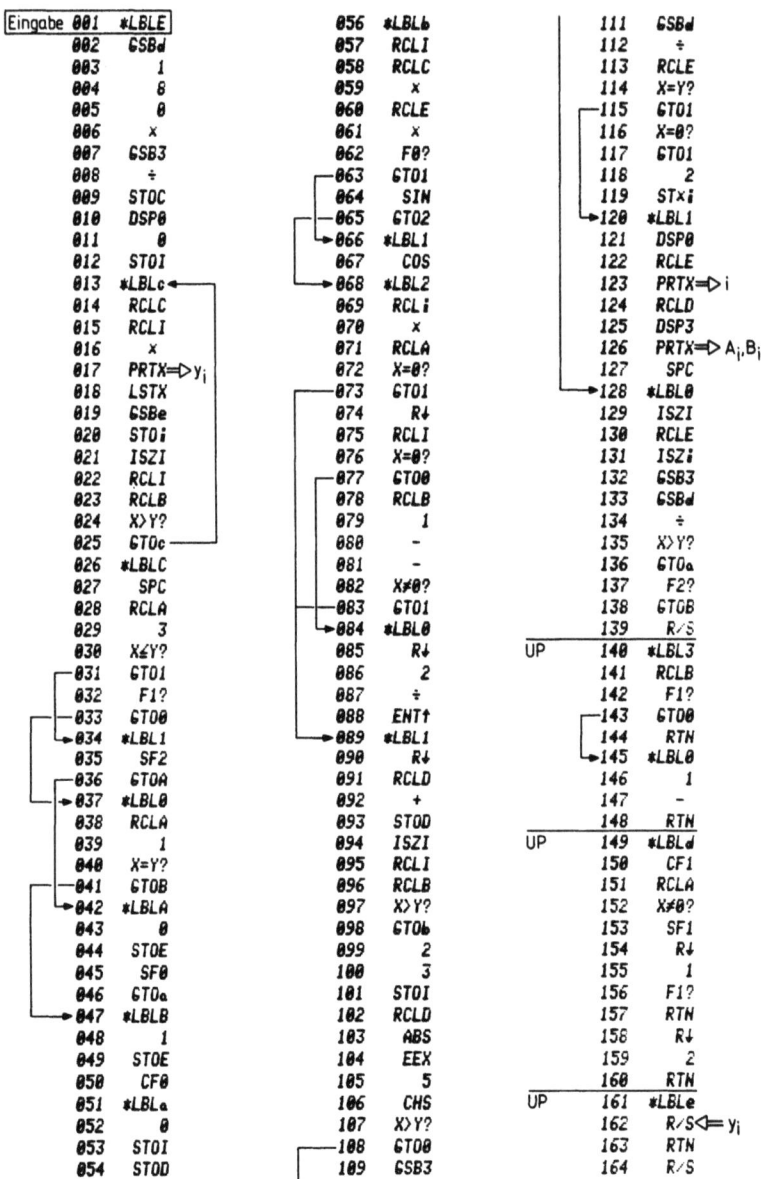

analytisch erklärte Funktionen an Stelle der R/S-Anweisung eine Anweisungsfolge zur Berechnung des Stützwertes $f(x_i)$ in einem Umfang bis zu 61 Programmzeilen eingefügt werden.

Die Eingabeschleife wird bei der Startadresse Label C in Zeile 026 verlassen, wenn der Inhalt des Indexregisters die Anzahl der erforderlichen Stützwerte übersteigt. Wenn Flag 1 nicht gesetzt ist, d.h. die eingegebenen Stützwerte erstrecken sich über das Intervall $[0, 2\pi]$, wird das Flag 2 gesetzt und damit eine Weiche gestellt, um zunächst die A-Koeffizienten und anschließend die B-Koeffizienten zu berechnen. Ist dagegen das Flag 1 gesetzt, wird in der Zeile 040 durch eine Äquivalenzabfrage festgestellt, ob die vorliegende Funktion als ungerade Funktion oder als gerade Funktion behandelt werden soll. Ist in STO A eine 1 abgespeichert, d.h. die Funktion ist ungerade, erfolgt ein Sprung nach Label B in Zeile 047, so daß nur die B-Koeffizienten berechnet werden. Anderenfalls werden nur die A-Koeffizienten berechnet. In beiden Fällen endet das Programm in Zeile 139.

Die Ordnungszahl der Oberschwingung beginnt für die A-Koeffizienten mit 0 und für die B-Koeffizienten mit 1 und wird in STO E abgespeichert. Die Berechnung der Fourier-Koeffizienten beginnt mit dem Sprung nach Label a in Zeile 051. Hier werden zunächst das Indexregister und der als Summierspeicher vorgesehene Speicher D Null gesetzt. Die Summierschleife erstreckt sich von Programmzeile 056 mit Label b bis zu der Rücksprunganweisung in Zeile 098. Innerhalb dieser Schleife ist mit den Anweisungen in den Zeilen 071 bis 090 die Korrektur des ersten und letzten Summanden für die Analyse symmetrischer Funktion in dem Intervall $[0, \pi]$ eingebaut. Die Multiplikation mit einer Sinus- oder Cosinusfunktion des Abszissenwertes wird über die Flag-0-Abfrage in Zeile 062 gesteuert. Mit den Anweisungen 099 bis 101 wird die indirekte Adressierung für den Speicher STO D vorbereitet. Jeder berechnete Koeffizient wird durch die Anweisungen in den Zeilen 102 bis 107 dahingehend überprüft, ob sein Betrag größer als die gesetzte Schranke $\epsilon = 10^{-5}$ ist. Falls dies nicht der Fall ist, werden die Anweisungen für die Ausgabe übersprungen. Die neue Ordnungszahl zur Berechnung des folgenden Koeffizienten wird mit Hilfe der ISZ(i)-Anweisung in Zeile 131 gebildet.

Falls die Abfrage in Zeile 107 mit nein zu beantworten ist, wird durch den Aufruf des Unterprogramms Label 3 in Zeile 109 die größte gerade Zahl der in STO B abgelegten Anzahl Stützpunkte ins X-Register übernommen. Dieser Wert wird als Divisor für die nachfolgende Registerarithmetik-Operation mit dem Speicher STO D benutzt. Mit den folgenden Anweisungen 111 bis 120 werden der Faktor a nach Gl. (4.7.14) verarbeitet und die unterschiedlichen Bildungsgesetze der Koeffizienten A_0, A_N gegenüber den Koeffizienten A_k, B_k berücksichtigt.

Die Ordnungszahl des berechneten Fourier-Koeffizienten wird durch die Anweisung in Zeile 123 ausgegeben. Die berechneten Fourier-Koeffizienten werden mit drei Kommastellen ausgedruckt und gegeneinander durch eine Leerzeile abgesetzt.

Mit der Abfrage in Zeile 135 wird festgestellt, ob die Ordnungszahl gemäß der Gl. (4.7.17) für die Fourier-Koeffizienten erreicht ist. Falls dies noch nicht der Fall ist, wird die Programmbearbeitung bei Label a in Zeile 051 fortgesetzt. Anderenfalls wird je nach dem Ergebnis der Flag-2-Abfrage die Berechnung der B-Koeffizienten aufgerufen oder der Programmlauf gestoppt.

Für alternierende Funktionen mit STO A = 3 wird durch die Abfrage in Zeile 030 die Flag-Abfrage in Zeile 032 übersprungen, so daß zunächst alle A-Koeffizienten und anschließend alle B-Koeffizienten berechnet werden. Falls nach Abschluß einer Durchrechnung einzelne Amplitudenwerte geändert werden sollen, so kann dies in den einzelnen Speichern selektiv durchgeführt werden. Das Programm wird dann durch Label C in Zeile 026 hinter der Eingabeschleife gestartet.

4.7.6 Anwendungsbeispiele

Die Stromkurve einer mit 90° Phasenanschnittsteuerung an eine sinusförmige Wechselspannung betriebene Ohmsche Belastung soll analysiert werden.

Die analytische Lösung lautet für beliebigen Phasenanschnittwinkel α:

$$a_1 = \frac{1}{2\pi}(\cos 2\alpha - 1)$$

$$a_{2n+1} = \frac{1}{2\pi}\left[\frac{1-\cos 2n\alpha}{n} - \frac{1-\cos 2(n+1)\alpha}{n+1}\right] \quad \text{für } n = 1, 2, 3, \ldots$$

$$b_1 = \frac{1}{2\pi}[2(\pi-\alpha) + \sin 2\alpha]$$

$$b_{2n+1} = \frac{1}{2\pi}\left[\frac{\sin 2(n+1)\alpha}{n+1} - \frac{\sin 2n\alpha}{n}\right] \quad \text{für } n = 1, 2, 3, \ldots$$

für $\alpha = \frac{\pi}{2}$ folgt:

$$a_1 = -\frac{1}{\pi}$$

$$a_{2n+1} = \begin{cases} \dfrac{1}{\pi n} & \text{für } n \text{ ungerade} \\ -\dfrac{1}{\pi(n+1)} & \text{für } n \text{ gerade} \end{cases}$$

$$b_1 = \frac{1}{2}$$

$$b_{2n+1} = 0 \quad \text{für } n = 1, 2, 3, \ldots$$

Über die Periodendauer T werden 20 Stützpunkte äquidistant verteilt, so daß sich der Abstand zweier Stützpunkte mit 18° ergibt.

Eingaben: 0 STO A (da Intervall 2π)
20 STO B (Anzahl der Stützpunkte)

Start: $\boxed{E}$

	Ausdruck	Anzeige	Eingaben
1. STOP:	0°	0	0, R/S
2. STOP:	18°	1	0, R/S
3. STOP:	36°	2	0, R/S
4. STOP:	54°	3	0, R/S
5. STOP:	72°	4	0, R/S
6. STOP:	90°	5	0,5 R/S
7. STOP:	108°	6	x⇄y, SIN, R/S
8. STOP:	126°	7	x⇄y, SIN, R/S
9. STOP:	144°	8	x⇄y, SIN, R/S
10. STOP:	162°	9	x⇄y, SIN, R/S
11. STOP:	180°	10	0, R/S
12. STOP:	198°	11	0, R/S
13. STOP:	216°	12	0, R/S
14. STOP:	234°	13	0, R/S
15. STOP:	252°	14	0, R/S
16. STOP:	270°	15	−0,5 R/S
17. STOP:	288°	16	x⇄y, SIN, R/S
18. STOP:	306°	17	x⇄y, SIN, R/S
19. STOP:	324°	18	x⇄y, SIN, R/S
20. STOP:	342°	19	x⇄y, SIN, R/S

Ausgedruckte Ergebnisse:

$A_1 = -0{,}308 \ (-0{,}31831)$ $\qquad B_1 = 0{,}500 \ (0{,}50000)$
$A_3 = 0{,}308 \ (0{,}31831)$
$A_5 = -0{,}073 \ (-0{,}10610)$
$A_7 = 0{,}073 \ (0{,}10610)$

(Werte in Klammern sind analytisch exakt berechnet)
Rechenzeit rund 15 Minuten
Bearbeitungszeit (Rechenzeit und Eingabe): rund 20 Minuten

Verteilt man unter Ausnutzung der alternierenden Eigenschaft über das Intervall $[0, \pi]$ 19 Stützpunkte, so läßt sich eine höhere Übereinstimmung der numerischen Fourier-Koeffizienten mit den analytisch exakten Werten erzielen.

Eingaben: 3 STO A (da Intervall π)
$\qquad\qquad$ 19 STO B (Anzahl der Stützpunkte)
Start $\boxed{E}$:

Nach STOP mit Anzeige 0 bis 8: Eingabe 0, R/S
Nach STOP mit Anzeige 9:$\qquad\qquad$ Eingabe 0,5 R/S
Nach STOP mit Anzeige 10 bis 18: Eingabe x ⇄ y, SIN, R/S

Als Ergebnisse werden alle Koeffizienten von A_0 bis A_{18} und von B_1 bis B_{16} ausgegeben. Da es sich um eine alternierende Funktion handelt, sind nur die ungeraden Koeffizienten vorhanden.

Ergebnisse:

$A_1 = -0{,}315 \ (-0{,}31831)$ $\qquad B_1 = 0{,}500 \ (0{,}50000)$
$A_3 = 0{,}315 \ (0{,}31831)$
$A_5 = -0{,}096 \ (-0{,}10610)$
$A_7 = 0{,}096 \ (0{,}10610)$
$A_9 = -0{,}047 \ (-0{,}06366)$
$A_{11} = 0{,}047 \ (0{,}06366)$
$A_{13} = -0{,}020 \ (-0{,}04547)$
$A_{15} = 0{,}020 \ (0{,}04547)$

Rechenzeit rund 20 Minuten

Die zusätzlich ausgegebenen geraden Koeffizienten gelten für die um π versetzt symmetrische Funktion. Der Koeffizient $A_0 = 0{,}318$ entspricht z.B. dem arithmetischen Mittelwert einer Halbwelle bei 90° Phasenanschnitt.

Die Amplitude und der Null-Phasenwinkel der Grundschwingung ergeben sich durch Umwandlung der Grundschwingungskomponenten in Polarkoordinaten:

$\qquad\qquad$ −0,32 ENTER $\qquad$ (Cosinus-Anteil der Grundschwingung)
$\qquad\qquad$ 0,50 → P $\qquad\qquad$ (Sinus-Anteil der Grundschwingung)
Ergebnis: $\quad 0{,}59 \ e^{-j32{,}62°}$ $\qquad$ (Amplitude und Null-Phasenwinkel der Grundschwingung)

Der Leistungsfaktor der Grundschwingungsblindleistung beträgt somit $\cos\varphi = 0{,}84$.
Die Ergebnisse der numerischen Fourier-Analyse sind in Bild 4.7.1 als Zeigerdiagramm und als Liniendiagramm dargestellt.

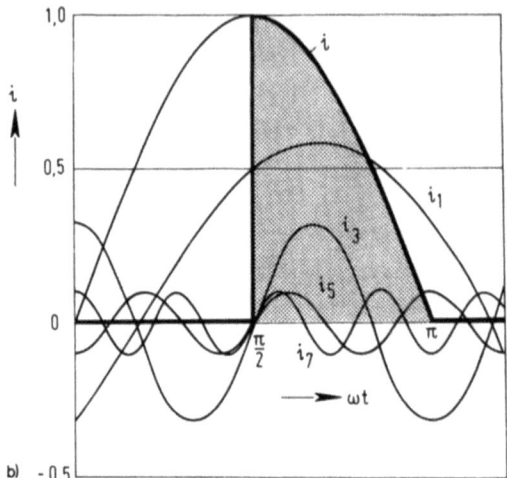

Bild 4.7.1 Zeigerdiagramm (a) und Liniendiagramm (b) der Ergebnisse einer numerischen Fourier-Analyse

4.8 Lösung nichtlinearer Gleichungssysteme mit Hilfe der Newton-Raphson-Methode

4.8.1 Berechnungsgrundlagen [32]

Ein Gleichungssystem zweiter Ordnung kann durch die allgemeine Form:

$$f_1(x_1, x_2) = 0$$
$$f_2(x_1, x_2) = 0$$

beschrieben werden.

Ausgehend von den geschätzten Lösungswerten $x_1^{(0)}$ und $x_2^{(0)}$ fragen wir, welche Differenzvariablen $\Delta x_1^{(0)}$ und $\Delta x_2^{(0)}$ zu den Schätzwerten hinzugefügt werden müssen, damit das gegebene Gleichungssystem erfüllt wird:

$$f_1(x_1^{(0)} + \Delta x_1^{(0)}, x_2^{(0)} + \Delta x_2^{(0)}) = 0 \qquad (4.8.1)$$

$$f_2(x_1^{(0)} + \Delta x_1^{(0)}, x_2^{(0)} + \Delta x_2^{(0)}) = 0 \qquad (4.8.2)$$

Die Entwicklung dieser beiden Gleichungen in eine Taylor-Reihe um die Schätzwerte $x_1^{(0)}$ und $x_2^{(0)}$ liefert:

$$f_1(x_1^{(0)}, x_2^{(0)}) + \Delta x_1^{(0)} \left(\frac{\partial f_1}{\partial x_1}\right)^{(0)} + \Delta x_2^{(0)} \left(\frac{\partial f_1}{\partial x_2}\right)^{(0)} + \ldots = 0 \qquad (4.8.3)$$

$$f_2(x_1^{(0)}, x_2^{(0)}) + \Delta x_1^{(0)} \left(\frac{\partial f_2}{\partial x_1}\right)^{(0)} + \Delta x_2^{(0)} \left(\frac{\partial f_2}{\partial x_2}\right)^{(0)} + \ldots = 0 \qquad (4.8.4)$$

Bei Vernachlässigung der Glieder höherer Ordnung ergibt sich in Matrix-Schreibweise:

$$\mathbf{f}^{(0)} + \mathbf{J}^{(0)} \Delta \mathbf{x}^{(0)} \approx 0 \qquad (4.8.5)$$

Hierin bedeuten:

$$f^{(0)} = \begin{bmatrix} f_1(x_1^{(0)}, x_2^{(0)}) \\ f_2(x_1^{(0)}, x_2^{(0)}) \end{bmatrix} \quad \text{(Ausgangsvektor)} \tag{4.8.6}$$

$$J^{(0)} = \begin{bmatrix} \left(\frac{\partial f_1}{\partial x_1}\right)^{(0)} & \left(\frac{\partial f_1}{\partial x_2}\right)^{(0)} \\ \left(\frac{\partial f_2}{\partial x_1}\right)^{(0)} & \left(\frac{\partial f_2}{\partial x_2}\right)^{(0)} \end{bmatrix} \quad \text{(Jacobi-Matrix)} \tag{4.8.7}$$

$$\Delta x^{(0)} = \begin{bmatrix} \Delta x_1^{(0)} \\ \Delta x_2^{(0)} \end{bmatrix} \quad \text{(Differenzvektor)} \tag{4.8.8}$$

Der unbekannte Differenzvektor $\Delta x^{(0)}$ ergibt sich durch Inversion der Jacobi-Matrix:

$$\Delta x^{(0)} \approx -[J^{(0)}]^{-1} \cdot f^{(0)} \tag{4.8.9}$$

4.8.2 Anwendung für Systeme bis zweiter Ordnung

Das gegebene Gleichungssystem werde durch folgende allgemeine Polynome zweiten Grades beschrieben:

$$f_1 = a_1 x_1^2 + b_1 x_2^2 + c_1 x_1^2 x_2 + d_1 x_1 x_2^2 + e_1 x_1 x_2 + f_1 x_1 + g_1 x_2 + h_1 = 0 \tag{4.8.10}$$

$$f_2 = a_2 x_1^2 + b_2 x_2^2 + c_2 x_1^2 x_2 + d_2 x_1 x_2^2 + e_2 x_1 x_2 + f_2 x_1 + g_2 x_2 + h_2 = 0 \tag{4.8.11}$$

Aus dem gegebenen System folgt für die Elemente der Jacobi-Matrix:

$$a_{11} = \frac{\partial f_1}{\partial x_1} = 2x_1(a_1 + c_1 x_2) + d_1 x_2^2 + e_1 x_2 + f_1 \tag{4.8.12}$$

$$a_{12} = \frac{\partial f_1}{\partial x_2} = 2x_2(b_1 + d_1 x_1) + c_1 x_1^2 + e_1 x_1 + g_1 \tag{4.8.13}$$

$$a_{21} = \frac{\partial f_2}{\partial x_1} = 2x_1(a_1 + c_2 x_2) + d_2 x_2^2 + e_2 x_2 + f_2 \tag{4.8.14}$$

$$a_{22} = \frac{\partial f_2}{\partial x_2} = 2x_2(b_2 + d_2 x_1) + c_2 x_1^2 + e_2 x_1 + g_2 \tag{4.8.15}$$

Nach Inversion der Jacobi-Matrix folgt für den Differenzvektor:

$$\Delta x^{(0)} \approx \frac{-1}{a_{11}a_{22} - a_{12}a_{21}} \begin{vmatrix} a_{22} & -a_{12} \\ -a_{21} & a_{11} \end{vmatrix} \cdot f^{(0)} \tag{4.8.16}$$

Daraus ergeben sich für die beiden Differenzvariablen:

$$\Delta x_1^{(0)} \approx \frac{-1}{a_{11}a_{22} - a_{12}a_{21}} (a_{22} f_1^{(0)} - a_{12} f_2^{(0)}) \tag{4.8.17}$$

$$\Delta x_2^{(0)} \approx \frac{-1}{a_{11}a_{22} - a_{12}a_{21}} (-a_{21} f_1^{(0)} + a_{11} f_2^{(0)}) \tag{4.8.18}$$

Für die verbesserten Lösungswerte gilt:

$$x_1^{(1)} = x_1^{(0)} + \Delta x_1^{(0)} \tag{4.8.19}$$

$$x_2^{(1)} = x_2^{(0)} + \Delta x_2^{(0)} \tag{4.8.20}$$

Der endgültige Lösungsvektor kann in Abhängigkeit von der geforderten Genauigkeit ($\Sigma |\Delta x| < \epsilon$) nach mehrmaliger Iteration erreicht werden.

4.8.3 Programmstruktur „Newton-Raphson-Methode"

Die Programmstruktur ist in Bild 4.8.1 als Flußdiagramm angegeben. Zunächst werden die beiden Funktionswerte f_1 und f_2 nach Gl. (4.8.10 und 4.8.11) in einem Unterprogramm Label C berechnet. Anschließend werden die Koeffizienten der Jacobi-Matrix in den Unterprogrammen Label a und Label b gemäß den Gln. (4.8.12 bis 4.8.15) berechnet. Aus diesen Ergebnissen ergeben sich aus den Gln. (4.8.17 und 4.8.18) die Differenzwerte $\Delta x_1^{(0)}$ und $\Delta x_2^{(0)}$ zur Verbesserung der Startwerte $x_1^{(0)}$ und $x_2^{(0)}$. Nachdem die verbesserten Funktionswerte $x_1^{(1)}$ und $x_2^{(1)}$ gemäß den Gln. (4.8.19 und 4.8.20) gebildet wurden, wird die Programmschleife nach Maßgabe einer vorgegebenen Genauigkeitsforderung ϵ erneut durchlaufen. Hierzu wird die Betragssumme der beiden Differenzwerte mit der Schranke ϵ verglichen. Zur Abkürzung der Rechenzeiten kann in den kurzen Pausen zur Anzeige der Differenzwerte über die Tastatur der Wert 0 als Ersatz für den angezeigten Korrekturwert eingegeben werden. Als Endergebnis wird das iterativ erreichte Lösungs-Wertepaar $x_1^{(n)}$, $x_2^{(n)}$ ausgegeben.

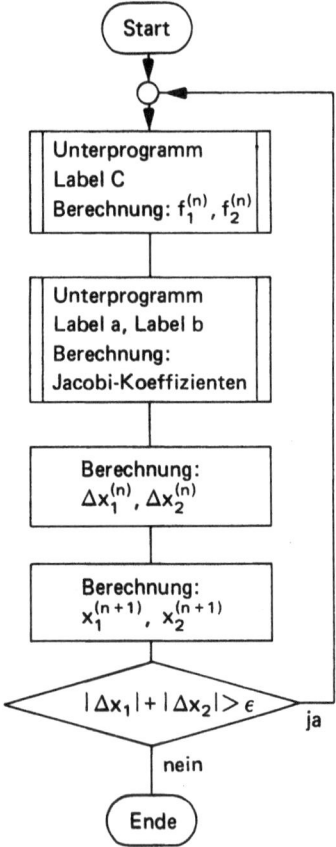

Bild 4.8.1
Flußdiagramm „Newton-Raphson-Methode"

4.8.4 Programmbeschreibung „Newton-Raphson-Methode"

Das in Tabelle 4.8.1 angegebene Programm wird mit der Startadresse Label A in Zeile 001 gestartet. In Zeile 002 wird das Unterprogramm Label C zur Berechnung der Funktionswerte $f_1(x_1, x_2)$ und $f_2(x_1, x_2)$ aufgerufen. Dieses Unterprogramm umfaßt die Anweisungszeilen 073 bis 104. Hierin werden die Argumente x_1 und x_2 den Speichern STO A, STO B und die Polynomkoeffizienten a_1 bis h_1 den Primärspeichern und STO 0 bis STO 7 bzw. die Koeffizienten a_2 bis h_2 den Sekundärspeichern STO 0' bis STO 7' entnommen. Die Funktionswerte f_1, f_2 werden nach STO C bzw. STO D abgespeichert. Mit dem Aufruf der Unterprogramme Label a von Zeile 111 bis 139 und Label b von Zeile 140 bis 171 werden die Koeffizienten der Jacobi-Matrix berechnet. Die Koeffizienten werden folgenden Speichern zugeordnet:

In Zeile 005 a_{11} nach STO 8
In Zeile 007 a_{12} nach STO 9
In Zeile 012 a_{21} nach STO 8'
In Zeile 014 a_{22} nach STO 9'

Die Determinante der Jacobi-Matrix wird in Zeile 023 nach STO E abgespeichert. In kurzen Pausen werden die Differenzwerte Δx_1 und Δx_2 angezeigt. Für die Genauigkeitsabfrage der Iteration in Zeile 066 wird die Betragssumme der beiden Differenzwerte mit $\epsilon = 10^{-3}$ verglichen. Falls die Summe kleiner ϵ ist, wird der Ergebnisvektor in den Zeilen 069 und 071 angegeben. Anderenfalls wird ein weiterer Iterationszyklus durch einen Rücksprung nach Label A in Zeile 001 begonnen.

4.8.5 Anwendungsbeispiel

Mit dem Programm können die Schnittpunkte beliebiger Kegelschnitte in der Ebene berechnet werden. Als Beispiel sollen die Schnittpunkte zweier Kreise gemäß Bild 4.8.2 aufgesucht werden:

Kreis 1: $(x-3)^2 + (y-2)^2 = 3^2$
Kreis 2: $(x-5)^2 + (y+2)^2 = 4^2$

Die Polynomform der beiden Kreisgleichungen lautet:

$x^2 + y^2 - 10x + 4y + 13 = 0$
$x^2 + y^2 - 6x - 4y + 4 = 0$

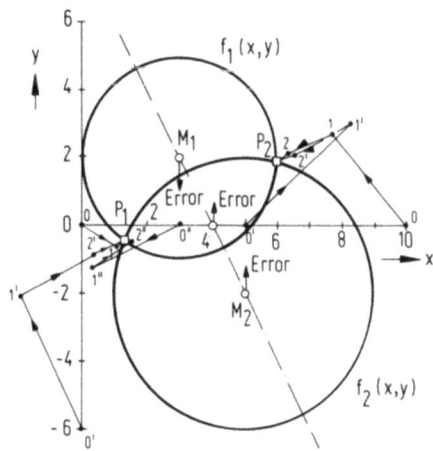

Bild 4.8.2
Startpunkte mit konvergierenden Lösungsgraphen

Tabelle 4.8.1 Anweisungsliste „Newton-Raphson-Methode"

Start	001	*LBLA		058	RCL8		115	ISZI
	002	GSBC		059	ABS		116	ISZI
	003	STOC		060	RCL9		117	RCLB
	004	GSBa		061	ABS		118	RCLi
	005	STO8		062	+		119	x
	006	GSBb		063	EEX		120	+
	007	STO9		064	3		121	RCLA
	008	P⇄S		065	CHS		122	x
	009	GSBC		066	X≤Y?		123	2
	010	STOD		067	GTOA		124	x
	011	GSBa		068	RCLA		125	ISZI
	012	STO8		069	PRTX ⇒ x_1		126	RCLi
	013	GSBb		070	RCLB		127	RCLB
	014	STO9		071	PRTX ⇒ x_2		128	X^2
	015	RCL8		072	R/S		129	x
	016	P⇄S	UP	073	*LBLC		130	+
	017	RCL9		074	0		131	ISZI
	018	x		075	STOI		132	RCLi
	019	X⇄Y		076	RCLA		133	RCLB
	020	RCL8		077	X^2		134	x
	021	x		078	RCLi		135	+
	022	-		079	x		136	ISZI
	023	STOE		080	RCLB		137	RCLi
	024	RCLC		081	X^2		138	+
	025	P⇄S		082	GSB0		139	RTN
	026	RCL9		083	RCLA	UP	140	*LBLb
	027	x		084	X^2		141	1
	028	RCLD		085	RCLB		142	STOI
	029	P⇄S		086	x		143	RCLi
	030	RCL9		087	GSB0		144	ISZI
	031	x		088	RCLB		145	ISZI
	032	-		089	X^2		146	RCLi
	033	RCLE		090	RCLA		147	RCLA
	034	÷		091	x		148	x
	035	PSE ⇒ $\Delta x_1^{(n)}$		092	GSB0		149	+
	036	STO9		093	RCLA		150	RCLB
	037	RCLC		094	RCLB		151	x
	038	P⇄S		095	x		152	2
	039	RCL8		096	GSB0		153	x
	040	x		097	RCLA		154	ISZI
	041	RCLD		098	GSB0		155	RCLi
	042	P⇄S		099	RCLB		156	RCLA
	043	RCL8		100	GSB0		157	x
	044	x		101	ISZI		158	+
	045	-		102	RCLi		159	ISZI
	046	RCLE		103	+		160	ISZI
	047	÷		104	RTN		161	RCLi
	048	CHS	UP	105	*LBL0		162	+
	049	PSE ⇒ $\Delta x_2^{(n)}$		106	ISZI		163	2
	050	STO8		107	RCLi		164	STOI
	051	RCLB		108	x		165	R↓
	052	+		109	+		166	RCLi
	053	STOB		110	RTN		167	RCLA
	054	RCL9	UP	111	*LBLa		168	X^2
	055	RCLA		112	0		169	x
	056	+		113	STOI		170	+
	057	STOA		114	RCLi		171	RTN
							172	R/S

Vor dem Programmstart mit Label A sind folgende Eingaben zu tätigen:

    1 STO 0: Koeffizient a_1 von x^2
    1 STO 1: Koeffizient b_1 von y^2
    0 STO 2: Koeffizient c_1 von $x^2 y$
    0 STO 3: Koeffizient d_1 von xy^2
    0 STO 4: Koeffizient e_1 von xy
 –10 STO 5: Koeffizient f_1 von x
    4 STO 6: Koeffizient g_1 von y
  13 STO 7: Konstantes Glied h_1

| f | P⇄S | Speicherbereichswechsel

    1 STO 0': Koeffizient a_2 von x^2
    1 STO 1': Koeffizient b_2 von y^2
    0 STO 2': Koeffizient c_2 von $x^2 y$
    0 STO 3': Koeffizient d_2 von xy^2
    0 STO 4': Koeffizient e_2 von xy
 –6 STO 5': Koeffizient f_2 von x
 –4 STO 6': Koeffizient g_2 von y
    4 STO 7': Konstantes Glied h_2

Startwerte: 0 STO A, STO B
Start |A|

In kurzen Pausen werden die Komponenten des Differenzvektors nach Gl. (4.8.9) angezeigt:

1. Iteration: $\Delta x_1^{(0)} = 1{,}06$ 3. Iteration: $\Delta x_1^{(2)} = 0{,}01$
                $\Delta x_2^{(0)} = -0{,}59$ $\Delta x_2^{(2)} = 0{,}01$

2. Iteration: $\Delta x_1^{(1)} = 0{,}23$ 4. Iteration: $\Delta x_1^{(3)} = 2{,}63 \cdot 10^{-5}$
                $\Delta x_2^{(1)} = 0{,}11$ $\Delta x_2^{(3)} = 1{,}32 \cdot 10^{-5}$

Ergebnisse: $x_1 = 1{,}30$
               $y_1 = -0{,}47$

Rechenzeit rund 100 Sekunden
Startwerte: 10 STO A, 0 STO B
Start |A|
Nach 6 Iterationszyklen ist das Ergebnis erreicht.

Ergebnisse: $x_2 = 6{,}00$
               $y_2 = 1{,}87$

Rechenzeit rund 2 Minuten

In Bild 4.8.2 sind die Lösungsgraphen der Iterationszyklen eingetragen. Startpunkte, die auf der Verbindungslinie der beiden Kreismittelpunkte liegen, führen zum Abbruch des Programms. Bei diesen Startpunkten wird die Determinante aus den Koeffizienten der Jacobi-Matrix gleich null. Damit wird gemäß Gl. (4.8.16) eine Division durch null versucht, die mit Error Anzeige abgebrochen wird. Alle Startpunkte, die unterhalb dieser Verbindungslinie liegen, ergeben das Lösungspaar des Punktes P_1 und alle Startpunkte oberhalb dieser Linie ergeben das Lösungspaar P_2.
Zur Theorie und dem Konvergenzverhalten der Newton-Raphson-Methode wird auf das Schrifttum [33, 34] verwiesen.

5 Finanzmathematik

5.1 Rentenberechnung

In der Finanzmathematik versteht man unter dem Begriff Rente eine auf gleichbleibende Zeitabstände vereinbarte Zahlungsverpflichtung. Die Variablen der Rentenberechnung sind das der Rente äquivalente Kapital, die Laufzeit der Rente und der für Kapitalwertbetrachtungen geltende Zinssatz. In der Praxis sind insbesondere folgende drei Aufgabenstellungen von Interesse:

1. Kapitalisierung einer Rente
2. Verrentung eines Kapitals
3. Annuitätentilgung eines Kapitals

Bei gegebenem Zinssatz und gegebener Laufzeit lassen sich die Varianten der Rentenberechnung mit Hilfe der Rentenwertfaktoren durchführen. Für die Wertvarianten Barwert- oder Endwertrechnung und den Zahlungsvarianten, vorschüssig oder nachschüssig, werden mit dem Programm folgende vier Rentenwertfaktoren berechnet:

Nachschüssiger Rentenendwertfaktor $\quad a_n = \dfrac{q^n - 1}{q - 1}$ (5.1.1)

Nachschüssiger Rentenbarwertfaktor $\quad b_n = \dfrac{a_n}{q^n}$ (5.1.2)

Vorschüssiger Rentenendwertfaktor $\quad a'_n = q\,a_n$ (5.1.3)

Vorschüssiger Rentenbarwertfaktor $\quad b'_n = q\,b_n$ (5.1.4)

q ist der Zinsfaktor $\left(q = 1 + \dfrac{p}{100}\right)$
p ist der Nominalzinsfuß in Prozent $\left(\text{Zinssatz } i = \dfrac{p}{100\,\%}\right)$
n ist die Laufzeit in Jahre

Die Varianten der Rentenberechnung werden mit verschiedenen Varianten der Finanzierungsberechnung durch Aneinanderfügen der einzelnen Programmteile mit gemeinsam benutzten Unterprogrammen physikalisch zu einem Programm in Tabelle 5.2.1 zusammengefaßt.

5.1.1 Kapitalisierung einer Rente

In dem Programmteil „Kapitalisierung einer Rente" mit den Startadressen Label B, Label b, Label E und Label e werden die Barwerte für vorschüssige und nachschüssige Rentenzahlungen und die Endwerte für beide Zahlungsziele nach folgenden Gleichungen errechnet:

Barwert bei vorschüssiger Zahlung	$K'_0 = R\,b'_n$	(5.1.5)
Barwert bei nachschüssiger Zahlung	$K_0 = R\,b_n$	(5.1.6)
Endwert bei vorschüssiger Zahlung	$K'_n = R\,a'_n$	(5.1.7)
Endwert bei nachschüssiger Zahlung	$K_n = R\,a_n$	(5.1.8)

Tabelle 5.2.1 Anweisungsliste „Renten- und Finanzierungsprogramm"

Annuität	001	*LBLA	057	x	113	RCL1	169	RCLC
P_{eff}	002	RCLB	058	RCLD	114	÷	170	EEX
	003	GSB1	059	x	115	F2?	171	2
	004	÷	060	RCL2	┌─116	GTO2	172	÷
	005	RCL1	061	+	│ 117	RCL0	173	1
	006	x	062	RCL3	│ 118	x	174	+
	007	STO5	063	x	└►119	*LBL2◄─	175	STO0
	008	PSE⇐A'	064	RCL1	120	RCLA	176	RCLD
	009	PRTX⇒Annuität	065	RCL2	121	x	177	Y^x
	010	STOA	066	x	122	R/S⇒ Barwert Endwert	178	STO1
	011	RCL5	067	RCL4	nachschüssig 123	*LBLe	179	1
	012	–	068	x	Endwert 124	SF2	180	–
	013	X=0?	069	RCLD	vorschüssig 125	*LBLE	181	RCL0
┌─014	GTO7	070	x	126	GSB1	182	1
	015	1	071	–	127	F2?	183	–
	016	RCL0	072	RCL3	128	GTO2	184	÷
	017	–	073	X^2	129	RCL0	185	RTN
	018	RCLB	074	÷	130	x	Tilgungsplan 186	*LBLa
	019	x	075	RCL9	131	GTO2	187	RCLD
	020	RCLA	076	x	nachschüssig 132	*LBLc	188	STO3
	021	÷	077	÷	Rente 133	SF2	189	0
	022	1	078	PSE⇒E vorschüssig 134	*LBLC	190	STO4
	023	+	079	STO5	135	GSB1	191	*LBL6◄─
	024	1/X	080	ABS	136	RCL1	192	1
	025	LN	081	EEX	137	÷	193	ST+4
	026	RCL0	082	CHS	138	F2?	194	RCL4
	027	LN	083	5	┌─139	GTO3	195	DSP0
	028	÷	084	X≤Y?	│ 140	RCL0	196	PSE
	029	STOD	┌─085	GTO8	│ 141	x	197	PRTX⇒n
	030	PRTX⇒Laufzeit │	086	RCL5	└►142	*LBL3	198	DSP2
└►031	*LBL7	087	ST+0	143	RCLB	199	STO4
	032	RCLE	088	RCL0	144	X≷Y	200	STOD
	033	EEX	089	1	145	÷	201	GSB1
	034	2	090	–	146	R/S⇒R	202	RCLA
	035	÷	091	EEX	147	RCLD	203	x
	036	RCLB	092	2	148	x	204	CHS
	037	x	093	x	149	PRTX⇒ΣR	205	RCL1
	038	PSE⇒K_1	094	R/S⇒P_{eff}	150	RCLB	206	RCLB
	039	STO9 UP	095	*LBL9	151	X≷Y	207	x
	040	0	096	RCL0	152	%CH	208	+
	041	STO5	097	STO1	153	R/S⇒%	209	PRTX⇒K_i
	042	*LBL8◄─	098	RCLD	aufgezinstes 154	*LBLD	210	X>0?
	043	RCL5	099	Y^x	155	GSB1	211	GTO6─┘
	044	ST+0	100	STO2	156	RCLB	212	RCLA
	045	GSB9	101	STO3	157	RCL1	213	RCL4
	046	RCLA	102	RCL0	Kapital 158	x	214	x
	047	RCL2	103	÷	159	STOE	215	+
	048	RCL1	104	STO4	160	R/S⇒K_n	216	PRTX⇒$R_Σ$
	049	x	105	1	abgezinstes 161	*LBLd	217	RCLB
	050	RCL3	106	ST-1	162	GSB1	218	X≷Y
	051	÷	107	ST-3	163	RCLB	219	%CH
	052	RCL9	108	RTN	164	RCL1	220	RCL3
	053	x	nachschüssig 109	*LBLb	165	÷	221	STOD
	054	–	Barwert 110	SF2	166	STOA	222	R↓
	055	RCL1	vorschüssig 111	*LBLB	167	R/S⇒K_0	223	R/S⇒%
	056	RCL4	112	GSB1	UP 168	*LBL1		

71

Vor dem Programmstart müssen die Werte für die Rente als DM-Betrag in STO A, für den Zinsfuß als Prozentwert in STO C und für die Laufzeit als Anzahl der Jahre in STO A eingegeben werden. Bei Programmstart mit Großbuchstaben wird der Rentenbarwert bzw. der Rentenendwert für vorschüssige Rentenzahlungen, d.h. am jeweiligen Jahresanfang, berechnet. Bei Programmstart mit den entsprechenden Kleinbuchstaben werden die entsprechenden Werte für nachschüssige Rentenzahlungen, d.h. am jeweiligen Jahresende, berechnet.

5.1.2 Verrentung eines Kapitals

In dem Programmteil „Rente aus Kapital" mit den Startadressen Label C und Label c werden die aus dem Barwert eines Kapitals zahlbaren vorschüssigen oder nachschüssigen Renten nach folgenden Gleichungen errechnet:

Vorschüssig zu zahlende Rente $\quad R' = \dfrac{K_0}{b'_n}$ \hfill (5.1.9)

Nachschüssig zu zahlende Rente $\quad R = \dfrac{K_0}{b_n}$ \hfill (5.1.10)

Vor dem Programmstart müssen die Werte für das finanzmathematisch wertgleich in Rente umzuwandelnde Kapital als DM-Betrag in STO B, für den Zinsfuß als Prozentwert in STO C und für die Laufzeit der Rente in STO A eingegeben werden.
Der Programmstart mit dem Großbuchstaben C liefert als Ergebnis die vorschüssig zu zahlende Rente als DM-Betrag, während der Start über f, c die nachschüssig zu zahlende Rente ergibt.

5.2 Finanzierungsberechnung

Finanzierungsberechnungen beinhalten eine exponentielle Verknüpfung der drei Variablen Kapital, Zinsfuß und Laufzeit. Infolge der exponentiellen Wirkung der Laufzeit liegen immer Gleichungen höheren Grades vor, die je nach Wahl der Unbekannten zu logarithmischen oder iterativen Lösungen führen. Daher ist für diese Art Aufgabenstellungen eine programmierte Behandlung besonders nutzbringend anzuwenden. Insbesondere der Rückgriff auf Zinsfaktortabellen ist dann nicht mehr erforderlich.

5.2.1 Annuitätentilgung

Unter dem Begriff Annuitätentilgung versteht man die Tilgung einer Kapitalschuld mit gleichbleibenden jährlichen Rückzahlungsraten. Die Annuität umfaßt sowohl den Zinsanteil für das vergangene Jahr wie auch einen Tilgungsanteil. Der Zinsanteil nimmt fortlaufend ab, während der Tilgungsanteil entsprechend zunimmt.

In dem Programmteil „Annuitätentilgung" wird zunächst über die Startadresse Label A für eine Annuitätentilgung mit jährlich aktivierter Annuitätenzahlung die erforderliche Annuität aus dem Kapital-Nennbetrag und dem nachschüssigen Rentenbarwertfaktor berechnet:

$$A = \frac{K_0}{b_n} = K_0 q^n \frac{q-1}{q^n - 1} \qquad (5.2.1)$$

5.2.2 Effektivverzinsung bei Disagio

Auf dem Kapitalmarkt werden Hypotheken meist nicht mit ihrem Nennbetrag ausgegeben, sondern vermindert um einen Abschlag, dem Disagio. Der Auszahlungsbetrag K_1 ist daher gleich der Differenz aus dem Kapital-Nennbetrag K_0 und dem Disagio D:

$$K_1 = K_0 - D \tag{5.2.2}$$

Das Disagio errechnet sich aus dem Auszahlungskurs d in Prozent und dem Kapital-Nennbetrag:

$$D = \left(1 - \frac{d}{100\,\%}\right) K_0 \tag{5.2.3}$$

Da aber die Annuität auf den Kapital-Nennbetrag und auf festgesetzte Laufzeit bezogen ist, ergibt sich eine gegenüber dem vereinbarten Zinsfuß höhere Effektivverzinsung q_e:

$$A - K_1 q_e^n \frac{q_e - 1}{q_e^n - 1} = 0 \tag{5.2.4}$$

Da die Gl. (5.2.4) nicht geschlossen lösbar ist, wird als iterativer Lösungsalgorithmus die Newtonsche Iterationsregel angewandt:

$$q_{n+1} = q_n - \frac{f(q_n)}{f'(q_n)} \tag{5.2.5}$$

Mit

$$f(q) = A - K_1 \frac{q^n(q-1)}{q^n - 1} \tag{5.2.6}$$

$$f'(q) = -K_1 \frac{(q^n - 1)\,[q^n + n(q-1)\,q^{n-1}] - nq^{2n-1}(q-1)}{(q^n - 1)^2} \tag{5.2.7}$$

Die Iteration wird beendet, wenn die Differenz der beiden letzten Zinsfaktoren die gesetzte Schranke $\epsilon = 10^{-5}$ unterschreitet:

$$q_{n+1} - q_n < \epsilon \tag{5.2.8}$$

In dem Programm wird als Startwert für die Iteration der vereinbarte Zinsfuß gesetzt. Damit ist die Genauigkeitsbedingung gemäß Gl. (5.2.8) für übliche Verhältnisse nach etwa fünf Iterationszyklen erreicht.

Nach Eingabe der Werte für den Kapital-Nennbetrag in STO B, den Nominalzinsfuß in STO C, die Laufzeit in STO D und den Auszahlungskurs in STO E kann das Programm durch Betätigung der Label-Taste A gestartet werden. Danach wird zunächst die Annuität berechnet, in einer Pause angezeigt und ausgedruckt. Anschließend werden der Auszahlungsbetrag und nach jedem Iterationszyklus der Quotient für die Wurzelverbesserung aus Gl. (5.2.5) in kurzen Pausen angezeigt. Die Programmbearbeitung wird schließlich mit dem errechneten effektiven Zinsfuß angegeben in Prozent beendet.

5.2.3 Tilgungsplan

Über die Startadresse Label a kann der Programmteil „Tilgungsplan" aufgerufen werden. Um in diesem Programmteil auch beliebige Anfangszeiten für den Tilgungsplan setzen zu können, wurde auf einen sukzessiven Rechnungsaufbau verzichtet und trotz der um einige Sekunden längeren Rechenzeit für jeden Zyklus der aktuelle Kontostand S_n geschlossen berechnet:

$$S_n = K_0 q^n - A \frac{q^n - 1}{q - 1} \qquad (5.2.9)$$

Als Ergebnisse werden das jeweilige Jahr und der zugehörige aktuelle Kontostand zyklisch ausgegeben. Zum Abschluß der Rechnung werden der gesamte Rückzahlungsbetrag in DM sowie das Aufgeld in Prozent berechnet und ausgegeben.

5.2.4 Auf- und abgezinstes Kapital

In dem Programmteil „Auf- und abgezinstes Kapital" mit den Startadressen Label D und Label d werden der Endwert bzw. der Anfangswert eines Kapitals bei gegebener Laufzeit und gegebenem Zinssatz bestimmt:

$$K_n = K_0 q^n \qquad (5.2.10)$$

$$K_0 = \frac{K_n}{q^n} \qquad (5.2.11)$$

5.2.5 Programmbeschreibung „Renten- und Finanzierungsprogramm"

Der Programmteil zur Berechnung der Annuität und der Effektivverzinsung umfaßt die Programmzeilen 001 bis 094 mit den Unterprogrammen Label 1 von Zeile 168 bis 185 und Label 9 von Zeile 095 bis 108. In dem Unterprogramm Label 1 wird der nachschüssige Rentenendwertfaktor a_n nach Gl. (5.1.1) berechnet und im X-Register an das rufende Programm übergeben. Außerdem wird der Zinsfaktor q gebildet und nach STO 0 abgespeichert. Mit den Anweisungen 004 bis 006 wird die Annuität gemäß Gl. (5.2.1) berechnet, nach STO 5 abgespeichert und in einer Pause angezeigt. Der Wert für die Annuität kann an dieser Stelle durch Eintasten eines neuen Wertes verändert werden. Falls dies erfolgt, muß eine neue Laufzeit errechnet werden. Hierzu ist die Abfrage x = 0 in Zeile 012 vorgesehen. Die gegebenenfalls errechnete neue Laufzeit wird in Zeile 030 ausgegeben. Ab Label 7 in Zeile 031 wird der um das Disagio verminderte Kapitalwert K_1 gemäß Gl. (5.2.2) mit einer kurzen Pause angezeigt. Ab Zeile 042 beginnt mit Label 8 die Schleife für die Newton-Iteration.

Der jeweils verbesserte Lösungswert für den Zinsfaktor q nach Gl. (5.2.5) wird durch die Registerarithmetik-Anweisung in Zeile 044 gebildet. Mit den folgenden Anweisungen bis zur Zeile 077 werden die Gln. (5.2.6 und 5.2.7) ausgewertet. Der ermittelte Wert für die Wurzelverbesserung wird in einer kurzen Pause angezeigt und anschließend mit $\epsilon = 10^{-5}$ in Zeile 084 verglichen. Ist die Genauigkeit noch nicht erreicht, erfolgt ein Rücksprung nach Label 8, so daß ein weiterer Iterationsschritt durchlaufen wird.

Zur Abkürzung des Iterationsverfahrens kann in der kurzen Pause über die Tastatur Null eingegeben werden.

Als Ergebnis der Iteration wird am Programmende in Zeile 094 der effektive Zinsfuß angezeigt. Die Barwertberechnung erfolgt in dem Programmteil mit den Zeilen 109 bis 122. Als Merkmal für die nachschüssigen Rentenzahlungen wird das Flag 2 in Zeile 110 gesetzt und in Zeile 115 abgefragt. Der nachschüssige Rentenendwertfaktor a_n nach Gl. (5.1.1) wird in dem Unterprogramm Label 1 berechnet. Als Ergebnis wird der nach den Gln. (5.1.5 und 5.1.6) errechnete Barwert am Programmende in Zeile 122 angezeigt.

Programmtechnisch verknüpft mit der Barwertberechnung ist die Endwertberechnung gemäß Gln. (5.1.7 und 5.1.8) in den Zeilen 123 bis 131. Die Ergebnisse werden ebenfalls in Zeile 122 angezeigt.

Der Programmteil für die Verrentung eines Kapitals erstreckt sich von Zeile 132 bis 146. Auch hier wird als Merkmal für die nachschüssige Zahlungsweise wieder das Flag 2 in Zeile 133 gesetzt. Bei der Flag-2-Abfrage in Zeile 138 liegt der nachschüssige Rentenbarwertfaktor b_n im X-Register vor. Die gemäß den Gln. (5.1.9 und 5.1.10) zu zahlende Rente wird mit dem Programmstop in Zeile 146 angezeigt. Nach Betätigung der R/S-Taste wird zusätzlich in den Zeilen 147 bis 153 die Summe der Rentenzahlungen und das Aufgeld in Prozent vom zu verrentenden Kapitalbetrag ausgegeben.

In dem Programmteil zur Berechnung eines auf- bzw. abgezinsten Kapitals werden die Gln. (5.2.10 und 5.2.11) ausgewertet. Das berechnete aufgezinste Kapital wird in STO E abgespeichert und am Programmende in Zeile 160 angezeigt. Das abgezinste Kapital wird in STO A abgespeichert und am Programmende in Zeile 167 angezeigt.

Der Programmteil zur Berechnung eines Tilgungsplanes erstreckt sich von Zeile 186 bis zum physikalischen Programmende in Zeile 223.

In einer Programmschleife von Zeile 191 bis 211 werden das jeweilige Jahr und der aktuelle Kontostand ausgegeben. Zur Abkürzung der Rechnung kann in der Programmpause in Zeile 196 ein veränderter Jahreswert eingegeben werden. Sobald der Kontostand einen negativen Wert aufweist, wird diese Programmschleife verlassen und die gesamte Rückzahlsumme sowie das prozentuale Aufgeld ausgegeben.

5.2.6 Anwendungsbeispiele

1. Zu einem Kapital-Nennbetrag von 100 000,— DM mit 96 % Auszahlung soll bei einem Zinsfuß von 6 % und 10-jähriger Laufzeit die Annuität und der effektive Zinsfuß bestimmt werden.
    Über die Tilgungszeit ist ein Tilgungsplan zu erstellen.

    Eingaben: 100 000   STO B   (Kapital)
                      6   STO C   (Zinsfuß)
                 10   STO D   (Laufzeit)
                 96   STO E   (Auszahlungskurs)

    Start $\boxed{A}$: Annuität, effektiver Zinsfuß

    Ergebnisse: 1. Annuität $A = 13\,586,80$ DM
                  2. Auszahlungsbetrag $K_1 = 96\,000,00$ DM
                  3. Effektiver Zinsfuß

    Iterationsanzeigen $\begin{cases} 0{,}01 \\ -8{,}54\ldots\cdot 10^{-5} \\ -7{,}93\ldots\cdot 10^{-9} \end{cases}$

    Endergebnis: $p_{eff} = 6{,}87\ \%$

    Rechenzeit rund 25 Sekunden.

Start $\boxed{f}\boxed{a}$: Tilgungsplan

Ergebnisse:
Jahr	Kontostand
1.	92 413,20 DM
2.	84 371,20 DM
3.	75 846,68 DM
4.	66 810,68 DM
5.	57 232,53 DM
6.	47 079,68 DM
7.	36 317,67 DM
8.	24 909,93 DM
9.	12 817,73 DM
10.	0,00 DM

Gesamte Rückzahlungssumme: 135 867,96 DM
Aufgeld: 35,87 %

Rechenzeit rund 60 Sekunden.

2. Für eine Jahresrente von 12 000,– DM soll der Barwert für vorschüssige und nachschüssige Rentenzahlungen bestimmt werden. Die Laufzeit der Rente wurde auf 10 Jahre bei einem Zinsfuß von 6,5 % kalkuliert.

Eingaben: 12 000   STO A   (Rente)
            6,5   STO C   (Zinsfuß)
            10   STO D   (Laufzeit)

Start $\boxed{B}$:   Rentenbarwert der vorschüssig fälligen Rente 91 873,25 DM
Start $\boxed{f}\boxed{b}$: Rentenbarwert der nachschüssig fälligen Rente 86 265,96 DM
Rechenzeit rund 3 Sekunden.

3. Für die vorstehenden Eingabedaten sind die Endwerte bei vorschüssiger und nachschüssiger Zahlungsweise zu bestimmen:

Start $\boxed{E}$:   Rentenendwert der vorschüssig fälligen Rente 172 458,72 DM
Start $\boxed{e}$:   Rentenendwert der nachschüssig fälligen Rente 161 933,07 DM
Rechenzeit rund 3 Sekunden.

4. Ein Kapitel von 300 000,– DM soll in eine Rente verwandelt werden. Der Zinsfuß sei 5 % und die Laufzeit mit 20 Jahre kalkuliert.

Eingaben: 300 000   STO B   (Kapital)
            5   STO C   (Zinsfuß)
            20   STO D   (Laufzeit)

Start $\boxed{C}$:   Die vorschüssig fällige Rente beträgt 22 926,45 DM/Jahr
Start $\boxed{f}\boxed{c}$: Die nachschüssig fällige Rente beträgt 24 072,78 DM/Jahr
Rechenzeit rund 3 Sekunden.

5. Für eine Bareinlage von 1,– DM über eine Laufzeit von 1979 Jahren und 3 % Verzinsung ist der aufgezinste Kapitalendbetrag zu bestimmen:

Eingaben: 1   STO B   (Kapital)
            3   STO C   (Zinsfuß)
            1979   STO D   (Laufzeit)

Start $\boxed{D}$:   Der Endwert beträgt $2,540198712 \cdot 10^{25}$ DM
Rechenzeit rund 3 Sekunden.

6. Zu einem in 30 Jahren fälligen Kapitalbetrag von 100 000,— DM ist der heutige Barwert bei einem Zinsfuß von 9 % zu bestimmen:

Eingaben: 100 000   STO B   (Kapital)
                  9   STO C   (Zinsfuß)
                 30   STO D   (Laufzeit)

Start $\boxed{f}\,\boxed{d}$: Der Barwert beträgt 7 537,11 DM
Rechenzeit rund 3 Sekunden.

5.3 Zinseszinsberechnungen für Jahres- und Monatszyklen

Die vier Grundaufgaben der Zinseszinsrechnung Tilgungsplan-, Laufzeit-, Annuitäts- und Endwertberechnungen können in einem Programm wahlweise für jährliche und monatliche Zahlungs- und Verzinsungsintervalle zusammenhängend gelöst werden. Bei der jeweiligen Zyklusrechnung berechnet sich der Zinsfaktor q:

$$q = \begin{cases} 1 + \dfrac{p}{100} & \text{jährliche Zyklen} \\[2mm] 1 + \dfrac{p}{1200} & \text{monatliche Zyklen} \end{cases} \qquad (5.3.1)$$

Die jährlichen Zyklusrechnungen werden in dem Programm nach Tabelle 5.3.1 über die Großbuchstaben A, B, C, D gestartet und das Flag 0 als Merkmal gesetzt. Für die monatlichen Zyklusrechnungen gelten die entsprechenden Kleinbuchstaben a bis d als Startadressen bei gelöschtem Flag 0.

5.3.1 Tilgungsplan

Die Tilgungsplanberechnung kann über die Startadressen Label A in Programmzeile 004 für jährliche und Label a in Zeile 001 für monatlich nachschüssige Zahlungen aufgerufen werden. Für die Berechnung gemäß Gl. (5.2.9) müssen folgende Eingabewerte vorliegen:

Rückzahlrate (Annuität) als DM-Betrag in	STO A
Kapital als DM-Betrag in	STO B
Zinsfuß als Prozentwert in	STO C
Startzeit für den Tilgungsplan bzw. „Jahre, Monate"	STO D

Die Gl. (5.3.1) wird in dem Unterprogramm Label 3 von Zeile 056 bis 088 ausgewertet.
In dem Unterprogramm Label 4 von Zeile 089 bis 104 wird die besondere Anzeige für die Monatszyklen-Rechnung erzeugt. Mit Hilfe der Funktionen INT und FRAC wird aus der in STO 2 abgespeicherten Anzahl Monate der Anteil voller Jahre und Monate gebildet und diese beiden Werte in Form einer Dezimalzahl zusammengefügt und durch eine kurze Pause in Zeile 035 angezeigt. Anschließend wird der aktuelle Kontostand in einer kurzen Pause angezeigt. Sobald der Kontostand kleiner oder gleich Null geworden ist, wird die Schleife verlassen und der gesamte Rückzahlungsbetrag in DM sowie das Aufgeld in Prozent vom Nennbetrag errechnet und ausgegeben.

Für die Umrechnung von n Jahre (n Dezimal) in p, q Jahre, Monate gilt:

$$p, q = \text{Int}\{n\} + 0{,}12 \, \text{Frac}\{n\} \qquad (5.3.2)$$

Tabelle 5.3.1 Anweisungsliste „Zinseszinsberechnung für Jahres- und Monatszyklen"

monatlich	001	*LBLa	UP	056	*LBL3		111	GSB3	Endwert	166	GT08
Tilgungs-	002	CF0		057	RCLC		112	1	jährlich	167	*LBLD
plan	003	GT08		058	1		113	RCL0		168	SF0
jährlich	004	*LBLA		059	F0?		114	-		169	*LBL8
	005	SF0		060	GT05		115	RCLB		170	SF2
	006	*LBL8		061	R↓		116	×		171	GSB3
	007	CF2		062	1		117	RCLA		172	GT00
	008	GSB3		063	2		118	÷		173	*LBL2
	009	*LBL0		064	*LBL5		119	1		174	PSE
	010	RCL0		065	EEX		120	+		175	PRTX⇒nachsch
	011	RCL2		066	2		121	1/X		176	RCL0
	012	Y^x		067	×		122	LN		177	× Endwert
	013	ENT↑		068	÷		123	RCL0		178	PRTX⇒vorsch.
	014	ENT↑		069	1		124	LN		179	R/S
	015	RCLB		070	+		125	÷	monatlich	180	*LBLe
	016	×		071	ST00		126	ST02	Sparkassen-	181	CF0
	017	X⇄Y		072	RCLD		127	F0?	verzinsung	182	GT08
	018	1		073	F0?		128	GT07	jährlich	183	*LBLE
	019	-		074	GT06		129	PSE		184	SF0
	020	RCL0		075	FRC		130	PRTX⇒Monate		185	*LBL8
	021	1		076	.		131	GSB4		186	1
	022	-		077	1		132	*LBL7		187	RCLC
	023	÷		078	2		133	PRTX⇒Jahre		188	EEX
	024	RCLA		079	÷		134	R/S		189	2
	025	×		080	RCLD	monatlich	135	*LBLc		190	÷
	026	F2?		081	INT	Annuität	136	CF0		191	ST04
	027	GT02		082	+	jährlich	137	GT08		192	+
	028	-		083	1		138	*LBLC		193	ST03
	029	RCL2		084	2		139	SF0		194	1
	030	DSP0		085	×		140	*LBL8		195	F0?
	031	F0?		086	*LBL6		141	GSB3		196	GT09
	032	GT09		087	ST02		142	RCL0		197	RCL4
	033	GSB4		088	RTN		143	1		198	6
	034	*LBL9	UP	089	*LBL4		144	-		199	.
	035	PSE⇒Zeit		090	1		145	RCL0		200	5
	036	DSP2		091	2		146	RCL2		201	×
	037	X⇄Y		092	÷		147	Y^x		202	1
	038	PSE⇒Konto-		093	ENT↑		148	×		203	2
	039	X>0? stand		094	INT		149	LSTX		204	+
	040	GT01		095	X⇄Y		150	1		205	*LBL9
	041	RCL2		096	FRC		151	-		206	RCLA
	042	RCLA		097	.		152	÷		207	×
	043	×		098	1		153	EEX		208	ST04
	044	+		099	2		154	2		209	RCL3
	045	ST0E		100	×		155	X⇄Y		210	RCLD
	046	PRTX⇒Rückzahl-		101	+		156	×		211	Y^x
	047	RCLB summe		102	ST0D		157	PSE⇒%		212	1
	048	X⇄Y		103	DSP2		158	LSTX		213	ST-3
	049	%CH		104	RTN		159	RCLB		214	-
	050	PRTX⇒A	monatlich	105	*LBLb		160	×		215	RCL3
	051	R/S	Laufzeit	106	CF0		161	ST0A		216	÷
	052	*LBL1	jährlich	107	GT08		162	PRTX⇒Annuität		217	×
	053	1		108	*LBLB		163	R/S		218	PRTX⇒Endwert
	054	ST+2		109	SF0	monatlich	164	*LBLd		219	R/S
	055	GT00		110	*LBL8	Endwert	165	CF0			

Entsprechend gilt für die Umkehrung:

$$n = \text{Int}\{p,q\} + \frac{\text{Frac}\{p,q\}}{0{,}12} \tag{5.3.3}$$

5.3.2 Laufzeit

Die Laufzeit einer Kapitalschuld K_0 errechnet sich bei gleichbleibenden Rückzahlraten A aus Gl. (5.2.9)

$$n = \frac{\ln \frac{A}{A - K_0(q-1)}}{\ln q} \tag{5.3.4}$$

Diese Gleichung wird in dem Programmteil mit der Startadresse Label B in Zeile 108 für jährliche bzw. Label 6 in Zeile 105 für monatliche Zahlungsraten ausgewertet. Die erforderlichen Eingabewerte hierfür sind:

Rückzahlrate (Annuität) als DM-Betrag in	STO A
Kapital als DM-Betrag in	STO B
Zinsfuß als Prozentwert in	STO C

Als Ergebnis werden bei der Jahreszyklenrechnung die Laufzeit in Jahre als Dezimalzahl und bei der Monatszyklenrechnung die Laufzeit in Monate als Dezimalzahl und als „Jahre, Monate" ausgegeben.

5.3.3 Annuität

Die Annuität zur Tilgung einer Kapitalschuld in einer vorgegebenen Laufzeit errechnet sich nach Gl. (5.2.1). Hierzu dient der Programmteil mit den Startadressen Label C in Zeile 136 und Label c in Zeile 135. Die erforderlichen Eingabewerte hierfür sind:

Kapital als DM-Betrag in	STO B
Zinsfuß als Prozentwert in	STO C
Laufzeit in Jahre bzw. „Jahre, Monate" in	STO D

Als Ergebnis wird die Annuität als Prozentwert und als DM-Betrag ausgegeben.

5.3.4 Endwert gleichmäßiger Zahlungen

Mit den Startadressen Label D in Zeile 167 bzw. Label d in Zeile 164 werden die Endwerte gleichmäßiger Zahlungen gemäß den Gln. (5.1.7 und 5.1.8) berechnet.
Die erforderlichen Eingabewerte hierfür sind:

Zahlungsbetrag in DM in	STO A
Zinsfuß als Prozentwert in	STO C
Laufzeit in Jahre bzw. „Jahre, Monate" in	STO D

Als Ergebnisse werden die Endwerte für nachschüssige und vorschüssige Zahlungen ausgegeben.

5.3.5 Sparkassenverzinsung

Bei gleichmäßigen monatlichen Zahlungen auf Sparkonten erfolgt die Zinsgutschrift im allgemeinen nicht monatlich, sondern einmal im Jahr. Für die innerhalb des Jahres geleisteten Zahlungen ist dann nur eine einfache Verzinsung und keine Zinseszinsen in Rechnung zu stellen.

Bei zwölf gleichen monatlichen Zahlungen R jeweils zum Monatsanfang ergibt sich zum Jahresende ein Zuwachs von:

$$Z = 12R + (12 + 11 + 10 + \ldots + 2 + 1)\,R\,\frac{p}{1200} \qquad (5.3.5)$$

$$Z = \left(12 + 6{,}5\,\frac{p}{100}\right) R \qquad (5.3.6)$$

Dieser Zuwachs geht als nachschüssige Jahreszahlung in die Gl. (5.1.8) für den Endwert K_n ein:

$$K_n = \left(12 + 6{,}5\,\frac{p}{100}\right) R\,\frac{q^n - 1}{q - 1} \qquad (5.3.7)$$

Der Programmteil für die Berechnung des Endwertes bei monatlicher Zahlung und Sparkassenverzinsung wird über die Startadresse Label e in Zeile 180 erreicht.
Hierzu sind folgende Eingaben erforderlich:

    Zahlungsbetrag in DM in   STO A
    Zinsfuß als Prozentwerte in   STO C
    Laufzeit in Jahre, Monate in   STO D

Als Ergebnis wird der Endwert als DM-Betrag ausgegeben. Bei Start über Label E wird der Endwert für nachschüssige Jahreszahlungen berechnet.

5.3.6 Anwendungsbeispiele

1. Ein Kapital von 100 000,– DM soll mit 12 000,– DM jährlich getilgt werden. Der Zinsfuß beträgt 6,5 %. Es ist ein Tilgungsplan über die gesamte Laufzeit zu erstellen.

   Eingabe: 12 000 STO A (Tilgungsrate, Annuität)
                100 000 STO B (Kapital)
                    6,5 STO C (Zinsfuß)
                       0 STO D (Startzeit)

   Start $\boxed{A}$: für Tilgungsplan mit jährlichen Rückzahlungen

Ergebnisse:	Zeit	Kontostand
	0	100 000,– DM
	1	94 500,– DM
	2	88 642,60 DM
	3	82 404,26 DM
Anzeigen mit kurzer Pause	.	
	:	
	10	25 780,68 DM
	11	15 456,42 DM
	12	4 461,09 DM
	13	– 7 248,94 DM

| | Lange Pause bzw. Ausdruck: | 148 751,06 DM | Rückzahlsumme |
| | Lange Pause bzw. Ausdruck: | 48,75 % | Aufgeld |

Für einen Jahreszyklus werden rund 5 Sekunden Rechenzeit benötigt.

2. Start $\boxed{B}$: Laufzeit
   Nach rund 5 Sekunden wird die Laufzeit mit 12,39 Jahre ausgegeben.

3. Für eine Laufzeit von 25 Jahren soll die Annuität berechnet werden.

   Eingabe: 25 STO D
   Start $\boxed{C}$: Annuität
   Ergebnisse: In einer kurzen Pause werden die Annuität mit 8,20 % und anschließend der Betrag von 8 198,15 DM ausgegeben.

4. Für eine jährliche Zahlung von 6 000,— DM soll der Endwert nach 10 Jahren bei einem Zinsfuß von 7,5 % für nachschüssige und vorschüssige Zahlungsvereinbarungen berechnet werden.

   Eingabe: 6 000 STO A (Kapital)
   7,5 STO C (Zinsfuß)
   10 STO D (Laufzeit)

   Start $\boxed{D}$: für Endwertberechnungen
   Ergebnisse: 1. Anzeige bzw. Ausdruck:
   84 882,52 DM bei nachschüssiger Zahlung
   2. Anzeige bzw. Ausdruck
   91 248,71 DM bei vorschüssiger Zahlung

5. Die vorstehende Endwertrechnung soll für monatliche Einzahlungen von 500,— DM bei Sparkassenverzinsung durchgeführt werden.

   Eingabe: 500 STO A (Rate)
   7,5 STO C (Zinsfuß)
   10 STO D (Laufzeit)

   Start $\boxed{f}$ $\boxed{e}$: für Sparkassenverzinsung
   Ergebnis: 88 330,88 DM
   Rechenzeit rund 5 Sekunden.

6. Ein Kapital von 100 000,— DM soll mit 1 000,— DM monatlich getilgt werden. Der Zinsfuß betrage 6,5 %. Es ist ein Tilgungsplan ab dem zehnten Jahr zu erstellen.

   Eingabe: 1 000 STO A (Tilgungsrate)
   100 000 STO B (Kapital)
   6,5 STO C (Zinsfuß)
   10 STO D (Laufzeit)

   Start $\boxed{f}$ $\boxed{a}$: für Tilgungsplan mit monatlicher Rückzahlung

Ergebnisse:	Jahr/Monat	Kontostand
	10 · 00	22 815,22 DM
	10 · 01	21 938,81 DM
	10 · 02	21 057,64 DM
	⋮	⋮
	10 · 11	12 909,24 DM
	11 · 00	11 979,17 DM
	11 · 01	11 044,06 DM
Anzeigen mit kurze Pause	⋮	⋮
	11 · 08	4 354,89 DM
	11 · 09	3 378,48 DM
	11 · 10	2 396,78 DM
	11 · 11	1 409,77 DM
	12 · 00	417,40 DM
	12 · 01	− 580,34 DM

Lange Pause bzw. Ausdruck: 144 419,66 DM   Rückzahlsumme
Lange Pause bzw. Ausdruck: 44,42 %   Aufgeld

7. Die monatliche Einzahlung von 1 000,− DM bei 6,5 % Verzinsung über 12 Jahre, 1 Monat würde eine Endsumme von 216 043,99 DM ergeben (Start $\boxed{f}$ $\boxed{e}$ mit Ergebnisanzeige nach rund 5 Sekunden).

5.4 Wirtschaftlichkeitsberechnung von Investitionen

Zur Beurteilung der Wirtschaftlichkeit von Investitionen sind die drei klassischen Verfahren der dynamischen Wirtschaftlichkeitsberechnung: Kapitalwertmethode, Interne Zinsfußmethode und Annuitätenmethode von besonderer Bedeutung [18, 19, 20].
Die manuelle Berechnung stützt sich wegen der auftretenden Exponentialfunktionen auf Tabellenwerke für die Aufzinsungs-, Abzinsungs-, Diskont- und Wiedergewinnungsfaktoren. Die Handhabung solcher Tabellenwerke führt in der Praxis häufig zu einer kochrezeptmäßig schematisierten Berechnung ohne erkennbaren Bezug auf die zugrundeliegenden klar formulierten mathematischen Beziehungen. Die Kommunikation über die abgegrenzten Aufgabenbereiche verschiedener Disziplinen hinweg wird dadurch sichtlich erschwert.
Mit dem in Tabelle 5.4.1 angegebenen Programm sind die einzelnen Berechnungsmethoden von ihrem Ballast befreit und auf den mathematischen Kern reduziert. Die Rechenergebnisse liegen für beliebige Varianten praktisch ohne Zeitverzug mit den formulierten Eingabedaten in hoher Genauigkeit vor.

5.4.1 Berechnungsverfahren

Zunächst werden die finanzmathematischen Grundlagen für die drei Berechnungsverfahren zusammenhängend dargelegt.

Tabelle 5.4.1 Anweisungsliste „Wirtschaftlichkeitsberechnung I"

Annuität	001	*LBLa	057	RCLD	I.Zinsfuß 113	*LBLB	168	*LBLD
	002	GSBc	058	1	114	P⇄S	169	÷
	003	STOE	059	+	115	GSB3	170	PSE=⊳ε
	004	P⇄S	060	STOD	116	0	171	STO5
	005	GSB4	061	DSP0	117	STO5	172	ABS
	006	GTOd	062	PSE=⊳Jahre	118	*LBL5	173	EEX
Annuität	007	*LBLA	063	DSP2	119	RCL5	174	CHS
	008	GSBC	064	P⇄S	120	ST-6	175	4
	009	STOE	065	F0?	121	GSB4	176	RTN
	010	P⇄S	066	GSB7	122	RCL1	177	*LBL3
	011	*LBLd	067	0	123	RCL3	178	RCLC
	012	RCLE	068	STO5	124	÷	179	X≠0?
	013	PSE=⊳Kapital-	069	*LBL9	125	RCL2	180	GTO0
	014	RCL1 wert	070	RCL5	126	×	181	9
	015	RCL3	071	ST-6	127	RCLA	182	*LBL0
	016	÷	072	1	128	×	183	STOC
	017	STO5	073	0	129	RCLB	184	GSB7
	018	RCL2	074	STOI	130	-	185	RTN
	019	×	075	1	131	RCL1	Kapitalwert 186	*LBLC
	020	STO0	076	STOE	132	RCL4	187	P⇄S
	021	×	077	0	133	×	188	GSB7
	022	STOI	078	STO7	134	RCLD	189	GSB4
	023	PRTX=⊳Annuität	079	STO8	135	×	190	RCL3
	024	RCLE	080	GSB6	136	RCL2	191	RCL1
	025	RCLA	081	RCLA	137	+	192	÷
	026	ST×5	082	RCL7	138	RCL3	193	RCL2
	027	RCL0	083	F0?	139	×	194	÷
	028	×	084	GTO8 ⑧	140	RCL1	195	RCLB
	029	STOE	085	-	141	RCL2	196	×
	030	RCL5	086	RCL8	142	×	⑧ 197	*LBL8
	031	R↓	087	GSBD	143	RCL4	198	RCLA
	032	P⇄S	088	X≤Y?	144	×	199	-
	033	R/S=⊳Kapital-	089	GTO9	145	RCLD	200	STOE
Kapitalwert	034	*LBLc dienst	090	GTOe	146	×	201	P⇄S
	035	SF0	091	*LBL6	147	-	202	RTN=⊳Kapital-
	036	GTO0	092	RCLi	148	RCL3	203	*LBL4 wert
I.Zinsfuß	037	*LBLb	093	ISZI	149	X²	204	RCL6
	038	CF0	094	RCL6	150	÷	205	STO1
	039	P⇄S	095	RCLE	151	RCLA	206	RCLD
	040	GSB3	096	×	152	×	207	Yˣ
	041	P⇄S	097	STOE	153	GSBD	208	STO2
	042	*LBL0	098	÷	154	X≤Y?	209	STO3
	043	9	099	ST+7	155	GTO5	210	RCL6
	044	STOI	100	RCL6	156	*LBLe	211	÷
	045	STOD	101	÷	157	RCL5	212	STO4
	046	*LBL1	102	RCLI	158	ST-6	213	1
	047	RCLi	103	1	159	RCL6	214	ST-1
	048	X≠0?	104	0	160	P⇄S	215	ST-3
	049	GTO2	105	-	161	1	216	RTN
	050	RCLD	106	×	162	-	217	*LBL7
	051	1	107	ST+8	163	EEX	218	1
	052	-	108	LSTX	164	2	219	RCLC
	053	STOD	109	RCLD	165	×	220	%
	054	DSZI	110	X>Y?	166	STOE	221	+
	055	GTO1	111	GTO6	167	R/S=⊳Interner	222	STO6
	056	*LBL2	112	RTN		Zinsfuß	223	RTN
							224	R/S

1. Kapitalwertmethode

Der Kapitalwert K_w einer Investition ist die Differenz aus der Summe aller auf den Zeitpunkt t_0 abgezinsten Bruttoerlösüberschüsse $Ü_B(k)$ zu den Anschaffungskosten A_0 zum Zeitpunkt t_0:

$$K_w = \sum_{k=1}^{n} \frac{Ü_B(k)}{q^k} - A_0 \qquad (5.4.1)$$

Der Zinsfaktor q in Gl. (5.4.1) errechnet sich aus dem kalkulatorischen Zinsfuß p in %:

$$q = 1 + \frac{p}{100\,\%} = 1 + i \qquad (5.4.2)$$

Der Zinssatz $i = p/100\,\%$ wird häufig auch als Einheitszinsfuß bezeichnet.

Ein positiver Kapitalwert gibt an, um welchen Betrag eine Investitionsmaßnahme im Zeitpunkt t_0 wertmäßig günstiger ist als die festverzinsliche Anlage des Investitionsbetrages über die Nutzungsdauer der Investition $T_N = n$ Jahre.

Können für die Bruttoerlösüberschüsse über die Nutzungsdauer gleichbleibende Beträge $Ü_B$ angesetzt werden, so gilt für den Kapitalwert:

$$K_w = Ü_B \sum_{k=1}^{n} \frac{1}{q^k} - A_0 \qquad (5.4.3)$$

Die Summe der Diskontierungsfaktoren $1/q^k$ in Gl. (5.4.3) entspricht dem aus den Reihen der niederen Mathematik bekannten und in der Finanzmathematik gebräuchlichen Rentenbarwertfaktor b_n für die nachschüssig fällige Rente:

$$\sum_{k=1}^{n} \frac{1}{q^k} = \frac{1}{q^n} \frac{q^n - 1}{q - 1} = b_n \qquad (5.4.4)$$

Setzt man Gl. (5.4.4) in Gl. (5.4.3) ein, so folgt für den Kapitalwert K_w:

$$K_w = Ü_B \frac{1}{q^n} \frac{q^n - 1}{q - 1} - A_0 \qquad (5.4.5)$$

Die Investitionsmaßnahme ist dann betriebswirtschaftlich vorteilhaft, wenn der Kapitalwert größer Null oder zumindest nicht negativ ist:

$$K_w \geq 0 \qquad (5.4.6)$$

Setzt man die Anschaffungskosten gleich Null, so liefert die Gl. (5.4.5) mit K_w den Grenzkaufpreis, der gerade noch betriebswirtschaftlich vertretbar ist. Der Grenzkaufpreis ist also gleich dem Kapitalwert für verschwindende Anschaffungskosten.

2. Interne Zinsfuß-Methode

Der Interne Zinsfuß r einer Investition ist derjenige Zinsfuß, bei dem der in Gl. (5.4.1) angegebene Kapitalwert K_w der Investition gleich Null wird. Die Investitionsmaßnahme ist dann betriebswirtschaftlich vorteilhaft, wenn der Interne Zinsfuß r größer oder zumindest gleich dem anzusetzenden Kalkulationszinsfuß p ist:

$$r \geq p \quad \text{für} \quad K_w = 0 \qquad (5.4.7)$$

Für Erlösintervalle $k > 4$ ergibt Gl. (5.4.1) unter der Nebenbedingung (5.4.7) eine Bestimmungsgleichung vom Grad größer 4, für die keine geschlossenen Lösungsformeln existieren. Daher ist es zweckmäßig, in allen Fällen ein einheitliches iteratives Lösungsverfahren anzuwenden. Hierzu wird das Iterationsverfahren nach *Newton* für beliebige Erlösüberschüsse $Ü_B(k)$ auf Gl. (5.4.1) angewandt:

$$x_{n+1} = x_n - \frac{f(x_n)}{f'(x_n)} \quad (5.4.8)$$

$$f(q) = \sum_{k=1}^{n} \frac{Ü_B(k)}{q^k} - A_0 \quad (5.4.9)$$

Mit dem Startwert q_0 ergibt sich für den ersten Näherungswert q_1:

$$q_1 = q_0 - \frac{A_0 - \sum_{k=1}^{n} \frac{Ü_B(k)}{q_0^k}}{\sum_{k=1}^{n} k \frac{Ü_B(k)}{q_0^{k+1}}} \quad (5.4.10)$$

Für den Fall der gleichbleibenden Bruttoerlösüberschüsse folgt mit Gl. (5.4.8) angewandt auf Gl. (5.4.5):

$$q_1 = q_0 - \frac{[A_0 q_0^n (q_0 - 1) - Ü_B (q_0^n - 1)](q_0 - 1)}{A_0 \{[n q_0^{n-1}(q_0 - 1) + q_0^n](q_0^n - 1) - n q_0^{n-1} q_0^n (q_0 - 1)\}} \quad (5.4.11)$$

$$r_n = (q_n - 1) \, 100 \, \% \quad (5.4.12)$$

Die Iteration wird beendet, wenn die Differenz der beiden letzten Zinsfaktoren eine vorgegebene Schranke ϵ unterschreitet:

$$q_{n+1} - q_n < \epsilon \quad (5.4.13)$$

3. Annuitätenmethode

Die Annuitätenmethode ist ebenso wie die Interne Zinsfußmethode eine abgewandelte Form der Kapitalwertmethode. Hier wird als Entscheidungskriterium auf den durchschnittlichen Jahresgewinn über die angesetzte Nutzungsdauer des Investitionsproduktes Bezug genommen. Von den wertmäßig gegebenenfalls unterschiedlichen Bruttoerlösüberschüssen wird gemäß Gl. (3.4.1) durch Abzinsung auf den Investitionszeitpunkt der Kapitalwert bestimmt. Der über die Nutzungsdauer wieder verrentete Kapitalwert dient dann als Entscheidungskriterium für die Investition. Die Investitionsmaßnahme ist dann betriebswirtschaftlich gerechtfertigt, wenn der verrentete Kapitalwert, d.h. die Annuität größer Null oder zumindest nicht negativ ist.

Mit Gl. (5.4.4) folgt für die Annuität:

$$A = K_w \frac{1}{b_n} = K_w \frac{q^n (q-1)}{q^n - 1} \geqslant 0 \quad (5.4.14)$$

Der Kehrwert des Barwertfaktors b_n wird auch Wiedergewinnungsfaktor w_n genannt:

$$w_n = \frac{q^n (q-1)}{q^n - 1} \quad (5.4.15)$$

Ersetzt man in Gl. (5.4.14) den Kapitalwert K_w durch Gl. (5.4.5) so folgt als Entscheidungskriterium, daß die durchschnittlichen Bruttoerlösüberschüsse $\overline{U}_B$ den Kapitaldienst K_D für die Investition decken müssen:

$$\overline{U}_B \geqslant A_0 w_n = K_D \qquad (5.4.16)$$

Am Ende der Nutzungsdauer $T_N = n$ Jahre würde der verzinslich angelegte Kapitaldienst einen Endwert $A_0 q^n$ erreicht haben. Der Kapitaldienst als das Produkt aus Anschaffungskosten und Wiedergewinnungsfaktor deckt also am Ende der Abschreibungsperiode bei Außerachtlassung der Inflationsrate den Erneuerungsaufwand mit den Kosten A_0 sowie den entgangenen Zins- und Zinseszinsertrag des über die Nutzungsdauer gebundenen Kapitals A_0. Zieht man vom Kapitaldienst K_D den Anteil zur Anlagenwerterhaltung ab, so verbleibt als Differenz der jährliche Zinsanteil $Z = A_0 \, p/100 \, \%$ für das gebundene Kapital.

Die Annuitätenmethode wird zweckmäßig zur Beurteilung der Wirtschaftlichkeit einer geplanten Ersatzinvestition gleicher Leistung angewandt. Hierbei sind als Entscheidungskriterium die durchschnittlichen Erlösüberschüsse der alten Anlage den durchschnittlichen Erlösüberschüssen der neuen Anlage vermindert um den Kapitaldienst der neuen Anlage gegenüber zu stellen:

$$\overline{U}_{BN} - A_{0N} w_n = \overline{U}_{BA} \qquad (5.4.17)$$

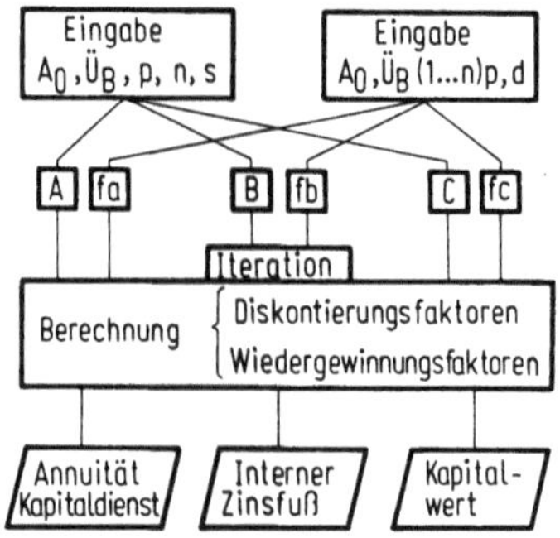

Bild 5.4.1
Struktureller Aufbau des Programms „Wirtschaftlichkeitsberechnung"

4. Vergleich und praktische Anwendung

Alle drei vorgenannten Methoden sind im Kern gleich und machen zu verschiedenen Zeitpunkten anfallenden Kosten und Erlöse durch finanzmathematische Diskontierung auf denselben Zeitpunkt vergleichbar. Ein Mangel dieser Methoden ist die fehlende Relation zu der vorhandenen Risikospanne oder zu den gegebenen Bedingungen des Marktes hinsichtlich Angebots-, Preis- und Wettbewerbssituation.

In der Praxis haben sich folgende beiden Kriterien bewährt:

(1) Für den begrenzten Zweck des reinen Kostenvergleichs von alternativ möglichen Investitionen mit gleicher Leistung und damit gleichen Erlösen (die eine z. B. mehr kapital-, die andere mehr lohnintensiv):
Die Annuitätenmethode durch Auswertung der Gln. (5.4.14 bis 5.4.16).

(2) Für den umfassenden Zweck des Wirtschaftlichkeitsvergleiches von Investitionen mit nach Zeitpunkt und Umfang unterschiedlichen Leistungen:
Die Kapitalwertmethode durch Auswertung der Gl. (5.4.1), jedoch mit der Abwandlung, daß durch einfach proportionale Ermäßigung oder Erhöhung der Erlöse je Einheit der Kapitalwert K_w zu Null wird (d.h. der kostendeckende Preis bestimmt wird).
Der Unterschied zwischen den Marktpreisen und dem kostendeckenden Preis gibt dann einen signifikanten Maßstab, ob die Investition sich rechnerisch lohnt und — im Hinblick auf die Unwägbarkeiten — riskant werden kann.

5.4.2 Programmbeschreibung „Wirtschaftlichkeitsberechnung I"

Die Anweisungsliste nach Tabelle 5.4.1 umfaßt sechs eigenständige, programmtechnisch ineinander geschachtelte Programme mit den Startadressen A, B, C für gleichbleibende Bruttoerlösüberschüsse und den Startadressen a, b, c für beliebige Bruttoerlösüberschüsse.

Start [f] [a]

Der Programmstart bei Label a führt zu Programmzeile 001 an den physikalischen Anfang des Programms. Die folgende Anweisung bewirkt einen Sprung in das Unterprogramm c auf Programmzeile 034. Diese Einsprungadresse ist identisch mit der Startadresse für die Kapitalwertmethode. Dieses Unterprogramm endet in Programmzeile 202 mit einem Return und nicht mit R/S. Dies hat zur Folge, daß nach dem Unterprogrammaufruf über GSB c ein Rücksprung in das rufende Programm erfolgt, während nach einen Start bei Label c das Return in Programmzeile 202 auch das logische Programmende bedeutet.

In dem Unterprogramm c wird bei Programmzeile 035 das Label 0 gesetzt und damit ein weiterer Unterprogrammaufruf bei Programmzeile 065 sowie eine Verzweigung bei Programmzeile 084 vorbereitet. Durch den GTO-Befehl in Programmzeile 036 werden die Startadresse b und alle weiteren Anweisungen bis zu Programmzeile 042 übersprungen. In den Zeilen 043 bis 045 wird die indirekte Adressierung für den Abruf der Bruttoerlösüberschüsse aus den Speichern STO 0 bis STO 9 vorbereitet. Anschließend wird zwischen den Zeilen 046 bis 055 eine Programmschleife aufgebaut, um die Anzahl der eingegebenen Bruttoerlösüberschüsse festzustellen. Innerhalb der Schleife setzt die Dekrement-Anweisung das Indexregister nach jedem Umlauf um 1 zurück. Erreicht das Indexregister den Wert Null, so wird das Programm bei Label 2 in Zeile 056 fortgesetzt. Die Anzahl der berücksichtigten Bruttoerlösüberschüsse wird schließlich in einer kurzen Pauseanweisung in Zeile 062 angezeigt.

Mit der Anweisung DSP2 in Zeile 063 wird die Anzahl der angezeigten Dezimalstellen wieder auf 2 erhöht. Anschließend wird ein Austausch zwischen den Primär- und Sekundärregistern vorgenommen. Als Kennzeichen, daß für den folgenden Programmbereich die Sekundärregister aktiv sind, ist in der Anweisungsliste eine durchgezogene Linie zwischen den Zeilennummern und den Anweisungen eingetragen.

Die Flag-Abfrage in Zeile 065 führt bei positivem Ergebnis zu dem Unterprogramm mit der Einsprungadresse Label 7 in Zeile 217. In dem Unterprogramm wird die Anweisung $q = 1 + \{STO\ C\}/100$ [1]) ausgeführt und der Zinsfaktor q in Speicher STO 6 abgelegt. Nach Null-Setzen von Speicher 5 wird zwischen Zeile 069 und 084 der Teil einer Programmschleife für die Interne Zinsfußberechnung mitbenutzt, bei der das Flag 0 nicht gesetzt ist. In Zeile 080 wird ein Unterprogramm mit der Einsprungadresse Label 6 aufgerufen. In dem Unterprogramm wird in Speicher 7 der Summenterm nach Gl. (5.4.9) und in Speicher 8 der Summenterm für die erste Ableitung im Nenner von Gl. (5.4.10) gebildet. Nach dem Rücksprung ins rufende Programm ergibt die positive Flag-0-Abfrage in Zeile 083 einen Sprung zu Label 8. Mit den Anweisungen 198 bis 201 wird der Kapitalwert berechnet, in STO E abgespeichert und der Primärspeicher wieder aktiviert.

Über die Return-Anweisung in Zeile 202 wird das Hauptprogramm mit der Zeile 003 fortgesetzt. Die Programmzeile 005 führt wieder in ein Unterprogramm mit der Einsprungadresse Label 4 in Zeile 203. In diesem mehrfach benutzten Unterprogramm werden die Hilfsgrößen $q-1$ in STO 1'; q^n in STO 2', $q^n - 1$ in STO 3' und q^{n-1} in STO 4' abgespeichert. Über den Programmsprung nach Label d in Zeile 006 wird in Zeile 013 in einer kurzen Pause der Kapitalwert K_w angezeigt. Mit den

---

[1]) {STO C} bedeutet: Inhalt von STO C

Anweisungen 014 bis 019 wird der Wiedergewinnungsfaktor gemäß Gl. (5.4.15) berechnet und in STO 0 abgespeichert. Aus dem Produkt aus Wiedergewinnungsfaktor und Kapitalwert gemäß Gl. (5.4.14) wird die Annuität errechnet und in einer langen Pause angezeigt bzw. ausgedruckt. Mit den Anweisungen 025 und 026 wird mit Hilfe der Register-Arithmetik der im Kapitaldienst enthaltene Anteil zur Werterhaltung errechnet und in STO 5 abgespeichert. Der Kapitaldienst wird abschließend nach Gl. (5.4.16) aus dem Produkt aus Anschaffungskosten und Wiedergewinnungsfaktor berechnet und in STO E abgespeichert. Vor Ende des Programms wird der Primärspeicher wieder aktiviert, damit bei abgeschlossenem Programmlauf wieder die ursprüngliche Speicherdefinition hergestellt ist.

Start $\boxed{\text{A}}$

Der Programmstart bei Label A führt zu Programmzeile 007. Die folgende Anweisung bewirkt einen Sprung in das Unterprogramm C auf Programmzeile 186. Auch hier ist diese Einsprungadresse identisch mit der Startadresse für die Kapitalwertmethode. Nach Aktivierung des Sekundärspeicherbereiches werden die vorhin erläuterten Unterprogramme mit Label 7 und Label 4 aufgerufen. Mit den Anweisungen in Zeile 190 bis 199 wird der Kapitalwert gemäß Gl. (5.4.5) berechnet. Die Return-Anweisung in Zeile 202 bewirkt einen Rücksprung in die Programmzeile 009. Die weitere Programmbearbeitung ist identisch mit der im vorhergehenden Abschnitt dargestellten.

Start $\boxed{\text{f}}$ $\boxed{\text{b}}$

Der Programmstart bei Label b führt zu Programmzeile 037. Mit der folgenden Anweisung wird das Flag 0 zurückgesetzt. Dies ist erforderlich, da möglicherweise vorher die Programmversion mit dem gesetzten Flag 0 aufgerufen wurde. Nach Aktivierung des Sekundär-Speicherbereiches wird im Unterprogramm mit Label 3 ab Zeile 177 der Startwert für den Internen Zinsfuß gebildet. Falls in STO C ein Wert ungleich Null vorgegeben wurde, so wird dieser beibehalten, andernfalls wird 9 als Startwert für die Newton-Iteration nach Gl. (5.4.8) benutzt. Nach Aufruf des Unterprogramms mit Label 7 erfolgt der Rücksprung in das rufende Programm zu Zeile 041 mit Aktivierung des Primär-Speicherbereiches. Ab Programmzeile 042 verläuft die Programmbearbeitung bis auf die nun negativen Ergebnisse der Flag-Abfragen in den Zeilen 065 und 083 identisch zu der Version unter Start f a.

Infolge des negativen Ergebnisses der Flag-Abfrage in Zeile 083 wird jedoch der Sprungbefehl nach Label 8 in Zeile 084 übersprungen und zwischen den Programmzeilen 069 und 089 eine Schleife aufgebaut. Innerhalb der Schleife wird in der Zeile 087 das Unterprogramm mit Label D zur Berechnung der Zinsfuß-Korrektur gemäß Gl. (5.4.13) aufgerufen.

Der jeweilige Korrekturwert ϵ wird in einer kurzen Pause angezeigt und in STO 5 abgespeichert. Mit den Anweisungen 173 bis 175 wird der Vergleichswert 10^{-4} in das X-Register geladen. Nach dem Rücksprung in das rufende Programm wird in Zeile 088 $10^{-4} \leqslant \epsilon$ abgefragt. Erst bei negativem Abfrage-Ergebnis wird die Iterationsschleife verlassen und das Programm in Zeile 156 fortgesetzt. Mit den Anweisungen 161 bis 165 wird aus dem Zinsfaktor mit Gl. (5.4.12) der Zinsfuß r als Prozentwert gebildet und als Endergebnis in STO E abgespeichert.

Start $\boxed{\text{B}}$

Der Programmstart bei Label B führt zu Programmzeile 113. Nach Aktivierung des Sekundär-Speicherbereiches wird wie im vorherigen Abschnitt im Unterprogramm mit Label 3 der Startwert für die Iteration gebildet. In der Programmschleife zwischen den Anweisungen in Zeile 118 und 155 wird bei jedem Durchlauf die Gl. (5.4.11) durchgerechnet. Bei negativem Abfrage-Ergebnis $x \leqslant y$ der Anweisung in Zeile 154 wird das Programm wie im vorhergehenden Abschnitt in der Programmzeile 156 bei Label e fortgesetzt.

Start [f] [c]

Der Programmdurchlauf für den Start bei Label c in Zeile 034 wurde als Unterprogramm-Variante für den Start bei Label a bereits dargelegt. Hierbei bedeutet jedoch die Return-Anweisung in Zeile 202 das logische Ende des Programms. Der Kapitalwert K_w erscheint als Anzeigewert.

Start [C]

Auch dieser Programmdurchlauf für den Start bei Label C in Zeile 186 wurde bereits als Unterprogramm-Variante für den Start bei Label A dargelegt. Das Programm wird wiederum in Zeile 202 mit dem Kapitalwert K_w in der Anzeige beendet.

Programmvereinfachungen

Bei der kritischen Durcharbeitung des Programms wird man an einigen Stellen noch mögliche Vereinfachungen entdecken. So kann man z.B. nach Änderung der Anweisung RCL D in Zeile 057 in RCL I die Anweisungen 045 und 050 bis 053 ersatzlos streichen. Intensive Überlegungen zur Einsparung von Programmzeilen sind jedoch nur dann ökonomisch sinnvoll, wenn die Aufgabenstellung den verfügbaren Programmspeicherbereich von 224 Programmzeilen überschreitet.

5.4.3 Durchführung der Investitionsberechnungen

1. Berechnung des Kapitalwertes für beliebige Bruttoerlösüberschüsse nach Gl. (5.4.1):
   Im Programm ist die Auswertung der Bruttoerlöse über 10 Geschäftsjahre vorgesehen. Die einzelnen DM-Beträge von $Ü_B(k)$ werden in den Speichern mit STO 0 bis STO 9 für die zukünftigen Geschäftsjahre 1 bis 10 nach dem Investitionszeitpunkt abgespeichert. Der Anschaffungswert A_0 (DM) wird im Speicher A mit STO A und der Kalkulationszinsfuß p (%) im Speicher C mit STO C abgespeichert. Nach Betätigung der beiden Tasten [f], [c] läuft das Programm ab. Nach etwa 25 Sekunden erscheint der errechnete Kapitalwert in der Anzeige als DM-Betrag.

2. Berechnung des Kapitalwertes für gleichbleibende Bruttoerlösüberschüsse beliebiger Laufzeit nach Gl. (5.4.3).
   Bei dieser Variante sind nur vier Eingabewerte erforderlich. Der Anschaffungswert A_0 (DM) wird in Speicher A mit STO A abgespeichert. Der Bruttoerlösüberschuß $Ü_B$ (DM) wird in Speicher B mit STO B abgespeichert. Der Kalkulationszinsfuß p (%) wird in Speicher C mit STO C abgespeichert. Die Laufzeit n (Jahre) wird im Speicher D mit STO D abgespeichert. Das Programm wird durch Betätigung der Taste [C] gestartet. Nach etwa 5 Sekunden erscheint der errechnete Kapitalwert in der Anzeige als DM-Betrag.

3. Berechnung des Internen Zinsfußes für beliebige Bruttoerlösüberschüsse nach Gln. (5.4.10, 5.4.13):
   Die erforderlichen Eingabewerte und die zugeordneten Speicherplätze sind bis auf den nicht benötigten kalkulatorischen Zinsfuß identisch mit Variante (1). Falls der in Speicher C enthaltene Wert ungleich Null ist, wird dieser als Startwert für die Iteration genommen. Andernfalls wird ein interner Startwert ($p_0 = 9$) eingesetzt. Der iterative Lösungswert wird für einen maximalen Fehler $\epsilon = 10^{-4}$ errechnet. Etwa 8 Sekunden nach dem Start durch [f], [b] wird in einer kurzen Pause die Anzahl der bewerteten Jahre angezeigt. Die Rechnung wird dann selbsttätig fortgesetzt. Nach Abschluß jeder Iteration wird der Fehler ϵ kurz zur Anzeige gebracht. Nach etwa 25 bis 60 Sekunden, je nach Güte des Startwertes, wird der errechnete Interne Zinsfuß als Prozentwert angezeigt. Zur Abkürzung der Rechenzeit kann in

den Iterationspausen durch Betätigung der Taste Clear x die Iteration vorzeitig beendet werden.

4. Berechnung des Internen Zinsfußes für gleichbleibende Bruttoerlösüberschüsse beliebiger Laufzeit nach Gl. (5.4.11, 5.4.13):

Die erforderlichen Eingabewerte und die zugeordneten Speicherplätze sind bis auf den nicht benötigten kalkulatorischen Zinsfuß identisch mit Variante (2). Das Programm wird durch die Taste $\boxed{B}$ gestartet. Falls der im Speicher C enthaltene Wert ungleich Null ist, wird wie bei Variante (3) dieser Wert als Startwert für die Iteration genommen, andernfalls der interne Startwert. Nach Abschluß jeder Iteration wird der Fehler ϵ wie bei Variante (3) kurz zur Anzeige gebracht. Nach etwa 10 bis 25 Sekunden, je nach Güte des Startwertes, wird auch hier der errechnete Interne Zinsfuß als Prozentwert angezeigt. Der Iterationsprozeß kann ebenfalls durch Betätigung der Clear x-Taste in den Iterationspausen vorzeitig beendet werden.

5. Berechnung der Annuität und des Kapitaldienstes bei der Annuitätenmethode nach Gln. (5.4.14, 5.4.16):

Die erforderlichen Eingabewerte sind identisch mit der Variante (1). Die Berechnung des Kapitaldienstes (Annuität) wird nach Betätigung der beiden Tasten $\boxed{f}$, $\boxed{a}$ gestartet. Zunächst wird in einer kurzen Pause die Anzahl der bewerteten Jahre angezeigt. Dann wird der Kapitalwert berechnet und ebenfalls in einer kurzen Pause angezeigt. Während der folgenden langen Pause wird die Annuität als durchschnittlicher Erlösüberschuß zur Anzeige gebracht. Der Rechner hält mit dem Kapitaldienst für die Anschaffungskosten A_0 an. Die Rechenzeit beträgt ca. 30 Sekunden.

Bei gleichbleibenden Bruttoerlösüberschüssen sind Eingabewerte entsprechend der Variante (2) erforderlich. Die Rechnung wird hier nach Betätigung der Taste $\boxed{A}$ ausgeführt und bringt ebenfalls innerhalb etwa 15 Sekunden nacheinander den Kapitalwert, die Annuität und den Kapitaldienst für die Anschaffungskosten als DM-Beträge zur Anzeige.

5.4.4 Anwendungsbeispiele

1. Eine Investition erfordert Anschaffungskosten von 100 000,– DM. Der Kalkulationszinsfuß wurde mit 7 % angesetzt. In den folgenden 10 Jahren werden folgende Bruttoerlösüberschüsse erwartet:

   Am Ende des 1. Jahres 20 000,– DM
   Am Ende des 2. Jahres 19 000,– DM
   Am Ende des 3. Jahres 19 000,– DM
   Am Ende des 4. Jahres 18 000,– DM
   Am Ende des 5. Jahres 15 000,– DM
   Am Ende des 6. Jahres 19 000,– DM
   Am Ende des 7. Jahres 18 000,– DM
   Am Ende des 8. Jahres 17 000,– DM
   Am Ende des 9. Jahres 16 000,– DM
   Am Ende des 10. Jahres 15 000,– DM

Tastenbetätigung für die Eingabe:

1	EEX	5	STO	A
		7	STO	C
2 0	EEX	3	STO	0
1 9	EEX	3	STO	1
1 9	EEX	3	STO	2
1 8	EEX	3	STO	3
1 5	EEX	3	STO	4
1 9	EEX	3	STO	5
1 8	EEX	3	STO	6
1 7	EEX	3	STO	7
1 6	EEX	3	STO	8
1 5	EEX	3	STO	9

(nur für Kapitalwert- und Annuitätenmethode)

Zeitaufwand für die Eingabe: ca. 40 Sekunden.

Tastenbetätigung für den Start der Annuitätenmethode: [f] [a]
Ergebnisse im Anzeigefeld:
(1) kurze Pause: 10 = Anzahl der bewerteten Jahre
(2) kurze Pause: 25 315,82 = Kapitalwert in DM
(3) lange Pause bzw. Ausdruck: 3 604,40 = Annuität in DM
(4) Stop: 14 237,75 = Kapitaldienst für die Anschaffungskosten in DM
Rechenzeit: ca. 30 Sekunden.

Tastenbetätigung für den Start der Internen Zinsfuß-Methode: [f] [b]
Kurze Pause: 10 = Anzahl der bewerteten Jahre
In weiteren kurzen Pausen wird die Abweichung zwischen den beiden Zinssätzen der vorhergegangenen Iterationsschritte angezeigt.
Nach Stop: 12,43 = Interner Zinsfuß in %
Rechenzeit: 25 bis 60 Sekunden für Startwerte in Speicher C zwischen 12 % und 0 %.

Tastenbetätigung für den Start der Kapitalwertmethode: [f] [c]
Ergebnisse im Anzeigefeld:
(1) kurze Pause: 10 = Anzahl der bewerteten Jahre
(2) Stop: 25 315,82 = Kapitalwert in DM
Rechenzeit: ca. 25 Sekunden.

2. Eine Investition erfordert Anschaffungskosten von 7,2 Mio DM. Der Kalkulationszinsfuß wird mit 6,5 % angesetzt.
In den folgenden 30 Jahren werden gleichbleibende Bruttoerlösüberschüsse von 630 000,– DM erwartet.
Tastenbetätigung für die Eingabe:

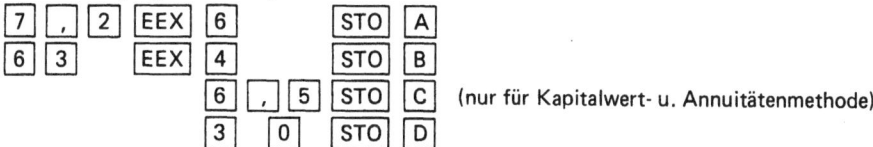

7	,	2	EEX	6	STO	A
6	3		EEX	4	STO	B
			6	, 5	STO	C
			3	0	STO	D

(nur für Kapitalwert- u. Annuitätenmethode)

Tastenbetätigung für den Start der Annuitätenmethode: [A]
Ergebnisse im Anzeigefeld:
kurze Pause: 1 026 965,82 = Kapitalwert in DM
lange Pause bzw. Ausdruck: 78 642,42 = Annuität in DM

Stop: 551 357,58 = Kapitaldienst für die Anschaffungskosen in DM
Rechenzeit ca. 15 Sekunden.

Tastenbetätigung für den Start der Internen Zinsfußmethode: $\boxed{B}$
Ergebnisse im Anzeigefeld: In kurzen Pausen wird die Abweichung zwischen den beiden Zinssätzen der vorhergegangenen Iterationsschritte angezeigt.
Nach Stop: 7,84 = Interner Zinsfuß in %
Rechenzeit: 10 bis 25 Sekunden für Startwerte im Speicher C zwischen 8 und 0 %.

Tastenbetätigung für den Start der Kapitalwertmethode: $\boxed{C}$
Nach Stop: 1 026 965,82 = Kapitalwert in DM
Rechenzeit: ca. 5 Sekunden.

5.4.5 Programmvariante für erweiterten Erlöszeitraum und Wachstumsansatz

Bei der Wirtschaftlichkeitsbeurteilung langlebiger Wirtschaftsgüter wie z.B. Fabrikanlagen, Kraftwerke können zu Ende der kalkulierten Nutzungsdauer erlösschmälernde Kosten durch die Stilllegung und den Abbruch der Anlagen entstehen, die bei der dynamischen Wirtschaftlichkeitsberechnung mit berücksichtigt werden sollen. Da hierbei mit unterschiedlichen Bruttoerlösüberschüssen über einen Kalkulationszeitraum, der zehn Jahre übersteigt, zu rechnen ist, soll das Programm für diese Variante durch Einführung eines Dehnungsfaktors d erweitert werden, ohne die festgelegte Bedienungs- und Speicherorganisation im wesentlichen zu verändern.
Die Brutto-Erlösüberschüsse sind daher auf maximal zehn Intervalle mit dem Intervallabstand von d Jahren zu verteilen.
Der Faktor d = 3 würde z.B. bedeuten, daß beliebige Brutto-Erlösüberschüsse jeweils auf die Zeitpunkte 3, 6, 9, ... , 30 Jahre nach Inbetriebnahme akkumuliert in den Speichern STO 0 bis STO 9 abzuspeichern sind. Der Dehnungsfaktor d ist als Eingabewert in STO D abzuspeichern.
Die Summation in den Gln. (5.4.1 und 5.4.9) sind dann nicht mehr über k = a mit a = 1, 2, 3, ... , n sondern über k = ad mit a = 1, 2, 3, ... , n zu erstrecken. Die vorher gebildete Potenz q^a ist dann zusätzlich mit dem Dehnungsfaktor d zu potenzieren: $(q^a)^d = q^{ad}$. Diese zusätzliche Operation ist in der Programmvariante II nach Tabelle 5.4.2 in den Zeilen 089 und 090 programmiert.
Das Unterprogramm Label 4 wurde um die Berechnung des Wiedergewinnungsfaktors w nach Gl. (5.4.15) in den Zeilen 204 bis 208 erweitert. Für die Newton-Iteration in dem Programmteil Label B wurden zur Einsparung von Programmzeilen eine modifizierte Form für f(q) und f'(q) gewählt:

$$f(q) = A_0 w - Ü_B \qquad (5.4.18)$$

$$f'(q) = \left(\frac{n}{q} + \frac{1}{q-1} - \frac{nq^{n-1}}{q^n - 1}\right) w \cdot A_0 \qquad (5.4.19)$$

Der Wiedergewinnungsfaktor wird in Zeile 118 nach STO 7 abgespeichert. In den folgenden Anweisungen von Zeile 119 bis 138 ist die Newton-Verbesserung gemäß den Gln. (5.4.18 und 5.4.19) programmiert.
Bei der Programmvariante II wird zusätzlich die Möglichkeit geboten, bei der Wirtschaftlichkeitsuntersuchung von Investitionen, die mengenabhängige Erlöse erbringen, über die Nutzungsdauer eine kontinuierliche Veränderung der Erlöse mit einer kalkulierten Wachstumsrate s zu bewerten.

Tabelle 5.4.2 Anweisungsliste „Wirtschaftlichkeitsberechnung II"

Annuität	001	*LBLa		056	P⇄S	I.Zinsfuß 112	*LBLB	168	*LBL0
	002	SF2		057	ST09	113	P⇄S	169	STOC
	003	GSBc		058	DSP0	114	GSB3	170	GSB7
	004	GTOd		059	RCLD	115	*LBL5	171	RTN
Annuität	005	*LBLA		060	x	116	RCLD	Kapitalwert 172	*LBLC
	006	SF2		061	PSE⇒n	117	GSB4	173	P⇄S
	007	GSBC		062	DSP2	118	ST07	174	1
	008	*LBLd		063	F0?	119	RCLA	175	ST09
	009	STOI		064	GSB7	120	x	176	GSB7
	010	PSE⇒K_W		065	*LBL9	121	RCLB	177	RCLD
	011	P⇄S		066	1	122	-	178	GSB4
	012	GSB7		067	0	123	RCLD	179	1/X
	013	LSTX		068	STOI	124	RCL6	180	RCLB
	014	x		069	1	125	÷	181	x
	015	ST06		070	ST05	126	RCL1	⑧ 182	*LBL8
	016	RCL9		071	0	127	1/X	183	RCLA
	017	RCLD		072	ST07	128	+	184	-
	018	x		073	ST08	129	RCL4	185	ST05
	019	GSB4		074	GSB6	130	RCLD	186	P⇄S
	020	ST00		075	RCLA	131	x	187	F2?
	021	RCLI		076	RCL7	132	RCL3	188	RTN
	022	x		077	F0?	133	÷	189	PRTX=⇒K_W
	023	PRTX=⇒A		078	GTO8 ⑧	134	-	190	R/S
	024	RCLA		079	-	135	RCL7	UP 191	*LBL4
	025	RCL0		080	RCL6	136	x	192	RCL6
	026	x		081	GSBD	137	RCLA	193	ST01
	027	P⇄S		082	X≤Y?	138	x	194	X⇄Y
	028	PRTX=⇒K_0		083	GTO9	139	GSBD	195	Y^x
	029	LSTX		084	GTOe	140	X≤Y?	196	ST02
	030	EEX	UP	085	*LBL6	141	GTO5	197	ST03
	031	2		086	RCLi	142	*LBLe	198	RCL6
	032	x		087	ISZI	143	1	199	÷
	033	R/S=⇒k_0		088	RCL6	144	RCLE	200	ST04
Kapitalwert	034	*LBLc		089	RCLD	145	%	201	1
	035	SF0		090	Y^x	146	+	202	ST-1
	036	GTO0		091	RCL5	147	ST×6	203	ST-3
I.Zinsfuß	037	*LBLb		092	x	148	1	204	RCL1
	038	CF0		093	ST05	149	RCL6	205	RCL3
	039	P⇄S		094	÷	150	%CH	206	÷
	040	GSB3		095	ST+7	151	P⇄S	207	RCL2
	041	P⇄S		096	RCL6	152	PRTX	208	x
	042	*LBL0		097	÷	153	R/S=⇒r	209	RTN
	043	0		098	RCLI	UP 154	*LBLD	UP 210	*LBL7
	044	ST0E		099	1	155	÷	211	1
	045	9		100	0	156	PSE=⇒ε	212	RCLC
	046	STOI		101	-	157	ST-6	213	%
	047	*LBL1		102	ST00	158	ABS	214	+
	048	RCLi		103	RCLD	159	EEX	215	1
	049	X≠0?		104	x	160	CHS	216	RCLE
	050	GTO2		105	x	161	4	217	%
	051	DSZI		106	ST+8	162	RTN	218	+
	052	GTO1		107	RCL0	163	*LBL3	219	÷
	053	*LBL2		108	RCL9	164	RCLC	220	ST06
	054	ISZI		109	X>Y?	165	X≠0?	221	RTN
	055	RCLI		110	GTO6	166	GTO8	222	R/S
				111	RTN	167	9		

In der elektrischen Energieversorgung kann z.B. eine mit der Steigerung der Bruttosozialprodukte einhergehende Steigerung des elektrischen Energiebedarfs beobachtet werden. Definiert man einen Veränderungsfaktor f aus der jährlichen Wachstumsrate s:

$$f = 1 + \frac{s}{100\,\%}$$

so läßt sich die Wachstumsabhängigkeit des Kapitalwertes formulieren:

$$K_w = \sum_{k=1}^{n} Ü_B(k)\,\frac{f^k}{q^k} - A_0 \qquad (5.4.20)$$

An Stelle des Quotienten f/q läßt sich ein Ersatz-Zinsfaktor q* bilden, mit dem die Gl. (5.4.20) wieder in die Ausgangsgleichung (5.4.1) zurückgeführt wird:

$$q^* = \frac{q}{f} \qquad (5.4.21)$$

Für den Ersatzzinsfuß gilt:

$$p^* = \left(\frac{100\,\% + p}{100\,\% + s} - 1\right) \cdot 100\,\% \qquad (5.4.22)$$

Der Ersatz-Zinsfaktor q* ist für die Kapitalwert- und Interne Zinsfuß-Berechnung einzusetzen. Die daraus folgende Annuität und der Kapitaldienst sind wieder mit dem Zinsfaktor q zu ermitteln. Mit den Anweisungen in den Zeilen 012 bis 015 wird in STO 6 wieder der Zinsfaktor $q = q^* \cdot f$ abgespeichert, um damit die Annuität und den Kapitaldienst zu berechnen. Bei der Internen Zinsfuß-Methode wird in den Zeilen 143 bis 147 ebenfalls aus dem ermittelten q_I^* durch Multiplikation mit f wieder q_I gebildet.

Die Wachstumsrate s ist als Eingabewert in Prozent in STO E abzuspeichern. Zur Bildung des Ersatz-Zinsfußes wurde das Unterprogramm Label 7 um die Programmzeilen 215 bis 219 erweitert.

Bei der Annuitätsberechnung wird zum Abschluß in den Zeilen 029 bis 032 zusätzlich der Kapitaldienst als Prozentwert vom eingesetzten Kapital berechnet und angezeigt. Damit wird man nach Eingabe des Zinsfußes in STO C und der Laufzeit in STO D durch Betätigung der Taste A unmittelbar den prozentualen Kapitaldienst als Ergebnisanzeige nach dem Stop des Programms erhalten.

Bei den Berechnungsvarianten für variable Bruttoerlösüberschüsse (Start fa, fb, fc) wird STO E programmintern in den Zeilen 043 und 044 gleich Null gesetzt. Das Programm belegt insgesamt 221 Anweisungszeilen.

Über eine recht nützliche weitere Variante zur Wirtschaftlichkeitsberechnung von Investitionen mit variablen Erlösüberschüssen auf der Basis eines äquivalenten konstanten Überschusses wird von A. Harms [35] berichtet.

5.4.6 Anwendungsbeispiele

1. Ein Kraftwerk erfordert ein Investitionsvolumen von 1,8 Milliarden DM (STO A). Der Kalkulationszinsfuß wird mit 5 % angesetzt (STO C). Über die kalkulierte Lebensdauer von 30 Jahren werden in 10 Jahresintervallen von je 3 Jahren (STO D) folgende Brutto-Erlösüberschüsse erwartet:

Nach	3 Jahren Erlöse	500 Mio DM (STO 0)
	6 Jahren Erlöse	600 Mio DM (STO 1)
	9 Jahren Erlöse	700 Mio DM (STO 2)
	12 Jahren Erlöse	700 Mio DM (STO 3)
	15 Jahren Erlöse	700 Mio DM (STO 4)
	18 Jahren Erlöse	600 Mio DM (STO 5)
	21 Jahren Erlöse	400 Mio DM (STO 6)
	24 Jahren Erlöse	300 Mio DM (STO 7)
	27 Jahren Erlöse	200 Mio DM (STO 8)
	30 Jahren Abbruchkosten	− 500 Mio DM (STO 9)

Die Annuitätenrechnung liefert nach $\boxed{f}\ \boxed{a}$:
(1) kurze Pause: 30 = Anzahl der bewerteten Jahre
(2) kurze Pause: 681 163 093,00 = Kapitalwert in DM
(3) lange Pause bzw. Ausdruck: 44 310 636,74 = Annuität in DM
(4) lange Pause bzw. Ausdruck: 117 092 583,20 = Kapitaldienst in DM
(5) Stop: 6,51 = Kapitaldienst in %
Rechenzeit: rund 45 Sekunden

Die Interne Zinsfußrechnung liefert nach $\boxed{f}\ \boxed{b}$:
(1) kurze Pause: 30 = Anzahl der bewerteten Jahre
(2) Stop: 8,47 = Interner Zinsfuß in %
Rechenzeit: rund 120 Sekunden

Die Kapitalwertrechnung liefert nach $\boxed{f}\ \boxed{c}$:
(1) kurze Pause: 30 = Anzahl der bewerteten Jahre
(2) Stop: 681 163 093,00 = Kapitalwert in DM
Rechenzeit: rund 30 Sekunden

Im Bild 5.4.2 ist Entwicklung des Kapitalwertes über die Nutzungsdauer der Anlage bezogen auf den Investitionszeitpunkt aufgetragen. Nach dem fünfzehnten Betriebsjahr wird erstmalig ein positiver Kapitalwert der Investition erreicht. Infolge der Barwertbezogenheit der Brutto-Erlösüberschüsse werden die weiter in der Zukunft zu erwartenden Überschüsse wertmäßig immer unbedeutender. So belasten die in 30 Jahren zu erwartenden Abbruchkosten von 500 Mio DM den Kapitalwert lediglich um 115,69 Mio DM, d.h. mit rund 23 % des angesetzten Nominalwertes.

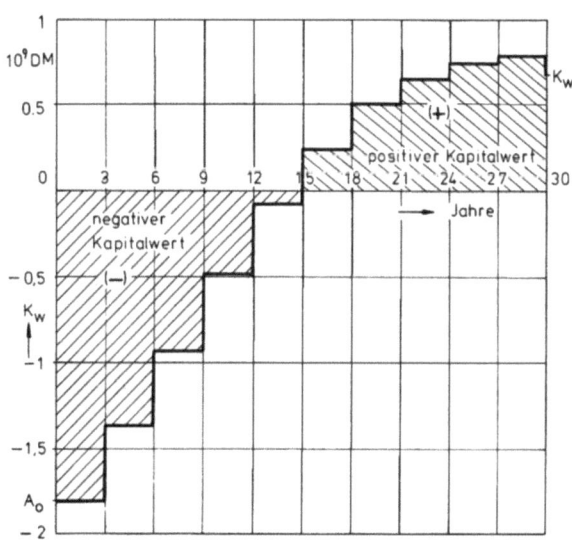

Bild 5.4.2
Entwicklung des Kapitalwertes über die Nutzungsdauer

2. Der Betrieb eines Versorgungsunternehmens läßt einen Erlösüberschuß von jährlich 142 000,–DM, bezogen auf die heutige Abgabe erwarten. Für den Kalkulationszeitraum von 30 Jahren ist infolge Absatzsteigerung mit einer jährlichen Steigerungsrate der Erlöse von 2,5 %/Jahr zu rechnen. Der Zinssatz wurde zu 5 % angesetzt.
   a) Bei welchem Kaufpreis wird der Kapitalwert der Investition gerade Null (Grenz-Kaufpreis)?
   b) Welchen Betrag erreicht der Kapitalwert für die Investition, wenn die kalkulierte Erlössteigerung von 2,5 %/Jahr nicht eintritt?

Zu a)

Der Grenz-Kaufpreis ist gleich dem Kapitalwert für verschwindende Anschaffungskosten.

Eingaben: 0 STO A   Anschaffungskosten
       142 000 STO B   Erlöse
            5 STO C   Zinsfuß
           30 STO D   Nutzungsdauer
          2,5 STO E   Steigerungsrate

Start $\boxed{C}$: Grenz-Kaufpreis 2 996 409,70 DM
Rechenzeit rund 5 Sekunden

Zur Kontrolle kann der Grenz-Kaufpreis in STO A abgespeichert und durch Betätigung der Taste C der Kapitalwert bestimmt werden:
STO A, Start $\boxed{C}$: Kapitalwert = 0,00 DM

Zu b)

Nach Eingabe des Grenz-Kaufpreises in STO A kann der Kapitalwert für ausbleibende Erlössteigerung bestimmt werden:

0 STO E d.h. keine Steigerung

Start $\boxed{C}$: Kapitalwert = – 813 521,65 DM
Rechenzeit rund 5 Sekunden

Durch den Aufruf der Berechnungsvariante „Annuität" kann die jährliche Unterdeckung ermittelt werden:
Start $\boxed{A}$: Annuität = – 52 920,75 DM
(d.h. jährlicher Verlustanteil)
Kapitaldienst = 194 920,75 DM entsprechend 6,51 % vom Grenz-Kaufpreis
Ein weiteres Beurteilungskriterium liefert der Interne Zinsfuß:
Start $\boxed{B}$: Interner Zinsfuß = 2,44 %

Bei eintretender Erlössteigerung würde die Annuitätsrechnung folgende Ergebnisse bringen:

2,5 STO E
Start $\boxed{A}$: Annuität = 0,00 DM
          Kapitaldienst = 194 920,75 DM entsprechend 6,51 % vom Grenz-Kaufpreis

Die Annuität 0,00 DM besagt, daß der Kapitaldienst für die Finanzierung des Grenz-Kaufpreises gerade durch die jährlichen Erlösüberschüsse gedeckt werden kann.

Start $\boxed{B}$: Interner Zinsfuß = 5,00 %

Für verschwindenden Kapitalwert ist der Interne Zinsfuß identisch mit dem angesetzten Kalkulationszinsfuß.

5.5 Einkommensteuerberechnung

In diesem Abschnitt wird die Anwendung programmierbarer Taschen/Tischrechner als Ersatz für umfangreiche Tabellenwerke bei der Feststellung der Einkommensteuer dargelegt.
Die programmierte, mathematisch eindeutige Formulierung des Einkommensteuertarifs bringt den Vorteil mit sich, daß bei Änderung einzelner Tarifkonstanten auch nur diese geändert werden müssen und nicht auf den Neudruck eines ganzen Tabellenwerkes zurückgegriffen werden muß.
Grundlage der Einkommensteuer-Berechnung ist der geltende Einkommensteuertarif, z.Z. in der Fassung gemäß § 32a EStG 1977 vom 5. Dezember 1977 (BGBL I, S. 2365) [21], anzuwenden ab Veranlagungszeitraum 1978.
Dieser Einkommensteuertarif hat folgenden Aufbau:

a) Null-Zone (Steuerfreiheit) für zu versteuernde Einkommen von 0 bis 3329,– DM,
b) Proportionalzone mit einem Steuersatz von 22 v. H. für zu versteuernde Einkommen von 3330,– bis 16 019,– DM,
c) Progressionszone mit einem ansteigenden Steuersatz von 30,8 bis 56 v. H. für zu versteuernde Einkommen von 16 020,– bis 130 019,– DM,
d) Proportionalzone mit einem Steuersatz von 56 v. H. für zu versteuernde Einkommen ab 130 020,– DM.

Für Ehegatten, die zusammen zur Einkommensteuer veranlagt werden, ist das Splitting-Verfahren anzuwenden. Bei dem Splitting-Verfahren wird die Einkommensteuer für die Hälfte des gemeinsam zu versteuernden Einkommens beider Ehegatten ermittelt und der Steuerbetrag sodann verdoppelt.
Bemessungsgrundlage für die tarifliche Einkommensteuer ist das zu versteuernde Einkommen. Das zu versteuernde Einkommen ergibt sich aus dem Gesamtbetrag der Einkünfte, vermindert um die Summe der abzugsfähigen Aufwendungen und Freibeträge. Für die Berechnung ist § 32a anzuwenden:

§ 32a Einkommensteuertarif

(1) Die tarifliche Einkommensteuer bemißt sich nach dem zu versteuernden Einkommen. Sie beträgt vorbehaltlich der §§ 32b, 34 und 34b jeweils in Deutsche Mark

1. für zu versteuernde Einkommen bis 3329,– DM: 0;
2. für zu versteuernde Einkommen von 3330,– DM bis 16 019 DM: $0{,}22x - 726$;
3. für zu versteuernde Einkommen von 16 020,– DM bis 47 999 DM:
   $[(-49{,}2y + 505{,}3)y + 3077]y + 2792$;
4. für zu versteuernde Einkommen von 48 000,– DM bis 130 019 DM:
   $\{[0{,}1z - 6{,}07)z + 109{,}95]z + 4800\}z + 16 200$;
5. für zu versteuernde Einkommen von 130 020 DM an: $0{,}56x - 12 742$.

„x" ist das abgerundete zu versteuernde Einkommen. „y" ist ein Zehntausendstel des 16 000,– DM übersteigenden Teils des abgerundeten zu versteuernden Einkommens. „z" ist ein Zehntausendstel des 48 000,– DM übersteigenden Teils des abgerundeten zu versteuernden Einkommens.

(2) Das zu versteuernde Einkommen ist:
1. auf den nächsten durch 30 ohne Rest teilbaren vollen DM-Betrag abzurunden, wenn es nicht mehr als 48 000,– DM beträgt und nicht bereits durch 30 ohne Rest teilbar ist,
2. auf den nächsten durch 60 ohne Rest teilbaren vollen DM-Betrag abzurunden, wenn es mehr als 48 000,– DM beträgt und nicht bereits durch 60 ohne Rest teilbar ist.

(3) Die zur Berechnung der tariflichen Einkommensteuer erforderlichen Rechenschritte sind in der Reihenfolge auszuführen, die sich nach dem Horner-Schema ergibt. Dabei sind die sich aus den Multiplikationen ergebenden Zwischenergebnisse für jeden weiteren Rechenschritt mit drei Dezimalstellen anzusetzen; die nachfolgenden Dezimalstellen sind fortzulassen. Der sich ergebende Steuerbetrag ist auf den nächsten vollen DM-Betrag abzurunden.

5.5.1 Berechnungsgrundlagen

Der in § 32a vorgegebene Einkommensteuertarif läßt sich mit E_s als das zu versteuernde Einkommen in mathematischer Form durch folgende Gleichungen formulieren:

$$E_s^* = \frac{E_s}{k_f} \tag{5.5.1}$$

$$k_f = \begin{cases} 1 \\ 2 \end{cases} \text{für} \quad \begin{matrix} \text{ledig} \\ \text{verheiratet} \end{matrix} \tag{5.5.2}$$

$$x = \begin{cases} \left[\dfrac{E_s^*}{30}\right] 30 & E_s^* \leq 48\,000 \;^{1)} \\ \left[\dfrac{E_s^*}{60}\right] 60 & E_s^* > 48\,000 \end{cases} \text{für} \tag{5.5.3}$$

$$y = \frac{x - 16\,000}{10\,000} \tag{5.5.4}$$

$$z = \frac{x - 48\,000}{10\,000} \tag{5.5.5}$$

$$S^* = \begin{cases} 0 & x \leq 3\,329 \\ 0{,}22x - 726 & 3\,330 \leq x \leq 16\,019 \\ [(-49{,}2y + 505{,}3)\,y + 3077]\,y + 2792 & 16\,020 \leq x \leq 47\,999 \\ \{[(0{,}1z - 6{,}07)\,z + 109{,}95]\,z + 4800\}\,z + 16\,200 & 48\,000 \leq x \leq 130\,019 \\ 0{,}56x - 12\,742 & 130\,020 \leq x \end{cases} \tag{5.5.6}$$

$$S = k_f\,[S^*] \tag{5.5.7}$$

Für alle Multiplikationen in Gl. (5.5.6) gilt:

$$a \cdot b = \frac{[a^* \cdot b^* \cdot 1000]}{1000} \tag{5.5.8}$$

Mit dem Gleichungssystem Gln. (5.5.1 bis 5.5.8) läßt sich zu jedem zu versteuernden Einkommensbetrag E_s der Steuerbetrag S ermitteln. Neben dem Steuerbetrag interessiert insbesondere der jeweilige Spitzensteuersatz $\hat{s}$ und der Durchschnittssteuersatz $\bar{s}$. Der Spitzensteuersatz $\hat{s}$ gibt an, mit welchem Prozentsatz der nächste Einkommenszuwachs steuerlich belastet wird. Er ergibt sich daher aus dem Differentialquotienten des Steuerbetrages:

$$\hat{s} = \frac{dS^*}{dx} = \frac{dS^*}{dy} \cdot \frac{dy}{dx} = \frac{dS^*}{dz} \cdot \frac{dz}{dx} \tag{5.5.9}$$

---

[1] $[x]$ bedeutet die größte ganze Zahl $\leq x$

An Stelle des durch Gl. (5.5.3) vorgegebenen treppenförmigen Verlaufs der Variablen x, y, z in Intervallen für x mit 30,– DM bzw. 60,– DM Intervallbreite wird, um in allen Punkten innerhalb der Definitionsbereiche Differenzierbarkeit zu erreichen, die Variable x unter Umgehung der Gl. (5.5.3) gleich dem zu versteuernden Einkommen E_s^* gesetzt.

Gl. (5.5.9) angewandt auf Gl. (5.5.6) ergibt in den einzelnen Geltungsbereichen folgende Beziehungen für den Spitzensteuersatz $\hat{s}$:

$$\hat{s} = \begin{cases} 0\,\% \\ 22\,\% \\ (-49{,}2 \cdot 3y^2 + 505{,}3 \cdot 2y + 3077) \cdot 10^{-2}\,\% \\ (0{,}1 \cdot 4z^3 - 6{,}07 \cdot 3z^2 + 109{,}95 \cdot 2z + 4800) \cdot 10^{-2}\,\% \\ 56\,\% \end{cases} \qquad (5.5.10)$$

Der Durchschnittssteuersatz $\bar{s}$ gibt an, mit welchem Prozentsatz das gesamte zu versteuernde Einkommen effektiv belastet wird. Er ergibt sich daher aus dem Quotienten von Steuerbetrag und Einkommensbetrag

$$\bar{s} = \frac{S}{E_s} \cdot 100\,\% \qquad (5.5.11)$$

5.5.2 Steuerentlastung durch Freibeträge

Für die Berechnung der steuerlichen Entlastung durch Freibeträge [22] ist der individuelle Spitzensteuersatz maßgebend.

Die Umkehrung der Gl. (5.5.9) zeigt, daß der Steuerbetrag auch durch Integration des Spitzensteuersatzes über den zu versteuernden Einkommensbetrag ermittelt werden kann:

$$S = \int_{x=0}^{E_s} \hat{s}(x)\,dx \qquad (5.5.12)$$

Ein zusätzlicher finanzamtlich anerkannter Freibetrag F_z vermindert das zu versteuernde Einkommen auf den Betrag $E_s - F_z$.

Unter Berücksichtigung dieser neuen oberen Integrationsgrenze ergibt sich eine Steuerersparnis S_E:

$$S_E = \int_{x=0}^{E_s} \hat{s}(x)\,dx - \int_{x=0}^{E_s - F_z} \hat{s}(x)\,dx \qquad (5.5.13)$$

$$S_E = - \int_{E_s}^{E_s - F_z} \hat{s}(x)\,dx \qquad (5.5.14)$$

Ist der betrachtete zusätzliche Freibetrag klein gegenüber dem Einkommensbetrag, so kann der Spitzensteuersatz in dem Intervall F_z als konstant angenommen werden, so daß für die Steuerersparnis S_E außerhalb der Sprungstellen für den Spitzensteuersatz näherungsweise gilt:

$$S_E = \hat{s}(E_s)\,F_z \qquad (5.5.15)$$

Aus Gl. (5.5.15) ist daher zu entnehmen, daß die Steuerersparnis gleich dem Produkt aus dem Spitzensteuersatz und dem zusätzlich absetzungsfähigen Freibetrag ist.

5.5.3 Programmbeschreibung „Einkommensteuer"

Die Anweisungsliste eines Programms für die Rechnertypen HP-67/97 ist in Tabelle 5.5.1 angegeben. Das Programm besteht aus einem Hauptprogramm mit einer Weiche zur Steuerung des Ablaufes in Abhängigkeit des Zustandes von Flag 1 und fünf Unterprogrammen. Es umfaßt 220 Programmzeilen. Der zu versteuernde Einkommensbetrag ist vor dem Start in das X-Register einzugeben. Das Programm kann wahlweise für Verheiratete über Label $\boxed{E}$ und für Ledige über Label $\boxed{f}$ $\boxed{e}$ gestartet werden. Durch die logische Abfrage $x \neq y$ in Programmzeile 013 wird der sekundäre Speicherbereich unabhängig vom vorhandenen Zustand aktiviert. Das Flag 1 soll vor dem erstmaligen Abspeichern des Programms gesetzt sein, so daß standartgemäß der Sprung in Zeile 016 nach Label 7 ausgeführt wird. Wurde über die Tastatur des Rechners das Flag 1 gelöscht, so wird der eingegebene Einkommensbetrag um die Summe aus maximaler Vorsorgepauschale und den Freibetrags-Pauschalbeträgen von 5 344,– DM (STO 9') für Ledige und dem doppelten Wert für Verheiratete zuzüglich 900,– DM mal Anzahl der Kinder verringert. Hierzu kann die Anzahl der Kinder nach einem Programmstop mit dem Anzeigewert Null bei Programmzeile 024 eingegeben werden. Das Kriterium für die Anwendung des Splitting-Verfahrens wird durch Flag 0 gegeben. Für Verheiratete wird Flag 0 in Programmzeile 002 gesetzt und für Ledige in Zeile 005 gelöscht. In den Programmzeilen 041 bis 048 wird dann der Splittingfaktor k_f nach Gl. (5.5.2) in STO A abgespeichert und der ganzzahlige Einkommensbetrag E_s^* nach Gl. (5.5.1) gebildet. Anschließend wird nach Gl. (5.5.3) der gerundete zu versteuernde Einkommensbetrag gebildet, in STO D abgespeichert und in einer kurzen Pause in Programmzeile 063 angezeigt.

Über maximal 4 logische Vergleiche in den Programmzeilen 065, 074, 088 und 118 wird das gültige Intervall zu Anwendung der Gln. (5.5.6 und 5.5.10) herausgefunden. Die Gln. (5.5.4 und 5.5.5) werden in dem Unterprogramm Label d und die Gl. (5.5.8) wird in dem Unterprogramm Label b ausgewertet. Das Ende der Berechnung ist mit dem Sprung nach Label a in Programmzeile 171 erreicht. In langen Pausen wird der Spitzensteuersatz $\hat{s}$ und der Durchschnittssteuersatz $\bar{s}$ angezeigt.

Der Programmlauf hält mit der Anzeige des Steuerbetrages an. Nach Betätigung der R/S-Taste wird noch der verbleibende Netto-Einkommensbetrag angezeigt.

5.5.4 Speicherplatzbelegung

Das Programm benötigt einen permanenten Datensatz, in dem die Konstanten des Einkommensteuertarifs abgespeichert sind. Diese Daten werden über eine Datenkarte mit folgender Ordnungsstruktur zur Verfügung gestellt:

Primärspeicher	*Sekundärspeicher*
STO 1 : 0,22	STO 1' : 0,1
STO 2 : 726	STO 2' : 6,07
STO 3 : 48000	STO 3' : 109,95
STO 4 : 3330	STO 4' : 4800
STO 5 : 16019	STO 5' : 16200
STO 6 : – 49,2	STO 6' : 0,56
STO 7 : 505,3	STO 7' : 12742
STO 8 : 3077	STO 8' : 130019
STO 9 : 2792	STO 9' : 5344

Tabelle 5.5.1 Anweisungsliste „Einkommensteuerberechnung bis 1978"

Start	001	*LBLE verh.	057	RCL0	↳113	*LBL3		169	4	
	002	SF0	058	÷	114	GSBd		170	x	
	003	GTO0	059	INT	115	P⇄S	→171	*LBLa	
Start	004	*LBLe led.	060	RCL0	116	RCL8		172	EEX	
	005	CF0	061	x	117	RCLD		173	2	
	006	*LBL0	062	STOD	118	X>Y?		174	÷	
	007	DSP0	063	PSE	┌119	GTO4		175	STOC	
	008	STOE	064	RCL4	120	RCLI		176	DSP1	
	009	STOC	065	X≤Y?	121	RCL1		177	PRTX⇒ŝ	
	010	RCL1	┌066	GTO1	122	GSBb		178	RCLB	
	011	.	067	0	123	RCL2		179	PRTX⇒s̄	
	012	1	068	STOA	124	-		180	DSP2	
	013	X≠Y?	069	STOB	125	RCLI		181	RCLA	
	014 ─	P⇄S	070	GTOa →	126	GSBb		182	R/S⇒S	
	015	F1?	↳071	*LBL1	127	RCL3		183	CHS	
┌016	GTO7	072	RCL5	128	GSB6		184	RCLE	
	017	1	073	RCLD	129	RCL4		185	+	
	018	F0?	074	X>Y?	130	GSB6		186	R/S⇒E_N	
	019	2	┌075	GTO2	131	RCL5	UP	187	*LBLb	
	020	RCL9	076	RCL1	132	+		188	x	
	021	x	077	x	133	GSBc		189	EEX	
	022	STO0	078	RCL2	134	RCL1		190	3	
	023	0	079	-	135	4		191	x	
	024	R/S⇐Kinder	080	GSBc	136	x		192	INT	
	025	9	081	RCL1	137	RCLI		193	EEX	
	026	0	082	EEX	138	x^2		194	3	
	027	0	083	4	139	STO0		195	÷	
	028	x	084	x	140	RCLI		196	RTN	
	029	ST+0	085	GTOa →	141	x	UP	197	*LBLc	
	030	RCL0	↳086	*LBL2	142	x		198	INT	
	031	CHS	087	RCL3	143	RCL2		199	RCLA	
	032	PSE⇒F⇐F_{Neu}	088	X≤Y?	144	3		200	x	
	033	RCLC	089	GTO3	145	x		201	STOA	
	034	+	090	3	146	RCL0		202	RCLC	
	035	STOC	091	÷	147	x		203	÷	
↳036	*LBL7	092	GSBd	148	-		204	EEX	
	037 ─	P⇄S	093	RCL6	149	RCL3		205	2	
	038	3	094	GSBb	150	GSB5		206	x	
	039	0	095	RCL7	151	RCL4		207	STOB	
	040	STO0	096	GSB6	152	+		208	RTN	
	041	1	097	RCL8	153	GTOa	UP	209	*LBLd	
	042	F0?	098	GSB6	UP	154	*LBL5		210	-	
	043	2	099	RCL9	155	2		211	EEX	
	044	GTOA	100	+	156	x		212	4	
	045	RCLC	101	GSBc	157	RCLI		213	÷	
	046	RCLA	102	RCL6	158	x		214	STOI	
	047	÷	103	3	159	+		215	RTN	
	048	INT	104	x	160	RTN	UP	216	*LBL6	
	049	STOI	105	RCLI	↳161	*LBL4		217	+	
	050	RCL3	106	x^2	162	RCL6		218	RCLI	
	051	X>Y?	107	x	163	x		219	GSBb	
┌052	GTO0	108	RCL7	164	RCL7		220	RTN	
	053	2	109	GSB5	165	-		221	R/S	
	054	STx0	110	RCL8	166	GSBc				
↳055	*LBL0	111	+	167	RCL6				
	056	RCLI	112	GTOa →	168	EEX				

101

5.5.5 Graphische Darstellung des Einkommensteuertarifs

Um die dargelegten Ergebnisse für die praktische Nutzanwendung deutlich zu machen, sind in Bild 5.5.1 die Kennlinien für den Spitzensteuersatz, den Durchschnittssteuersatz und dem Steuerbetrag angegeben. Auf der Abszissenachse sind für die beiden Veranlagungsgruppen ledig und verheiratet zwei getrennte Maßstäbe angegeben. Für die beiden Steuersätze gilt die Skalierung der linken Ordinatenachse in Prozent. Die Skalierung in DM der rechten Ordinatenachse gilt für die beiden unteren Steuerbetrags-Kennlinien. Die Differenz der beiden Steuerbetragskennlinien weist die Steuerersparnis auf Grund des Splitting-Verfahrens bei Verheiratete gegenüber Ledigen bei gleichem Einkommensbetrag aus. Die unterste Kennlinie gibt den Steuerbetrag für Verheiratete in Verbindung mit der Abszissenskalierung für Ledige direkt an. Die obere Steuerbetrags-Kennlinie gibt dagegen in Verbindung mit der Skalierung für Ledige den entsprechenden Steuerbetrag an und in Verbindung mit der Skalierung für Verheiratete gemäß dem Splitting-Verfahren nur den halben Steuerbetrag.

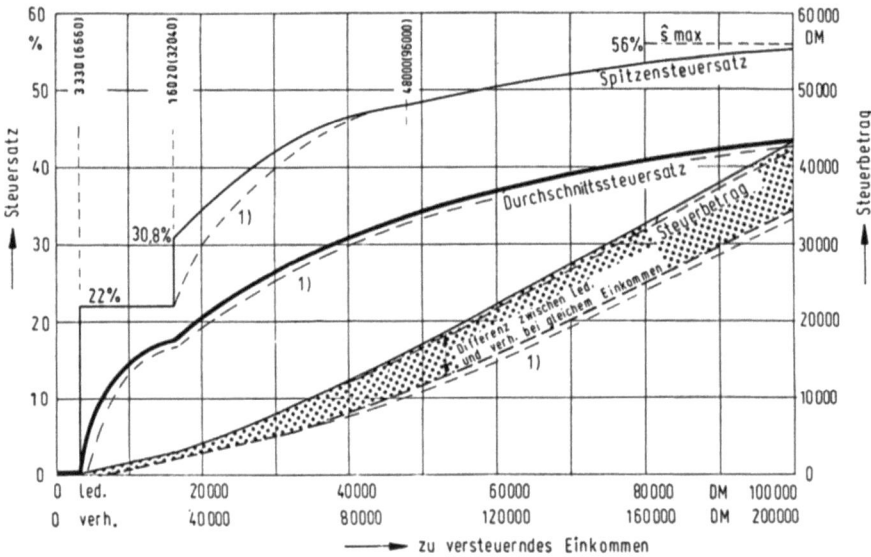

Bild 5.5.1 Graphische Darstellung des Einkommensteuertarifs 1978 1) ab 1979

5.5.6 Testbeispiele

1. Zu versteuernder Einkommensbetrag 30 000,– DM
   Start $\boxed{f}$ $\boxed{e}$ für ledig:
   (1) kurze Pause: 30 000 = gerundeter, zu versteuernder Einkommensbetrag in DM
   (2) lange Pause bzw. Ausdruck: 42,0 = Spitzensteuersatz in %
   (3) lange Pause bzw. Ausdruck: 26,5 = Durchschnittssteuersatz in %
   (4) Stop: 7 955,00 = Steuerbetrag in DM
   (5) Nach R/S: 22 045,00 = Nettobetrag in DM
   Rechenzeit rund 20 Sekunden.

Start $\boxed{E}$ für verheiratet:

(1) kurze Pause: 15 000 = gerundeter, nach dem Splitting-Verfahren zu versteuernder Einkommensbetrag in DM
(2) lange Pause bzw. Ausdruck: 22,0 = Spitzensteuersatz in %
(3) lange Pause bzw. Ausdruck: 17,2 = Durchschnittssteuersatz in %
(4) Stop: 5 148,00 = Steuerbetrag in DM
(5) Nach R/S: 24 852,00 = Nettobetrag in DM

2. Zu versteuernder Einkommensbetrag 60 000,– DM

Start $\boxed{f}$ $\boxed{e}$ für ledig:

(1) kurze Pause: 60 000 = gerundeter, zu versteuernder Einkommensbetrag in DM
(2) lange Pause bzw. Ausdruck: 50,4 = Spitzensteuersatz in %
(3) lange Pause bzw. Ausdruck: 36,8 = Durchschnittssteuersatz in %
(4) Stop: 22 108,00 = Steuerbetrag in DM
(5) Nach R/S: 37 892,00 = Nettobetrag in DM

Start $\boxed{E}$ für verheiratet:

(1) kurze Pause: 30 000 = gerundeter, nach dem Splitting-Verfahren zu versteuernder Einkommensbetrag in DM
(2) lange Pause bzw. Ausdruck: 42,0 = Spitzensteuersatz in %
(3) lange Pause bzw. Ausdruck: 26,5 = Durchschnittssteuersatz in %
(4) Stop;   15 910,00 = Steuerbetrag in DM
(5) Nach R/S: 44 090,00 = Nettobetrag in DM

3. Brutto-Einkommensbetrag: 50 000,– DM, verheiratet, 3 Kinder:

Es soll unter Berücksichtigung des Weihnachtsfreibetrages (2 · 400,– DM),[1] des Arbeitnehmerfreibetrages (2 · 480,– DM), der Pauschalbeträge für Werbungskosten (2 · 564,– DM) und Sonderausgaben (2 · 240,– DM), des Tariffreibetrages (2 · 510,– DM) sowie der maximalen Vorsorgepauschale (2 · 3150,– DM + n_k · 900,– DM), das zu versteuernde Einkommen, der Spitzensteuersatz, der Durchschnittssteuersatz und der Steuerbetrag ermittelt werden.

Die Summe der abzugsfähigen Konstanten ist in dem Sekundärspeicher STO 9' abgespeichert und kann dort ggf. verändert werden. Hat z.B. nur ein Ehegatte Einkünfte aus nichtselbständiger Arbeit, so ist der Inhalt von STO 9' um den halben Weihnachtsfreibetrag, den halben Werbungskostenanteil und den halben Arbeitnehmerfreibetrag, also um 722,– DM vor dem Programmstart zu verringern.

Eingabe: 50 000
Flag 1 löschen: $\boxed{h}$ $\boxed{CF}$ $\boxed{1}$
Start: $\boxed{E}$

(1) Stop mit 0, Eingabe Anzahl Kinder: 3
(2) kurze Pause: – 13 388 = Abzugsbetrag in DM
Nach Betätigung der R/S-Taste kann der angezeigte Wert entsprechend dem individuellen absetzungsfähigen Betrag verändert werden. Nach wiederholter Betätigung der R/S-Taste wird das Programm fortgesetzt
(3) kurze Pause: 18 300 = gerundeter nach dem Splitting-Verfahren zu versteuernder Einkommensbetrag in DM
(4) lange Pause: 33,0 = Spitzensteuersatz in %
(5) lange Pause: 19,3 = Durchschnittssteuersatz in %
(6) Stop: 7 050,00 = Steuerbetrag in DM
(7) Nach R/S: 42 950,00 = Nettobetrag in DM

Rechenzeit rund 25 Sekunden

---
[1] Für 1980 sind je Arbeitnehmer 600,– DM anzusetzen

5.5.7 Änderungen für Einkommensteuer ab 1979

Der zum Jahresende 1978 vom deutschen Bundestag verabschiedete und vom Bundesrat gebilligte Steuer-Kompromiß erfordert ab 1.1.1979 folgende Änderungen der Berechnungsgrundlagen zur tabellenfreien Ermittlung der Einkommensteuer:
Die Gl. (5.5.6) für den Steuerbetrag ist zu ersetzen durch:

$$S^* = \begin{cases} 0 & x \leq 3\,719 \\ 0{,}22x - 812 & 3\,720 \leq x \leq 16\,019 \\ \{[(10{,}86y - 154{,}42)\,y + 925]\,y + 2200\}\,y + 2708 & 16\,020 \leq x \leq 47\,999 \\ \{[(0{,}1z - 6{,}07)\,z + 109{,}95]\,z + 4800\}\,z + 15298 & 48\,000 \leq x \leq 130\,019 \\ 0{,}56x - 13644 & 130\,020 \leq x \end{cases} \quad (5.5.6a)$$

Die Gl. (5.5.10) für den Spitzensteuersatz ist zu ersetzen durch:

$$\hat{s} = \begin{cases} 0\,\% \\ 22\,\% \\ (10{,}86 \cdot 4y^3 - 154{,}42 \cdot 3y^2 + 925 \cdot 2y + 2200) \cdot 10^{-2}\,\% \\ (0{,}1 \cdot 4z^3 - 6{,}07 \cdot 3z^2 + 109{,}95 \cdot 2z + 4800) \cdot 10^{-2}\,\% \\ 56\,\% \end{cases} \quad (5.5.10a)$$

Die hierzu in Tabelle 5.5.2 angegebene Anweisungsliste zur Berechnung der Einkommensteuer benötigt folgenden permanenten Datensatz:

	ab 1979	1978	1977		ab 1979	1978	1977
STO 1:	0,22	0,22	0,22	STO 1':	0,56	0,56	0,56
STO 2:	812	726	660	STO 2':	13644	12742	12676
STO 3:	48000	48000	48000	STO 3':	130019	130019	130019
STO 4:	16019	16019	16019	STO 4': [1]	(5344)	(5344)	(4384)
STO 5:	10,86	0	0	STO 5':	0,1	0,1	0,1
STO 6:	−154,42	−49,2	−49,2	STO 6':	−6,07	−6,07	−6,07
STO 7:	925	505,3	505,3	STO 7':	109,95	109,95	109,95
STO 8:	2200	3077	3077	STO 8':	4800	4800	4800
STO 9:	2708	2792	2858	STO 9':	15298	16200	16266

---

[1] Diese Werte werden nur bei Berücksichtigung der Pauschalbeträge zur Ermittlung des zu versteuernden Einkommens benötigt (Programmvariante Clear Flag 1).

Gegenüber dem Steuerprogramm für 1978 sind unter Berücksichtigung der strukturellen Übereinstimmung der Gleichungen für die Variable x in den beiden Proportionalbereichen und für die Variablen y und z in den beiden Progressionsbereichen einige Programmänderungen vorgenommen worden. Die Auswertung der Gleichungen für die Variable x wird ab Label 4 in den Programmzeilen 150 bis 166 durchgeführt. Die gemeinsame Auswertung der Gleichungen für die Variablen y und z erfolgt ab Label 2 in den Zeilen 082 bis 117, für y mit dem aktivierten Primärspeicher und für z mit dem aktivierten Sekundärspeicher.
Außerdem ist die Berechnung der Kirchensteuer eingearbeitet. Hierzu ist in Zeile 174 der jeweils gültige Hebesatz einzufügen. In der Anweisungsliste ist als Hebesatz 9 % eingefügt. Für die Ausgabe der Ergebnisse Spitzensteuersatz $\hat{s}$, Durchschnittssteuersatz $\bar{s}$, Steuerbetrag S und Kirchensteuerbetrag S_k ist die Anweisung zur Ausgabe aller Stack-Register in Zeile 177 vorgesehen. Dadurch ergibt sich ein verminderter Speicherbedarf von 186 Programmzeilen, so daß noch 38 Programm-

Tabelle 5.5.2 Anweisungsliste „Einkommensteuerberechnung ab 1979"

Start	001	*LBLE verh.		063	STOD		125	x
	002	SF0		064	PSE=▷E_s^*		126	INT
	003	GTO0		065	X≤Y?		127	EEX
Start	004	*LBLe led.		066	GTO4		128	3
	005	CF0		067	RCL3		129	÷
	006	*LBL0		068	X≤Y?		130	RTN
	007	DSP0		069	GTO3	UP	131	*LBLc
	008	STOE		070	3		132	INT
	009	STOC		071	÷		133	RCLA
	010	RCL5		072	GSBd		134	x
	011	.		073	GTO2		135	STOA
	012	1		074	*LBL3		136	RCLC
	013	X≠Y?		075	GSBd		137	÷
	014	P⇄S		076	P⇄S		138	EEX
	015	F1?		077	RCL3		139	2
	016	GTO7		078	RCLD		140	x
	017	1		079	X>Y?		141	STOB
	018	F0?		080	GTO4		142	RTN
	019	2		081	RCLI	UP	143	*LBLd
	020	RCL4		082	*LBL2		144	−
	021	x		083	RCL5		145	EEX
	022	STO0		084	GSBb		146	4
	023	0		085	RCL6		147	÷
	024	R/S ⇐ Kinder		086	GSB5		148	STOI
	025	9		087	RCL7		149	RTN
	026	0		088	GSB5		150	*LBL4
	027	0		089	RCL8		151	RCL1
	028	x		090	GSB5		152	x
	029	ST+0		091	RCL9		153	RCL2
	030	RCL0		092	+		154	−
	031	CHS		093	GSBc		155	X>0?
	032	PSE=▷F ⇐ F_{Neu}		094	RCL5		156	GTO1
	033	RCLC		095	4		157	0
	034	+		096	x		158	STOA
	035	STOC		097	RCLI		159	STOB
	036	*LBL7		098	x^2		160	GTOa
	037	P⇄S		099	STO0		161	*LBL1
	038	3		100	RCLI		162	GSBc
	039	0		101	x		163	RCL1
	040	STO0		102	x		164	EEX
	041	1		103	RCL6		165	4
	042	F0?		104	3		166	x
	043	2		105	x		167	*LBLa
	044	STOA		106	RCL0		168	EEX
	045	RCLC		107	x		169	2
	046	RCLA		108	+		170	÷
	047	÷		109	RCL7		171	STOC
	048	INT		110	2		172	RCLB
	049	STOI		111	x		173	RCLA
	050	RCL3		112	RCLI		174	9
	051	X>Y?		113	x		175	%
	052	GTO0		114	+		176	DSF2
	053	2		115	RCL8		177	PRST=▷
	054	ST×0		116	+		178	+
	055	*LBL0		117	GTOa		179	STOD
	056	RCL4	UP	118	*LBL5		180	PRTX=▷ $S_Σ$
	057	RCLI		119	+		181	R/S
	058	RCL0		120	RCLI		182	CHS
	059	÷	UP	121	*LBLb		183	RCLE
	060	INT		122	x		184	+
	061	RCL0		123	EEX		185	PRTX=▷ E_N
	062	x		124	3		186	R/S

Right side braces: 175–179 { $\hat{S}$, $\tilde{S}$, S, S_K }

zeilen für individuelle Programmerweiterungen zur Verfügung stehen. Die mit Hilfe des Programms ermittelte Einkommensteuerersparnis zwischen den Steuertarifen 1979 und 1978 ist in Bild 5.5.2 aufgetragen.

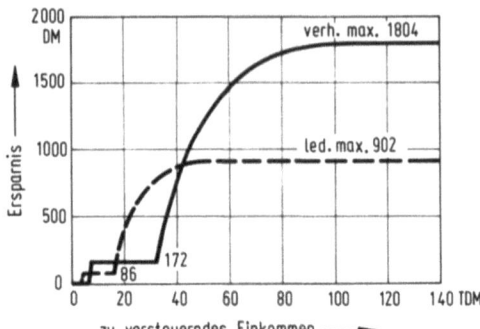

Bild 5.5.2
Einkommensteuerersparnis Tarif 1979 gegen Tarif 1978

5.5.8 Testbeispiele „Tarif 1979"

1. Zu versteuernder Einkommensbetrag 30 000,— DM
   Start $\boxed{f}$ $\boxed{e}$ für ledig:
   - (1) kurze Pause: 30 000 = gerundeter, zu versteuernder Einkommensbetrag in DM
   - (2) Anzeige bzw. Ausdruck (T):   40,01 = Spitzensteuersatz in %
   - (3) Anzeige bzw. Ausdruck (Z):   24,06 = Durchschnittssteuersatz in %
   - (4) Anzeige bzw. Ausdruck (Y):   7 218,00 = Einkommensteuerbetrag in DM
   - (5) Anzeige bzw. Ausdruck (X):   649,62 = Kirchensteuerbetrag in DM (Hebesatz 9 %)[1)]
   - (6) Stop bzw. Ausdruck: 7 867,62 = Gesamtsteuerbetrag in DM
   - (7) Nach R/S: 22 132,38 = Nettobetrag in DM

   Rechenzeit ca. 20 Sekunden

   Start $\boxed{E}$ für verheiratet:
   - (1) kurze Pause: 15 000 = gerundeter, nach dem Splitting-Verfahren zu versteuernder Einkommensbetrag in DM
   - (2) Anzeige bzw. Ausdruck (T):   22,00 = Spitzensteuersatz in %
   - (3) Anzeige bzw. Ausdruck (Z):   16,59 = Durchschnittssteuersatz in %
   - (4) Anzeige bzw. Ausdruck (Y):   4 976,00 = Einkommensteuerbetrag in DM
   - (5) Anzeige bzw. Ausdruck (X):   447,84 = Kirchensteuerbetrag in DM (Hebesatz 9 %)[1)]
   - (6) Stop bzw. Ausdruck: 5 423,84 = Gesamtsteuerbetrag in DM
   - (7) Nach R/S: 24 576,16 = Nettobetrag in DM

2. Zu versteuernder Einkommensbetrag 60 000,— DM
   Start $\boxed{f}$ $\boxed{e}$ für ledig:
   - (1) kurze Pause   60 000 = gerundeter, zu versteuernder Einkommensbetrag in DM
   - (2) Anzeige bzw. Ausdruck (T):   50,38 = Spitzensteuersatz in %
   - (3) Anzeige bzw. Ausdruck (Z):   35,34 = Durchschnittssteuersatz in %
   - (4) Anzeige bzw. Ausdruck (Y): 21 206,00 = Einkommensteuerbetrag in DM
   - (5) Anzeige bzw. Ausdruck (X):   1 908,54 = Kirchensteuerbetrag in DM (Hebesatz 9 %)[1)]
   - (6) Stop bzw. Ausdruck: 23 114,54 = Gesamtsteuerbetrag in DM
   - (7) Nach R/S: 36 885,46 = Nettobetrag in DM

Start ⌊E⌋ für verheiratet:
- (1) kurze Pause: 30 000 = gerundeter, nach dem Splitting-Verfahren zu versteuernder Einkommensbetrag in DM
- (2) Anzeige bzw. Ausdruck (T):   40,01 = Spitzensteuersatz in %
- (3) Anzeige bzw. Ausdruck (Z):   24,06 = Durchschnittssteuersatz in %
- (4) Anzeige bzw. Ausdruck (Y): 14 436,00 = Einkommensteuerbetrag in DM
- (5) Anzeige bzw. Ausdruck (X):   1 299,24 = Kirchensteuerbetrag in DM (Hebesatz 9 %)[1]
- (6) Stop bzw. Ausdruck: 15 735,24 = Gesamtsteuerbetrag in DM
- (7) Nach R/S: 44 264,76 = Nettobetrag in DM

3. Bruttoeinkommensbetrag: 50 000,— DM, verheiratet, 3 Kinder

Eingabe: 50 000

Flag 1 löschen   ⌊h⌋ ⌊CF⌋ ⌊1⌋   bzw.   ⌊f⌋ ⌊CLF⌋ ⌊1⌋

Start: ⌊E⌋

- (1) Stop mit 0, Eingabe Anzahl Kinder: 3
- (2) Kurze Pause: — 13 388 = Abzugsbetrag in DM

  Nach Betätigung der R/S-Taste kann der angezeigte Wert entsprechend dem individuellen absetzungsfähigen Betrag verändert werden. Nach wiederholter Betätigung der R/S-Taste wird das Programm fortgesetzt.
- (3) kurze Pause: 18 300 = gerundeter, nach dem Splitting-Verfahren zu versteuernder Einkommensbetrag in DM
- (4) Anzeige bzw. Ausdruck (T):   26,02 = Spitzensteuersatz in %
- (5) Anzeige bzw. Ausdruck (Z):   17,81 = Durchschnittssteuersatz in %
- (6) Anzeige bzw. Ausdruck (Y): 6 522,00 = Einkommensteuerbetrag in DM
- (7) Anzeige bzw. Ausdruck (X):   586,98 = Kirchensteuerbetrag in DM (Hebesatz 9 %)[1]
- (8) Stop bzw. Ausdruck: 7 108,98 = Gesamtsteuerbetrag in DM
- (9) Nach R/S: 42 891,02 = Nettobetrag in DM

Rechenzeit ca. 25 Sekunden

---

[1] Ohne Kinderfreibeträge bei der Kirchensteuerbemessung [50 DM + 80 DM + $(n_k - 2) \cdot 150$ DM mit $n_k > 2$]

6 Statistik

6.1 Gaußsche Normalverteilung

Die Gaußsche Normalverteilung [23–26] ist eine stetige Verteilungsfunktion mit der Dichte f(x):

$$f(x) = \frac{1}{\sqrt{2\pi}\sigma} e^{-\frac{(x-\mu)^2}{2\sigma^2}} \qquad (6.1.1)$$

für $-\infty < x < \infty$ mit den Parametern μ reell und $\sigma > 0$. Man sagt die Zufallsgröße X ist (μ, σ)-normalverteilt. Der Parameter μ entspricht dem Erwartungswert und der Parameter σ entspricht der Standardabweichung der Zufallsgröße. Die Standardabweichung ist gleich der Wurzel aus der Varianz.

Für die Verteilungsfunktion F(x) einer (μ, σ)-normalverteilten Größe X gilt:

$$F(x) = w(X \leq x) = \frac{1}{\sqrt{2\pi}\sigma} \int_{-\infty}^{x} e^{-\frac{(t-\mu)^2}{2\sigma^2}} dt \qquad (6.1.2)$$

Der Wert des Argumentes der Verteilungsfunktion bei einer vorgegebenen statistischen Sicherheit S nennt man auch die P%-Fraktile der Zufallsgröße X (Bild 6.1.1a und 6.1.1b).

In der Praxis interessiert bei normal verteilten Zufallsgrößen häufig nur die Wahrscheinlichkeit, mit der die Zufallsgröße X über oder unter einer $\lambda\sigma$-Grenze, der Toleranzgrenze, liegt (Ausschußbereich gekennzeichnet durch das Merkmal A):

$$\mu - \lambda\sigma > X \quad \text{oder} \quad X > \mu + \lambda\sigma \qquad (6.1.3)$$

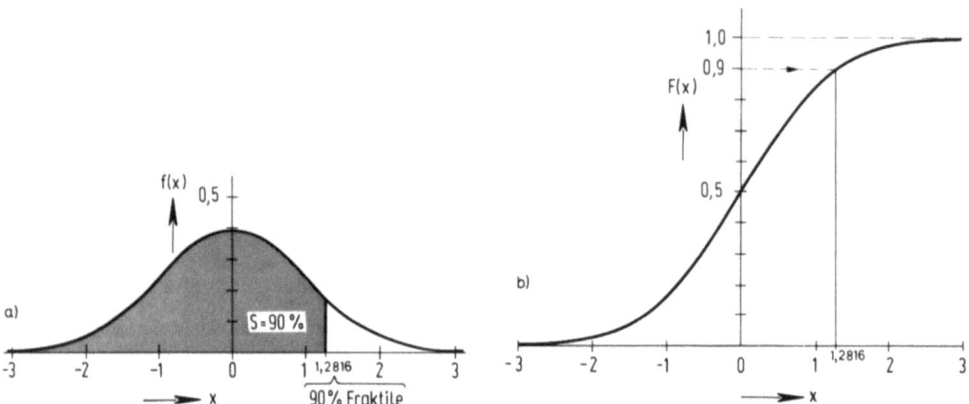

Bild 6.1.1
a) Dichte der normierten Normalverteilung $(\mu, \sigma) \triangleq (0,1)$
b) Verteilungsfunktion der normierten Normalverteilung $(\mu, \sigma) \triangleq (0,1)$

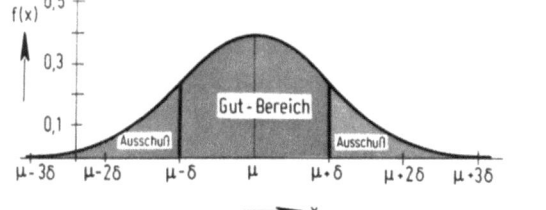

Bild 6.1.2
Wahrscheinlichkeitsdichte mit $\lambda\sigma$-Grenzen

Die Umkehrung dieser Ungleichung ergibt den Gutbereich (Merkmal $\overline{A}$):

$$\mu - \lambda\sigma \leq X \leq \mu + \lambda\sigma \tag{6.1.4}$$

Die Wahrscheinlichkeit (statistische Sicherheit S) für das Vorhandensein des Merkmals $\overline{A}$ entspricht dann dem Flächeninhalt der Dichtefunktion in den $\lambda\sigma$-Grenzen (Bild 6.1.2).
Die Wahrscheinlichkeit für den Gut-Bereich ergibt sich zu:

$$w(\overline{A}) = \frac{1}{\sqrt{2\pi}\,\sigma} \int_{\mu-\lambda\sigma}^{\mu+\lambda\sigma} e^{-\frac{(t-\mu)^2}{2\sigma^2}}\,dt \tag{6.1.5}$$

Für die Wahrscheinlichkeit für den Ausschußbereich gilt:

$$w(A) = 1 - w(\overline{A}) \tag{6.1.6}$$

6.1.1 Struktur des Programms „Normalverteilung"

In dem Programm nach Tabelle 6.1.1 ist die Berechnung folgender Kenngrößen normal verteilter Elemente vorgesehen:

Wahrscheinlichkeitsdichte	$f(\mu, \sigma, x)$	Start $\boxed{A}$
Statistische Sicherheit mit einseitiger Begrenzung der Verteilungsfunktion	$S(\mu, \sigma, x)$	Start $\boxed{B}$
Statistische Sicherheit mit zweiseitiger Begrenzung der Verteilungsfunktion	$S(\mu, \sigma, x_o, x_u)$	Start $\boxed{C}$
Zweiseitig begrenzte Vertrauensbereichsgrenze	$u_2(\mu, \sigma, S)$	Start $\boxed{D}$
Einseitig begrenzter Vertrauensbereich	$u_1(\mu, \sigma, S)$	Start $\boxed{E}$

Die Anweisungsliste zu dem Programm ist in Tabelle 6.1.1 angegeben. Für die Argumente der Funktionen sind die Eingabespeicher bei allen Varianten einheitlich zugeordnet:

Erwartungswert	μ	in	STO A
Standardabweichung	σ	in	STO B
Obere Integrationsgrenze	x_o	in	STO C
Untere Integrationsgrenze	x_u	in	STO D
Statistische Sicherheit	S	in	STO E

Tabelle 6.1.1 Anweisungsliste „Gaußsche Normalverteilung"

f(x)	001	*LBLA	056	2	111	GTO1	163	÷
	002	CF1	057	×	u₁(s) 112	*LBLE	164	×
	003	GSBd	058	STOI	113	CF0	165	ST+3
	004	GSBe	059	GTO5	114	*LBL1	166	RCLD
	005	GTO3	060	*LBL1	115	CF1	167	RCL3
s(x)	006	*LBLB	061	ST00	116	0	168	X≤Y?
	007	CF1	062	DSZI	117	ST03	169	GTO4
	008	CF2	063	RCL1	118	.	170	RCL0
	009	6	064	GSBe	119	5	171	ST-1
	010	RCLC	065	ST02	120	RCLE	172	R↑
	011	GSBd	066	*LBL0	121	EEX	173	ST-3
	012	ST00	067	RCL0	122	2	174	1
	013	X<0?	068	ST+1	123	÷	175	0
	014	GTO1	069	RCL1	124	X≤Y?	176	ST÷0
	015	STO1	070	GSBe	125	GTO1	177	DSZI
	016	+	071	2	126	1	178	GTO4
	017	STO3	072	F2?	127	-	179	RCL1
	018	SF1	073	GTO1	128	CHS	180	F1?
	019	GTO2	074	R↓	129	SF1	181	CHS
	020	*LBL1	075	4	130	*LBL1	182	F0?
	021	STO3	076	SF2	131	STO0	183	ABS
	022	X≓Y	077	*LBL1	132	2	184	RCLB
	023	-	078	×	133	F0?	185	×
	024	STO1	079	ST+2	134	ST÷0	186	PRTX=▷Δx
	025	*LBL2	080	DSZI	135	RCL0	187	SPC
	026	RCL3	081	GTO0	136	2	188	R/S
	027	RCL1	082	RCL3	137	Pi	189	RCLA
	028	GTO1	083	GSBe	138	×	190	X≓Y
s(x₀,xᵤ)	029	*LBLC	084	ST+2	139	√X	191	+
	030	CF1	085	RCL2	140	×	192	PRTX=▷x₀
	031	CF2	086	RCL0	141	STOD	193	R/S
	032	RCLC	087	×	142	5	194	LSTX
	033	GSBd	088	3	143	CHS	195	RCLA
	034	STO3	089	÷	144	STO1	196	-
	035	RCLD	090	*LBL3	145	GSBe	197	CHS
	036	GSBd	091	2	146	STO2	198	PRTX=▷xᵤ
	037	STO1	092	Pi	147	.	199	R/S
	038	*LBL1	093	×	148	0	UP 200	*LBLe
	039	-	094	√X	149	5	201	X²
	040	STO0	095	÷	150	STO0	202	2
	041	RCLI	096	1	151	4	203	÷
	042	X>0?	097	X≓Y	152	STOI	204	CHS
	043	GTO5	098	F1?	153	*LBL4	205	eˣ
	044	1	099	-	154	RCL0	206	RTN
	045	0	100	PRTX=▷f(x),S(x)	155	ST+1	207	*LBLd
	046	STOI	101	SPC	156	RCL1	UP 208	RCLA
	047	*LBL5	102	R/S	157	GSBe	209	-
	048	.	103	1	158	RCL2	210	RCLB
	049	2	104	-	159	X≓Y	211	÷
	050	RCL0	105	CHS	160	STO2	212	RTN
	051	RCLI	106	PRTX=▷1-f(x)	161	+	213	R/S
	052	÷	107	SPC	162	2		
	053	X≤Y?	108	R/S				
	054	GTO1	u₂(s) 109	*LBLD				
	055	RCLI	110	SF0				

In dem Programm wird für die Berechnung der Normalverteilung die normierte Form einer (0,1)-Verteilung zugrunde gelegt. Hierzu wird in dem Unterprogramm Label d die Substitution:

$$t = \frac{x - \mu}{\sigma} \tag{6.1.7}$$

vorgenommen.

In dem Unterprogramm Label e wird die normierte Form der Normalverteilung ausgewertet:

$$G(u) = \frac{1}{\sqrt{2\pi}} \int_{-\infty}^{u} e^{-\frac{t^2}{2}} dt \tag{6.1.8}$$

6.1.2 Programmbeschreibung „Normalverteilung"

1. Einzelwahrscheinlichkeit

Die Anfangsadresse Label A des Programms zur Berechnung der Einzelwahrscheinlichkeiten gemäß Gl. (6.1.1) bildet die erste Programmzeile. Als Argument der Funktion f(x) wird der Inhalt des X-Registers übernommen. Das in diesem Programmteil nicht benötigte Flag 1 wird zurückgesetzt. Durch den Aufruf des Unterprogramms Label d wird die Substitution nach Gl. (6.1.7) der Zufallsvariablen x vorgenommen. In dem Unterprogramm Label e wird mit dem Inhalt des X-Registers der Wert der e-Funktion $e^{-x^2/2}$ gebildet. Nach dem unbedingten Programmsprung auf Label 3 in Zeile 090 wird der endgültige Wert der Einzelwahrscheinlichkeit gebildet und als Ergebnis in Zeile 100 ausgegeben.

2. Statistische Sicherheit für einseitig begrenzte Intervalle

Ein Maß für die statistische Sicherheit ist der Flächeninhalt unter der Funktionslinie für die Wahrscheinlichkeitsdichte. Nach Eingabe eines Wertes für die obere Grenze des Vertrauensbereiches mit der gesuchten statistischen Sicherheit S_1, d.h. für die rechtsseitige Grenze (Fraktile) des bei $-\infty$ beginnenden Integrationsbereiches, kann das Programm über Label B in Zeile 006 gestartet werden. Mit der Abfrage x < 0 in Zeile 013 wird festgestellt, ob die substituierte Variable u im rechten oder linken Quadranten der normierten Normalverteilung liegt. Liegt diese im rechtsseitigen Bereich, so wird in den Zeilen 015 bis 018 die untere Grenze in STO 1 und die um 6 Einheiten größere obere Grenze in STO 3 abgespeichert. Liegt die substituierte Variable u im linksseitigen Bereich, so wird die untere Grenze um 6 Einheiten niedriger angesetzt. Damit werden anstelle der Integrationsgrenzen $\pm\infty$ programmtechnisch die Ersatzgrenzen ± 6 eingesetzt. Alle Funktionswerte G(u) außerhalb des Intervalls $-6 < u < 6$ sind kleiner als $1{,}523 \cdot 10^{-8}$ und konvergieren gegen Null. Der Flächeninhalt der Verteilungsdichte von $-\infty$ bis -6 ist kleiner als $5 \cdot 19^{-9}$ und kann gegen Werte für die statistische Sicherheit bis zur Größenordnung 10^{-7} vernachlässigt werden. Dies gilt umsomehr, da das angewandte numerische Integrationsverfahren in Form der Simpson-Regel eine Fehlerordnung mit der fünften Potenz der Schrittweite bringt.

In den Zeilen 041 bis 046 wird der Inhalt des Indexregisters und damit die Anzahl der numerischen Integrationsintervalle gleich 10 gesetzt, falls nicht schon ein Wert größer Null über die Tastatur in STO I eingegeben wurde. Anschließend wird in den Zeilen 047 bis 053 geprüft, ob die Intervallbreite den Wert 0,2 übersteigt. Falls dies zutrifft, wird die Schrittzahl verdoppelt und die Prüfung solange wiederholt, bis die Bedingung erfüllt ist.

Mit dem endgültigen Inhalt des Indexregisters ist die Anzahl der Integrationsschritte nach Simpson festgelegt. Die numerische Simpson-Integration wird in der Programmschleife zwischen Label 0 in Zeile 066 und der Rücksprunganweisung GTO 0 in Zeile 081 durchgeführt.

Das Ergebnis wird in Zeile 100 ausgegeben. Nach Betätigung der R/S-Taste wird auch die Wahrscheinlichkeit des komplementären Ereignisses ausgegeben. Die Genauigkeit der Rechnung liegt bei interner Vorgabe der Schrittweite etwa bei 10^{-4}.

3. Statistische Sicherheit für beidseitig begrenzte Intervalle

Zur Berechnung der statistischen Sicherheit für beidseitig begrenzte Intervalle ist die Startadresse Label C in Zeile 029 vorgesehen. Im Gegensatz zur Berechnungsweise bei einseitiger Begrenzung wird hier in jedem Fall über das vorgegebene innere Intervall integriert. Dadurch ist keine Abgrenzung nach $\pm \infty$ erforderlich. Nach Berechnung der normierten Integrationsgrenzen in den Zeilen 032 bis 037 wird ab Label 1 in Zeile 038 der vorher erläuterte Programmteil abgearbeitet.
Die Genauigkeit bei diesem Verfahren wird hier lediglich durch die Wahl der Schrittweite bestimmt. Bei der gesetzten Standardschrittweite liegt sie bei 10^{-4}. Bei Eingaben von Schrittweiten über 10 in STO I muß dies vor jedem Programmstart wiederholt werden, da die Dekrement-Steuerung das Indexregister programmgemäß auf Null bringt.

4. Toleranzintervall für zweiseitige Begrenzung

Die Begrenzung der Intervallgrenzen bei vorgegebener statistischer Sicherheit führt zu einem iterativen Lösungsverfahren, bei dem eine Intervallgrenze durch Herantasten gefunden werden muß. Die hierzu vorgesehene Programmvariante wird mit Label D in Zeile 109 gestartet.
Über die Abfrage in Zeile 124 wird festgestellt, ob der in STO E bereitgestellte Wert der statistischen Sicherheit über 50 % liegt. Falls dies der Fall ist, wird in STO 0 der kleinere Wert für die statistische Unsicherheit als Vergleichswert für das Auffinden der Integrationsgrenze abgespeichert. Das Flag 0 wird als Unterscheidungsmerkmal für die zweiseitige oder einseitige Begrenzung abgefragt. Die untere Integrationsgrenze wird in den Zeilen 142, 143 gleich -5 gesetzt. Als numerisches Integrationsverfahren wird die Trapezregel mit der Schrittweite 0,05 angewendet. Innerhalb der Programmschleife zwischen Label 4 in Zeile 153 und der Rücksprunganweisung GTO 4 in Zeile 174 werden die Flächeninhalte der Trapezstreifen in STO 3 aufaddiert. Da der letzte Streifen im allgemeinen über die vorgegebene Schranke in STO D hinausragt, wird diese Addition in den Zeilen 170 bis 173 zunächst wieder rückgängig gemacht. Dann wird die Streifenbreite auf ein Zehntel verringert und wieder in die Programmschleife zurückgesprungen. Dieser Vorgang wird mit dem Indexregister gesteuert und 3 mal wiederholt, so daß die letzte Streifenbreite im ungünstigsten Fall um $0,5 \cdot 10^{-4}$ an die vorgegebene Grenze herangeführt wird.
Als Ergebnis wird das Toleranzintervall in Zeile 186 ausgegeben. Nach Betätigung der R/S-Taste wird jeweils die obere und untere Toleranzgrenze angegeben.
Die Genauigkeit des Verfahrens beträgt bei der intern gesetzten Schrittweite von 0,05 rd. $1 \cdot 10^{-3}$ bei Rechenzeiten bis zu 3 Minuten.

5. Einseitige Toleranzgrenze

Die Berechnung der einseitigen Toleranzgrenze wird mit LBL E in Zeile 112 gestartet. Hierbei ist das Flag 0 gelöscht. Die gleiche Toleranzgrenze führt bei einseitiger Begrenzung zum halben Wert der statistischen Unsicherheit.
Als Ergebnis werden das einseitige Toleranzintervall in Zeile 186 und nach Betätigung der R/S-Taste die einseitige Toleranzgrenze in Zeile 192 ausgegeben.

6.1.3 Anwendungsbeispiele „Normalverteilung" [27]

1. Aus einer normalverteilten Grundgesamtheit mit dem Erwartungswert der Meßwerte $\mu = 50$ und der Standardabweichung $\sigma = 0{,}5$ liegen folgende Meßwertproben vor:

   $x_1 = 50{,}2$ $x_4 = 49{,}8$
   $x_2 = 50{,}4$ $x_5 = 49{,}2$
   $x_3 = 50{,}1$ $x_6 = 49{,}6$

   a) Zu den einzelnen Meßwerten sollen die statistischen Einzelwahrscheinlichkeiten bestimmt werden.
   b) Mit welcher statistischen Sicherheit wird der Meßwert x_5 noch unterschritten?
   c) Mit welcher statistischen Sicherheit liegen die Meßwerte innerhalb des Toleranzintervalls $50 \pm 0{,}2$?
   d) Welches Toleranzintervall liegt einer statistischen Sicherheit von 99 % zugrunde?
   e) Wie weit ist die einseitige Toleranzgrenze (Fraktile) bei der statistischen Sicherheit von 99 % ausgedehnt?

   Eingaben: 50 STO A Erwartungswert
                  0,5 STO B Standardabweichung

   Ergebnisse:

   a) Berechnung der Einzelwahrscheinlichkeiten

       50,2 Start $\boxed{A}$: $w(x_1) = 0{,}368 = 36{,}8\,\%$ 49,8 Start $\boxed{A}$: $w(x_4) = 0{,}368 = 36{,}8\,\%$
       50,4 Start $\boxed{A}$: $w(x_2) = 0{,}290 = 29{,}0\,\%$ 49,2 Start $\boxed{A}$: $w(x_5) = 0{,}111 = 11{,}1\,\%$
       50,1 Start $\boxed{A}$: $w(x_3) = 0{,}391 = 39{,}1\,\%$ 49,6 Start $\boxed{A}$: $w(x_6) = 0{,}290 = 29{,}0\,\%$

   Rechenzeit je Wert rund 3 Sekunden

   b) Statistische Sicherheit für $X = x_5$
   Eingabe: 49,2 STO C obere Grenze des Vertrauensbereiches (Integrationsgrenze)
   Start $\boxed{B}$: $S(x_5) = 0{,}055 = 5{,}5\,\%$
   Rechenzeit rund 90 Sekunden

   c) Statistische Sicherheit für $49{,}8 \leqslant X \leqslant 50{,}2$
   Eingaben: 50,2 STO C obere Toleranzgrenze
                   49,8 STO D untere Toleranzgrenze
   Start $\boxed{C}$: $S(x_o, x_u) = 0{,}311 = 31{,}1\,\%$
   Rechenzeit rund 30 Sekunden

   d) Toleranzintervall für $S = 99\,\%$
   Eingabe: 99 STO E zweiseitig begrenzte statistische Sicherheit
   Start $\boxed{D}$: $\Delta x = \pm 1{,}288$ Toleranzintervall
   Nach R/S: $x_o = 51{,}288$ obere Toleranzgrenze
   Nach R/S: $x_u = 48{,}712$ untere Toleranzgrenze
   Rechenzeit rund 160 Sekunden

   e) Einseitige Toleranzgrenze für $S = 99\,\%$
   Eingabe: 99 STO E rechtsseitig begrenzte statistische Sicherheit
   Start $\boxed{E}$: $\Delta x = 1{,}164$
   Nach R/S: $x = 51{,}164$
   Rechenzeit rund 160 Sekunden

2. Der Widerstandswert einer produzierten Widerstandsserie sei eine normal verteilte Zufallsgröße mit dem Erwartungswert μ = 1000 Ω und der Standardabweichung σ = 50 Ω. Alle Widerstandswerte, die nicht in dem Toleranzbereich 1000 Ω ± 10 % fallen, sind als Ausschuß anzusehen.

   a) Wie groß ist die statistische Sicherheit für das Auftreten von Ausschuß?

Eingaben:	Erwartungswert	μ =	1000	STO A
	Varianz	σ =	50	STO B
	Obere Toleranzgrenze	x_o =	1100	STO C
	Untere Toleranzgrenze	x_u =	900	STO D

   Start $\boxed{C}$: Statistische Sicherheit für die Einhaltung der Toleranzgrenzen
   Ergebnis: S(Gut) = 0,954 = 95,4 %
   S(Ausschuß) = 1 − S(Gut) = 0,046 = 4,6 %
   Rechenzeit rund 30 Sekunden

   b) In welchem Toleranzbereich sind 30 % der Widerstandswerte zu erwarten?
   Eingabe: 30 STO E zweiseitig begrenzte statistische Sicherheit
   Start $\boxed{D}$: Zweiseitiger Toleranzbereich R = ± 51,840 Ω $\hat{=}$ ± 5,184 %
   Nach R/S: R_o = 1051,84 Ω
   Nach R/S: R_u = 948,16 Ω
   Rechenzeit rund 160 Sekunden

3. Der Durchmesser von Drehteilen sei normalverteilt mit μ = 50 und σ = 0,5. Die Toleranzgrenzen betragen 50 ± 1. Gesucht ist die statistische Sicherheit für das Produktionsergebnis im Toleranzbereich.

   Eingaben: 50 STO A
   0,5 STO B
   51 STO C
   49 STO D

   Start $\boxed{C}$: Statistische Sicherheit
   Ergebnis: S(Gut) = 0,954 = 95,4 %
   Nach R/S: S(Ausschuß) = 0,046 = 4,6 %
   Rechenzeit rund 30 Sekunden

6.2 Binominalverteilung

Eine für die praktische Anwendung grundlegende diskrete Verteilung ist die binomische Verteilung. Die binomische Verteilung gilt für Zufallsereignisse, die nur die komplementären Zustände A und $\bar{A}$ mit den Wahrscheinlichkeiten w(A) = p und w($\bar{A}$) = 1 − p = q zur Folge haben können. Dabei ist die Wahrscheinlichkeit, daß das Ereignis A bei n unabhängigen Proben genau k-mal auftritt, gegeben durch:

$$w(k) = \frac{n!}{k!(n-k)!} p^k (1-p)^{n-k} = \binom{n}{k} p^k q^{n-k} \tag{6.2.1}$$

für k = 0, 1, ... , n. (0! ist gleich 1 zu setzen.)
Bei der Berechnung aufeinanderfolgender Einzelwahrscheinlichkeiten w(k) ist die Anwendung einer Rekursionsformel zweckmäßig:

$$w(k+1) = \frac{n-k}{k+1} \frac{p}{q} w(k) \tag{6.2.2}$$

Für die Verteilungsfunktion F(m) einer Binominalverteilung gilt:

$$F(m) = \sum_{k=0}^{m} \binom{n}{k} p^k q^{n-k} \qquad (6.2.3)$$

F(m) ist die Wahrscheinlichkeit dafür, daß bei 0, 1, 2, ... , m Ereignissen der Zustand A mit w(A) = p eintritt.
In der Praxis interessiert häufig der Fall, bei dem für eine vorgegebene statistische Sicherheit S der minimale Wert von m für den Zustand A zu bestimmen ist:

$$F(m) = \sum_{k=0}^{m} \binom{n}{k} p^k q^{n-k} > S \qquad (6.2.4)$$

Es läßt sich zeigen, daß die binomische Verteilung mit dem Erwartungswert np und der Varianz npq für np > 4 und nq > 4 durch eine (np, $\sqrt{npq}$)-Normalverteilung angenähert werden kann.

6.2.1 Vertrauensgrenzen von Hypothesen

Bei Serienfertigungen gleichartiger Teile in großen Losen ist es wichtig, aufgrund einer Stichprobe ein Vertrauensintervall für den prozentualen Ausschußanteil der Serie angeben zu können.
Hierzu wird der Grundgesamtheit eine Stichprobe vom Umfang n entnommen. Die Grundgesamtheit besteht aus Elementen, die entweder die Eigenschaft A(Gut) oder die Eigenschaft $\overline{A}$(Ausschuß) ausweisen. Enthält die Stichprobe m Elemente mit der Eigenschaft $\overline{A}$(Ausschuß), so lassen sich die Vertrauensgrenzen für die unbekannte Ausschußwahrscheinlichkeit p unter der Voraussetzung bestimmen, daß die binomische Verteilung hinreichend genau durch die Normalverteilung angenähert werden kann. Dies ist der Fall, wenn bei n-maliger Wiederholung des Bernoulli-Experimentes, d.h. das Mischungsverhältnis der Grundgesamtheit bleibt praktisch konstant, m > 4 und n − m > 4 gilt. Dies bedeutet für die binomische Verteilung, daß diese mit np > 4 und nq > 4 durch eine (np; $\sqrt{npq}$)-Normalverteilung ersetzt werden kann. Bezeichnet man mit λ die Grenze des zweiseitigen Vertrauensintervalls, mit der statistischen Sicherheit S_2, so gilt für die Ausschußwahrscheinlichkeit p:

$$\frac{1}{n+\lambda^2}\left[m + \frac{\lambda^2}{2} - \lambda \sqrt{m\left(1-\frac{m}{n}\right) + \frac{\lambda^2}{4}}\right] \leq p \leq \frac{1}{n+\lambda^2}\left[m + \frac{\lambda^2}{2} + \lambda \sqrt{m\left(1-\frac{m}{n}\right) + \frac{\lambda^2}{4}}\right] \qquad (6.2.5)$$

Die Grenze $\lambda(S_2)$ des zweiseitigen Vertrauensintervalls entspricht der einseitigen Fraktile $\lambda(S_1)$ einer (0; 1)-Normalverteilung bei $S_1 = \frac{1}{2}(100\% + S_2)$.

6.2.2 Struktur des Programms „Binominalverteilung"

In dem Programm ist die Berechnung folgender Kenngrößen binominal verteilter Elemente vorgesehen:

Einzelwahrscheinlichkeit	w(p, n, k)	Start [A]
Summenwahrscheinlichkeit	F(p, n, k_o, m)	Start [B]
Obere Grenz-Ausfallzahl	m_o (p, n, k_o, S_1)	Start [C]
Untere Grenz-Ausfallzahl	m_u (p, n, k_o, S_1)	Start [f] [c]
Vertrauensbereich	p(n, m, $\lambda(S_2)$)	Start [D]

Die Anweisungsliste zu dem Programm ist in Tabelle 6.2.1 angegeben.
Für die Argumente der Funktionen sind folgende Speicher vorgesehen:

Ausfallwahrscheinlichkeit p	in STO A
Anzahl der Elemente n	in STO B
Grenz-Ausfallzahl m	in STO C
Statistische Sicherheit für zweiseitig begrenzten Vertrauensbereich S_2	in STO D
Statistische Sicherheit für einseitig begrenzten Vertrauensbereich S_1	in STO E

Den Eingabewert des Startpunktes für die Bildung der Summenwahrscheinlichkeit stellt der Wert im X-Register vor dem Programmstart dar.

6.2.3 Programmbeschreibung „Binominalverteilung"

1. Einzelwahrscheinlichkeit

Das Programm für die Berechnung der Einzelwahrscheinlichkeit w(k) nach Gl. (6.2.1) beginnt in Zeile 001 mit der Anfangsadresse Label A. Bis zum Eintritt in die Programmschleife in Zeile 025 mit Label 4 werden Vorbereitungsanweisungen wie Flag 0 löschen und Speicher löschen getroffen. Der beim Programmstart im X-Register vorgegebene Wert k wird in Zeile 028 in einer kurzen Pause angezeigt. Anschließend wird $p^k q^{n-k}$ gebildet und nach STO 1 abgespeichert. Mit dem Unterprogramm Label a in Zeile 039 wird die Berechnung des Binominalkoeffizienten $\binom{n}{k}$ eingeleitet. Auf die Programmierung der Rekursionsformel nach Gl. (6.2.2) wurde verzichtet, da beliebige untere Grenzen für die Berechnung der Binominalkoeffizienten zulässig sein sollen. Da das Flag 0 für die Variante A nicht gesetzt ist, wird das Programm mit der Ausgabe der Einzelwahrscheinlichkeit in Zeile 045 beendet.

2. Summenwahrscheinlichkeit

Die Berechnung der Summenwahrscheinlichkeit wird über Label B in Zeile 004 gestartet. Als Merkmale wird Flag 0 gesetzt und Flag 1 gelöscht. Bis zur Zeile 042 verlaufen beide Rechnungsvarianten w(k) und F(m) gleichartig. Ab Label 3 in Zeile 046 wird geprüft, ob die obere Grenze noch nicht erreicht ist.
Zur Ausgabe kommen in zyklischem Ablauf die Anzeigen der Ausfallzahl k in Zeile 028 und der Funktionswert F(m) in Zeile 049. Nachdem die letzte Einzelwahrscheinlichkeit für k = m aufaddiert wurde, werden als Endergebnisse der Startwert für k in Zeile 060, der Endwert für k in Zeile 064 und die Summenwahrscheinlichkeit als Dezimalwert in Zeile 067 ausgegeben. Für die Berechnung der Summenwahrscheinlichkeiten kann in einem speziellen Programm durch Anwendung der Rekursionsformel nach Gl. (6.2.2) die Rechenzeit erheblich reduziert werden.

3. Grenz-Ausfallzahl

Die Berechnung der Grenz-Ausfallzahl wird über Label C in Zeile 011 gestartet. Der Unterschied gegenüber dem Programmablauf für die Summenwahrscheinlichkeit liegt lediglich in einer durch den Zustand von Flag 1 in Zeile 052 bewirkten veränderten Abfrage. Ist Flag 1 gesetzt, so wird in

Tabelle 6.2.1 Anweisungsliste „Binominalverteilung"

w(p,n,k)	001	*LBLA	057	GTO4	113	GTO1	169	x
	002	CF0	058	*LBL6	114	*LBL3	170	ST04
	003	GTO3	059	RCL7	115	RCL4	171	0
F(m)	004	*LBLB	060	PRTX⇒K₀	116	RTN	172	ST03
	005	SF0	061	1	p(S) 117	*LBLD	173	5
	006	CF1	062	ST-6	118	GSBd	174	CHS
	007	GTO3	063	RCL6	119	X²	175	ST01
$m_u(S_1)$	008	*LBLc	064	PRTX⇒m	120	ST00	176	GSBe
	009	SF2	065	SPC	121	4	177	ST02
	010	GTO2	066	RCL5	122	÷	178	.
$m_o(S_1)$	011	*LBLC	067	PRTX⇒F(m)	123	1	179	0
	012	CF2	068	R/S	124	RCLC	180	5
	013	*LBL2	069	*LBL5	125	RCLB	181	ST00
	014	SF0	070	RCLE	126	÷	182	4
	015	SF1	071	EEX	127	−	183	ST0I
	016	*LBL3	072	2	128	RCLC	184	*LBL0
	017	ST07	073	÷	129	x	185	RCL0
	018	ST06	074	RCL5	130	+	186	ST+1
	019	0	075	X≤Y?	131	√x	187	RCL1
	020	ST05	076	GTO4	132	RCL1	188	GSBe
	021	1	077	F2?	133	x	189	RCL2
	022	RCLA	078	GTO3	134	ST02	190	X≷Y
	023	−	079	GTO6	135	RCL0	191	ST02
	024	ST00	080	*LBL3	136	2	192	+
	025	*LBL4	081	1	137	÷	193	2
	026	RCLA	082	ST-6	138	RCLC	194	÷
	027	RCL6	083	RCL1	139	+	195	x
	028	PSE⇒k	084	ST-5	140	ST03	196	ST+3
	029	Y^x	085	GTO6	141	+	197	RCL4
	030	RCL0	UP 086	*LBLa	142	RCL0	198	RCL3
	031	RCLB	087	ST02	143	RCLB	199	X≤Y?
	032	RCL6	088	X≷Y	144	+	200	GTO0
	033	−	089	ST03	145	ST04	201	RCL0
	034	Y^x	090	−	146	÷	202	ST-1
	035	x	091	LSTX	147	PRTX⇒p_u	203	R↑
	036	ST01	092	X≤Y?	148	RCL3	204	ST-3
	037	RCL6	093	GTO2	149	RCL2	205	1
	038	RCLB	094	X≷Y	150	−	206	0
	039	GSBa	095	ST03	151	RCL4	207	ST÷0
	040	ST×1	096	*LBL2	152	÷	208	DSZI
	041	RCL1	097	1	153	PRTX⇒p_o	209	GTO0
	042	F0?	098	ST04	154	R/S	210	RCL1
	043	GTO3	099	RCL3	UP 155	*LBLd	211	ABS
	044	PRTX⇒w	100	X=0?	156	EEX	212	PRTX⇒λ
	045	R/S	101	GTO3	157	2	213	SPC
	046	*LBL3	102	3	158	RCLD	214	RTN
	047	ST+5	103	ST0I	159	−	UP 215	*LBLe
	048	RCL5	104	*LBL1	160	2	216	X²
	049	PSE⇒F(m)	105	DSZI	161	÷	217	2
	050	1	106	RCL2	162	EEX	218	÷
	051	ST+6	107	RCL3	163	2	219	CHS
	052	F1?	108	÷	164	÷	220	e^x
	053	GTO5	109	ST×4	165	2	221	RTN
	054	RCLC	110	DSZI	166	Pi	222	GTOe
	055	RCL6	111	ISZI	167	x	223	R/S
	056	X≤Y?	112	DSZI	168	√x		

Zeile 075 die aufaddierte Summenwahrscheinlichkeit mit dem Inhalt von STO E verglichen und damit bei $F(m_o) > S_1$ die Rechnung beendet.

Als Endergebnisse werden wieder der Startwert für k in Zeile 060, der Endwert für k in Zeile 064 und die Summenwahrscheinlichkeit als Dezimalwert in Zeile 067 ausgegeben.

Bei Programmstart über Label c wird auf die letzte Summenwahrscheinlichkeit unterhalb der in STO E vorgegebenen statistischen Sicherheit S_1 abgefragt $F(m_u) > S_1$. Mit den beiden Ergebnissen aus Start C und Start c kann der Gewinn an statistischer Sicherheit durch den letzten Rechenschritt von $k = m_u$ bis $k = m_u + 1 = m_o$ bewertet werden.

4. Vertrauensbereich

Die Berechnung des Vertrauensbereiches der Wahrscheinlichkeit p(A) wird über Label D in Zeile 117 gestartet. Es wird vorausgesetzt, daß die Bedingungen für die Approximation der Binominalverteilung durch die Normalverteilung ($m > 4$ und $n - m > 4$) erfüllt sind. In dem Unterprogramm Label d wird zu der in STO D abgelegten statistischen Sicherheit S_2 für zweiseitige Begrenzung die Fraktile λ bestimmt und in Zeile 212 ausgegeben. Mit diesem Wert λ wird der Vertrauensbereich für die Wahrscheinlichkeit p gemäß Gl. (6.2.5) berechnet und in den Zeilen 147 und 153 ausgegeben.

6.2.4 Anwendungsbeispiele

1. In einem Energieversorgungssystem sind n = 200 Kraftwerksblöcke mit der Ausfallwahrscheinlichkeit p = 3 % an der Energiebereitstellung beteiligt.
    a) Mit welcher Wahrscheinlichkeit tritt der Erwartungswert auf, bei dem pn = 6 Blöcke ausfallen?
    b) Wie groß ist die Wahrscheinlichkeit dafür, daß höchstens 10 Blöcke gleichzeitig ausfallen?
    c) Mit welcher Block-Ausfallzahl muß bei einer statistischen Sicherheit von S = 99 % gerechnet werden (oberer und unterer Grenzwert der Block-Ausfallzahl für S = 99 %)?

Ergebnisse:
   a) Einzelwahrscheinlichkeit für k = 6
      Eingaben: 0,03 STO A Ausfallwahrscheinlichkeit p
                 200 STO B   Blockzahl n
                 6 im X-Register als Ausfallzahl
      Start $\boxed{A}$: Einzelwahrscheinlichkeit für den Erwartungswert $\xi = np$
                 w(6) = 0,163 = 16,3 %
      Rechenzeit rund 20 Sekunden
   b) Summenwahrscheinlichkeit für maximale Ausfallzahl m = 10
      Eingaben: 10 STO C maximale Ausfallzahl
                 0 im X-Register als Startwert der möglichen Zustände
      Start $\boxed{B}$: Summenwahrscheinlichkeit für $k \leqslant 10$
                 $w(k \leqslant 10)$ = 0,960 = 96 %
      Rechenzeit rund 3 Minuten
   c) Ausfallzahl bei vorgegebener statistischer Sicherheit (oberer Grenzwert)
      Eingaben: 99 STO E Sollwert der statistischen Sicherheit S_1 in Prozent
                 0 im X-Register als Startwert

Start $\boxed{C}$: Erfaßte Ausfallsituationen k = 0 bis k = 12 bei der statistischen Sicherheit
(Istwert) S_1 = 0,992 = 99,2 %. Während der Rechnung wird in kurzen Pausen
die jeweilige Ausfallzahl und die Summenwahrscheinlichkeit angezeigt.

Rechenzeit rund 3 Minuten

Ausfallzahl bei vorgegebener statistischer Sicherheit (unterer Grenzwert)

Start $\boxed{f}$ $\boxed{c}$: Erfaßte Ausfallsituationen k = 0 bis k = 11 bei der statistischen Sicherheit
S_1 = 0,982 = 98,2 %

Rechenzeit rund 3 Minuten

2. Anwendungsbeispiele „Vertrauensbereich"

Aus einer Fertigungsserie Kondensatoren wurden 200 Stück zufallsmäßig entnommen. Unter diesen befanden sich 50 Stück, deren Kapazitätswert außerhalb der Toleranz lag. Gesucht ist das 95 %-Vertrauensintervall für den Ausschußanteil p in der Gesamtmenge.
(Die Voraussetzungen für die Anwendbarkeit der binomischen Verteilung seien erfüllt
(m $>$ 4 und n − m $>$ 4).)

Eingaben: n = 200 STO B
 m = 50 STO C
 S_2 = 95 STO D

Start $\boxed{D}$: Berechnung der unteren und oberen Grenze des Ausschuß-Anteils bei 95 %-Vertrauensbereich

Ergebnisse: untere Grenze p_u = 0,195 = 19,5 %
 obere Grenze p_o = 0,314 = 31,4 %

$0,195 \leqslant p \leqslant 0,314$

Rechenzeit rund 160 Sekunden

Erweiterung des Vertrauensbereiches auf 99 %:

Eingabe: 99 STO D
Start $\boxed{D}$: $0,181 \leqslant p \leqslant 0,335$
Rechenzeit rund 160 Sekunden

3. Bei einer Umfrage über den Bekanntheitsgrad eines Gebrauchsartikels wurden n = 300 Verbraucher befragt. Davon kannten 40 % den Artikel.
Gesucht ist das 99 %-Vertrauensintervall für den Bekanntheitsgrad p des Artikels.

Eingaben: n = 300 STO B
 m = 120 STO C (40 % von 300)
 S_2 = 99 STO D

Start $\boxed{D}$: Grenzen des 99 %-Vertrauensbereiches
Ergebnis: Obere Grenze p_u = 0,330 = 33,0 %
 Untere Grenze p_o = 0,474 = 47,4 %

$0,330 \leqslant p \leqslant 0,474$

Rechenzeit rund 3 Minuten

4. In einer Weberei soll das Ausmaß der durch Fadenbrüche verursachten Stehzeiten der Webautomaten nach der Einführung eines neuen Kettgarns überprüft werden. Bei 18 Kontrollgängen wurde an den 30 Webautomaten 35 Stillstände durch Fadenbrüche beobachtet. Nach Angaben des Kettgarnlieferanten soll die mittlere relative Stillstandszeit durch Fadenbrüche bei dem neuen Kettgarn bei 4 % liegen [23].

Es ist zu prüfen, ob die beobachteten Stillstände bei einer statistischen Sicherheit von 95 % mit den Angaben des Kettgarnherstellers verträglich sind.

Die Grundgesamtheit der Beobachtungen wird aus 18 Kontrollgängen an 30 Webautomaten zu n = 540 gebildet. Die Stillstandswahrscheinlichkeit jedes Automaten soll 4 % betragen, d.h. p = 0,04. Es ist zu prüfen, ob die Zahl der festgestellten 35 Stillstände bei einer statistischen Sicherheits von S_1 = 95 % unter- oder überschritten wird.

Eingaben: 0,04 STO A
540 STO B
95 STO E
0 im X-Register als Startwert

Start $\boxed{f}$ $\boxed{c}$: Als Ergebnis wird ausgegeben, daß bis zu einer statistischen Sicherheitsgrenze von 95 % nur maximal 28 Automaten stillstehen durften:

n_o = 0
n_G = 28 zulässige Ausfallgrenze
S_1 = 0,930 = 93,0 %

Rechenzeit rund 11 Minuten

Berechnet man die Ausfallzahl, bei der die statistische Sicherheit von 95 % mindestens erreicht wird (Start C), so ergibt sich eine zulässige Ausfallgrenze von n_G = 29 bei S_1 = 95,34 %.

Zusätzlich kann man aus dem Beobachtungsergebnis das 90 %-Vertrauensintervall für die Stillstandswahrscheinlichkeit ermitteln:

Eingaben: 540 STO B Gesamtheit der Beobachtung
35 STO C beobachtete Ausfälle
90 STO D $S_2 = 2S_1 - 100$ %

Start $\boxed{D}$: Nach Angabe des Fraktilenwertes λ = 1,645 für die zweiseitige Begrenzung mit S_2 = 90 % werden die Vertrauensgrenzen ausgegeben:

0,049 $\leqslant$ p $\leqslant$ 0,085   oder   4,9 % $\leqslant$ p $\leqslant$ 8,5 %

Rechenzeit rund 4 Minuten

Als Ergebnis ist also festzustellen, daß die Angaben des Kettgarnherstellers zu p = 4 % für das neue Kettgarn nicht zutrifft, da mit einer statistischen Sicherheit von 90 % der Wert für p zwischen 4,9 und 8,5 % liegt. Die Wahrscheinlichkeit, daß die Stillstandserwartung unter 4,9 % bleibt, ist demnach kleiner als 5 %.

Für S_2 = 50 % liegt p in dem Vertrauensbereich von 5,8 % bis 7,2 %.

6.3 Klassifizierung durch Stichproben

Um aus einer statistisch verteilten Grundgesamtheit wahrscheinlichkeitstheoretische Klassifizierungen für ein durch die stochastische Veränderliche X gekennzeichnetes Merkmal treffen zu können, entnimmt man der Grundgesamtheit nach dem Zufall eine Stichprobe vom Umfang n. Für die Variable X ergeben sich dabei n Werte x_1 bis x_n, aus denen sich das Stichprobenmittel $\bar{x}$ und die Stichprobenstandardabweichung s als Maß für die Steuerung um den Mittelwert bestimmen lassen.

Für den Mittelwert (arithmetisches Mittel) gilt:

$$\bar{x} = \frac{1}{n} \sum_{i=1}^{n} x_i \qquad (6.3.1)$$

Für die Standardabweichung gilt:

$$s = \sqrt{\frac{1}{n-1} \cdot \sum_{i=1}^{n} (x_i - \bar{x})^2} \tag{6.3.2}$$

Nach beliebiger Wiederholung der Stichprobe über eine normalverteilte Grundgesamtheit würden sich als Mittelwert aller einzelnen Stichproben-Mittelwerte der Erwartungswert μ und als Mittelwert aller Stichproben-Standardabweichungen die Standardabweichung σ als Verteilungsparameter ergeben.

Als Ergebnis einer Stichprobe werden der Streubereich der stochastischen Veränderlichen X selbst und der Streubereich für den Erwartungswert angegeben:

$$x = \bar{x} \pm s \tag{6.3.3}$$

$$x_m = \bar{x} \pm \frac{s}{\sqrt{n}} \tag{6.3.4}$$

Da auch bei beliebig verteilter Grundgesamtheit das Stichprobenmittel $\bar{x}$ wenigstens annähernd normalverteilt ist, kann mit den Verteilungsparametern $\mu = \bar{x}$ und $\sigma = s/\sqrt{n}$ von der repräsentativen Stichprobe mit den Gesetzen der (μ, σ)-Normalverteilung auf die Gesamtheit geschlossen werden.

6.3.1 Vertrauensbereich des Mittelwertes

Bei verschiedenen Stichproben werden im allgemeinen die aus den Stichproben ermittelten Kennzahlen von Stichprobe zu Stichprobe variieren. Daher ist die aus einer Stichprobe ermittelte Kennzahl, z.B. der Mittelwert $\bar{x}$, nur ein Schätzwert für den Erwartungswert μ der Grundgesamtheit. Zu diesem Schätzwert läßt sich ein Intervall angeben, daß den Erwartungswert einschließt. Dieses Intervall, dessen Grenzen von der zugrunde gelegten statistischen Sicherheit S abhängen, nennt man den Vertrauensbereich des Mittelwertes:

$$\mu - u_2 \frac{\sigma}{\sqrt{n}} \leq \bar{x} \leq \mu + u_2 \frac{\sigma}{\sqrt{n}} \tag{6.3.5}$$

Die zweiseitig begrenzten Vertrauensbereichsgrenzen lassen sich bei vorgegebener statistischer Sicherheit S nach Abschnitt 6.1.1 für normalverteilte Grundgesamtheiten mit dem Programm Label D als $u_2 = f(\mu, \sigma, S)$ bestimmen. Für einseitig begrenzte Vertrauensbereiche ist die Startadresse Label d vorgesehen.

6.3.2 Programmbeschreibung „Stichproben-Klassifizierung"

Das in Tabelle 6.3.1 angegebene Programm umfaßt einen Eingabeteil, der über Label E in Zeile 001 und einen Berechnungsteil, der über Label A in Zeile 014 gestartet wird. Als Eingabedaten müssen die Werte x_i und die Häufigkeit des jeweiligen Wertes n_i über die Tastatur eingegeben werden. Nach Eingabe des ersten Wertepaares wird das Eingabeprogramm durch Betätigung der Taste E gestartet. Alle weiteren Wertepaare werden nach ihrer Eingabe durch Betätigung der R/S-Taste verarbeitet.
In Zeile 002 wird der Wert für die Häufigkeit nach STO I abgespeichert und steht dort zur Steuerung der Programmschleife Label 0 von Zeile 004 bis 009 zur Verfügung. Die Summation der x_i-Werte wird mit Hilfe der Funktionstaste $\boxed{\Sigma+}$ in Zeile 005 durchgeführt. Nach Abschluß der Ein-

Tabelle 6.3.1 Anweisungsliste „Stichproben-Klassifizierungsprogramm"

Label	Step	Code		Step	Code		Step	Code
Start	001	*LBLE		052	.		103	ST+3
	002	STOI		053	5		104	RCL4
	003	X⇌Y		054	RCLE		105	RCL3
	004	*LBL0 ←		055	EEX		106	X≤Y?
	005	Σ+		056	2		107	GTO4 —
	006	ENT↑		057	÷		108	R↓
	007	LSTX		058	X≤Y?		109	RCL0
	008	DSZI		059	GTO1		110	2
	009	GTO0 —		060	1		111	×
	010	X⇌Y		061	—		112	ST-1
	011	STOC		062	CHS		113	R↑
	012	RTN ⇐ n_i, x_i		063	SF1		114	ST-3
	013	GTOE		064	*LBL1		115	1
Statistik	014	*LBLA		065	STO0		116	0
	015	RCLC		066	2		117	ST÷0
	016	PRTX ⇒ n		067	F0?		118	DSZI
	017	SPC		068	ST÷0		119	GTO4 —
	018	$\bar{x}$		069	RCL0		120	RCL1
	019	STOA		070	2		121	F1?
	020	PRTX ⇒ $\bar{x}$		071	P⇌i		122	CHS
	021	SPC		072	×		123	F0?
	022	s		073	√x		124	ABS
	023	STOB		074	×		125	PRTX ⇒ u_2
	024	PRTX ⇒ s		075	STO4		126	SPC
	025	RCLC		076	5		127	RCLB
	026	√x		077	CHS		128	RCLC
	027	÷		078	STO1		129	√x
	028	STOD		079	GSBe		130	÷
	029	PRTX ⇒ s_m		080	STO2		131	×
	030	RCLA		081	.		132	PRTX ⇒ Δx
	031	X⇌Y		082	1		133	SFC
	032	+		083	STO0		134	RCLA
	033	SPC		084	4		135	X⇌Y
	034	PRTX ⇒ x_o		085	STOI		136	+
	035	LSTX		086	*LBL4 ←		137	PRTX ⇒ x_o
	036	CHS		087	RCL6		138	LSTX
	037	RCLA		088	STO2		139	RCLA
	038	+		089	GSBe		140	—
	039	PRTX ⇒ x_u		090	4		141	CHS
	040	R/S		091	×		142	PRTX ⇒ x_u
Vertrauensb.	041	*LBLD		092	STO5		143	R/S
	042	SF0		093	GSBe	UP	144	*LBLe
	043	GTO1		094	STO6		145	RCL0
	044	*LBLd		095	RCL5		146	ST+1
	045	CF0		096	+		147	RCL1
	046	*LBL1		097	RCL2		148	x^2
	047	CF1		098	+		149	2
	048	SPC		099	RCL0		150	÷
	049	0		100	×		151	CHS
	050	STO3		101	3		152	e^x
	051	STO6		102	÷		153	RTN
							154	R/S

gabe können damit der Mittelwert und die Standardabweichung unmittelbar über die Funktionstasten $\boxed{\bar{x}}$ und $\boxed{s}$ aufgerufen werden. Da hierzu die Sekundärspeicher STO 4' bis STO 9' benötigt werden, müssen diese vor dem Programmstart über Label E gelöscht werden. Als Ergebnisse werden folgende Klassifizierungsmerkmale für die Stichprobe ausgegeben:

In Zeile 016 n = Anzahl der Eingabewerte
In Zeile 020 $\bar{x}$ = Mittelwert der Eingabewerte
In Zeile 024 s = Streubereich der Eingabewerte
In Zeile 029 s_m = Streubereich des Mittelwertes
In Zeile 034 x_o = oberer Grenzwert der Mittelwertstreuung
In Zeile 039 x_u = unterer Grenzwert der Mittelwertstreuung

Der Mittelwert wird nach STO A, der Streubereich der Eingabewerte nach STO B, die Anzahl der Eingabewerte nach STO C und der Streubereich des Mittelwertes wird nach STO D abgespeichert. Damit sind schon die Eingabespeicher für eine anschließende Normalverteilung durch Start D oder mit dem Programm nach Tabelle 6.1.1 richtig belegt. Zum Beispiel kann nach Eingabe eines Wertes für die statistische Sicherheit in STO E über Start $\boxed{D}$ der Vertrauensbereich des Mittelwertes oder nach dem Einlesen des Programms „Gaußsche Normalverteilung" durch Betätigung der Taste C die statistische Sicherheit für einen vorgegebenen Streubereich unmittelbar berechnet werden.
Die Berechnung der Stichproben-Kenngrößen gemäß den Gln. (6.3.1 bis 6.3.4) ist in Zeile 040 beendet. In der Zeile 041 beginnt mit der Startadresse Label D das Programm zur Berechnung des Vertrauensbereiches des Mittelwertes nach Gl. (6.3.5). In diesem Programm wird die numerische Integration der Normalverteilungskurve im Gegensatz zu der Variante Label D nach Tabelle 6.1.1 mit der Simpson-Regel gemäß Gl. (4.4.5) durchgeführt. Hierzu wird in Zeile 083 in STO 0 die Streifenbreite h = 0,1 abgespeichert. Bei jedem Schleifendurchlauf innerhalb der Zeilen 086 bis 107 wird das Unterprogramm Label e zweimal aufgerufen, um die Ordinatenwerte im Abstand h und 2h vom jeweiligen Anfangspunkt zu berechnen. In den Zeilen 108 bis 119 ist das schon unter Abschnitt 6.1.2.4. erläuterte Pilgerschrittverfahren für das Herantasten an den vorgegebenen Wert des Integrals programmiert. In Zeile 125 wird der Wert der erreichten Fraktile als normierte zweiseitige Vertrauensbereichsgrenze u_2 (bei Start D) oder als normierte einseitige Vertrauensbereichsgrenze u_1 (bei Start d) ausgegeben. In den Zeilen 132, 137 und 142 werden das Vertrauensintervall sowie die obere und untere Intervallgrenze ausgegeben.

6.3.3 Anwendungsbeispiel

Die Höhe neunjähriger Kiefern wurden an n = 125 Bäumen gemessen. Es kommen Höhen von 61 bis 270 cm vor. Die aufgenommenen Meßwerte werden 11 Klassen mit je 20 cm Spannweite von (60 ± 10) cm bis (260 ± 10) cm zugeordnet [15]. Im einzelnen wurden folgende Werte ermittelt:

Höhe in cm	60	80	100	120	140	160	180	200	220	240	260
Anzahl	1	1	2	9	15	22	30	27	9	6	3

a) Wie groß ist die mittlere Höhe der erfaßten Bäume?
b) Welcher Streubereich ist im einzelnen zu erwarten?
c) Welcher Streubereich ist im Mittel zu erwarten?
d) Wie groß ist der Vertrauensbereich bei einer statistischen Sicherheit von 95 % und 99 %, wenn eine ($\mu = \bar{x}$, $\sigma = s/\sqrt{n}$) Normalverteilung zugrunde gelegt werden kann?
e) Wie groß ist die statistische Sicherheit für den unter c) ermittelten Streubereich?

Zu dem Anwendungsbeispiel sind folgende Eingaben erforderlich:

|CLRG| } Sekundärregister löschen
|P⇄S·|

```
 60 ENTER  1 R/S Anzeige:   1
 80 ENTER  1 R/S Anzeige:   2
100 ENTER  2 R/S Anzeige:   4
120 ENTER  9 R/S Anzeige:  13
140 ENTER 15 R/S Anzeige:  28
160 ENTER 22 R/S Anzeige:  50
180 ENTER 30 R/S Anzeige:  80
200 ENTER 27 R/S Anzeige: 107
220 ENTER  9 R/S Anzeige: 116
240 ENTER  6 R/S Anzeige: 122
260 ENTER  3 R/S Anzeige: 125
```

Lösung zu a), b) und c):

Start $\boxed{A}$: n = 125,00

$\bar{x}$ = 176,32   Lösung zur Frage a)

s = 36,67   Lösung zur Frage b)

s_m = 3,28   Lösung zur Frage c)

x_o = 179,60

x_n = 173,04

Für die Eingabe sind rund 5 Minuten erforderlich. Die Berechnung der Ergebnisse ist in rund 10 Sekunden erledigt.

d) Vertrauensbereich

Der Vertrauensbereich für den Mittelwert ist eine Funktion der statistischen Sicherheit. Da der Mittelwert bereits in STO A und die Standardabweichung bereits in STO B vorliegt, muß vor dem Start mit Label D noch die gewünschte statistische Sicherheit in STO E eingegeben werden:

95 STO E

Start $\boxed{D}$: Nach rund 2 Minuten Rechenzeit werden folgende Ergebnisse ausgegeben:

1. Normierte zweiseitige Vertrauensbereichsgrenze u_2 = 1,96
2. Vertrauensintervall Δx = 6,43
3. Obere Intervallgrenze x_o = 182,75
4. Untere Intervallgrenze x_u = 169,89

Nach Änderung der statistischen Sicherheit auf 99 % durch die Eingabe 99 STO E werden nach dem Start $\boxed{D}$ folgende Ergebnisse ausgegeben:

1. Normierte zweiseitige Vertrauensbereichsgrenze u_2 = 2,58
2. Vertrauensintervall Δx = 8,45
3. Obere Intervallgrenze x_o = 184,77
4. Untere Intervallgrenze x_u = 167,87

e) Statistische Sicherheit

Die Frage nach der statistischen Sicherheit bei vorgegebenem Streubereich ist die Umkehrung der Frage d) nach dem Vertrauensbereich. Zur Beantwortung dieser Frage muß das Programm „Gaußsche Normalverteilung" nach Tabelle 6.1.1 eingelesen und die Streubereichsgrenzen x_o und x_u in die Speicher STO C und STO D eingegeben werden.

Nach Start $\boxed{C}$ wird als Ergebnis S = 0,6827 = 68,27 % ausgegeben. Für einen Streubereich $x = \bar{x} \pm 10$ ergibt sich eine statistische Sicherheit S = 99,77 %.

6.4 Regressionsanalyse

Die Regressionsanalyse beschäftigt sich mit der Art des Zusammenhangs zwischen den Wertepaaren x_i und y_i mit dem Ziel, eine funktionale Abhängigkeit $y_i = f(x_i)$ zu finden, welche die Menge der Wertepaare möglichst gut approximiert. Die Regressionskennlinie wird nach dem Gaußschen Prinzip der kleinsten Quadrate aller Abweichungen durch die gegebene Punktmenge gelegt. Bei linearer Abhängigkeit wird eine Regressionsgerade zugrunde gelegt. Die Benennung Regression wurde von Galton (1822–1911) eingeführt, der die Körperlängen von Eltern und Kindern verglich und dabei beobachtete, daß zwar im allgemeinen große Väter große Söhne haben, daß diese Beziehung jedoch nicht immer stimmt, da die Körpergröße der Söhne im Mittel etwas kleiner ist, als die der Väter, umgekehrt aber kleine Eltern im Mittel etwas größere Kinder haben. Diesen „Rückschlag" in Richtung auf die Durchschnittsgröße der Bevölkerung bezeichnete er als Regression.

Zur Bestimmung der Regressionskoeffizienten dienen die Normalgleichungen, wie sie in den Tabellen 6.4.1 und 6.4.2 für Funktionen mit zwei oder drei Regressionskoeffizienten angegeben sind [25].

Als Maß für die Beurteilung der Approximationsgüte der Regressionslinie mit den gegebenen Wertepaaren dient der Korrelationskoeffizient r:

$$r = \frac{\Sigma xy - \frac{(\Sigma x)(\Sigma y)}{n}}{\sqrt{\left[\Sigma x^2 - \frac{1}{n}(\Sigma x)^2\right] \cdot \left[\Sigma y^2 - \frac{1}{n}(\Sigma y)^2\right]}} \qquad (6.4.1)$$

In den nachfolgend angegebenen Programmen werden die Regressionskoeffizienten der verschiedenen Funktionstypen unter den angegebenen Startadressen A bis a, A bis C und A aufgerufen. Der Korrelationskoeffizient nach Gl. (6.4.1) wird für die Regressionen nach Tabelle 6.4.1 sowie für die Glockenkurve nach Tabelle 6.4.2 in einem Unterprogramm mit der Einsprungadresse Label b berechnet.

Tabelle 6.4.1 Regressionsgleichungen und Normalgleichungen für zwei Regressionskoeffizienten

Regressionsgleichungen	Normalgleichungen	Startadresse
$y = a + bx$	$an + b\Sigma x = \Sigma y$ $a\Sigma x + b\Sigma x^2 = \Sigma(xy)$	A
$y = \dfrac{1}{a + bx}$	$a\Sigma y^2 + b\Sigma(xy^2) = \Sigma y$ $a\Sigma(xy^2) + b\Sigma(x^2y^2) = \Sigma(xy)$	B
$\ln y = a + bx$ $y = e^a e^{bx}$	$an + b\Sigma x = \Sigma \ln y$ $a\Sigma x + b\Sigma x^2 = \Sigma(x \ln y)$	C
$y = a + b \ln x$	$an + b\Sigma \ln x = \Sigma y$ $a\Sigma \ln x + b\Sigma(\ln x)^2 = \Sigma(y \ln y)$	D
$\ln y = a + b \ln x$ $y = e^a x^b$	$an + b\Sigma \ln x = \Sigma \ln y$ $a\Sigma \ln x + b\Sigma(\ln x)^2 = \Sigma(\ln x \ln y)$	E
$y = ab^x$ $\ln y = \ln a + x \ln b$	$n \ln a + \ln b \Sigma x = \Sigma \ln y$ $\ln a \Sigma x + \ln b \Sigma x^2 = \Sigma(x \ln y)$	a

Tabelle 6.4.2 Regressionsgleichungen und Normalgleichungen für drei Regressionskoeffizienten

Regressionsgleichungen	Normalgleichungen	Startadresse
$y = a + bx + cx^2$	$an + b\Sigma x + c\Sigma x^2 = \Sigma y$ $a\Sigma x + b\Sigma x^2 + c\Sigma x^3 = \Sigma xy$ $a\Sigma x^2 + b\Sigma x^3 + c\Sigma x^4 = \Sigma x^2 y$	A
$y = a + bx + c\sqrt{x}$	$an + b\Sigma x + c\Sigma x = \Sigma y$ $a\Sigma x + b\Sigma x^2 + c\Sigma x^{3/2} = \Sigma xy$ $a\Sigma x^2 + b\Sigma x^3 + c\Sigma x^{5/2} = \Sigma x^2 y$	B
$y = ab^x c^{x^2}$ $\ln y = \ln a + x \ln b + x^2 \ln c$	$n \ln a + \ln b \Sigma x + \ln c \Sigma x^2 = \Sigma \ln y$ $\ln a \Sigma x + \ln b \Sigma x^2 + \ln c \Sigma x^3 = \Sigma (x \ln y)$ $\ln a \Sigma x^2 + \ln b \Sigma x^3 + \ln c \Sigma x^4 = \Sigma (x^2 \ln y)$	C
$y = a e^{b(x-c)^2}$ $y = \dfrac{k}{\sqrt{2\pi}\sigma} e^{-\dfrac{(x-\mu)^2}{2\sigma^2}}$ mit: $\mu = c;\ \sigma = \sqrt{-\dfrac{1}{2b}};\ k = a\sigma\sqrt{2\pi}$	$n(bc^2 + \ln a) - 2bc\Sigma x + b\Sigma x^2 = \Sigma \ln y$ $(bc^2 + \ln a)\Sigma x - 2bc\Sigma x^2 + b\Sigma x^3 = \Sigma(x \ln y)$ $(bc^2 + \ln a)\Sigma x^2 - 2bc\Sigma x^3 + b\Sigma x^4 = \Sigma(x^2 \ln y)$	A

6.4.1 Programmbeschreibung „Regressionsanalyse"

1. Programm zur Berechnung von zwei Regressionskoeffizienten

In der Anweisungsliste (Tabelle 6.4.3) sind fünf Programme mit den Startadressen Label A, B, C, D, E und a gemäß Tabelle 6.4.1 zusammengefaßt. Im Anschluß an die Eingabeadresse ist jeweils eine Programmunterberechnung in Form einer R/S-Anweisung zur Eingabe des x, y-Wertepaares vorgesehen. Die Eingaberoutine wird über das Indexregister mit Hilfe der DSZ I-Anweisung gesteuert. Sie wird verlassen, wenn die über STO I eingegebene Anzahl der Stützwerte abgearbeitet ist.

Mit dem Unterprogrammaufruf GSB b wird das Unterprogramm Label b von Zeile 103 bis 131 zur Berechnung des Korrelationskoeffizienten nach Gl. (6.4.1) aufgerufen. In Zeile 104 wird hierzu der eingangs sekundäre Speicherbereich aktiviert, in dem als Ergebnis der Σ+-Anweisungen folgende Speicherbelegungen vorliegen:

STO 4: Σx
STO 5: Σx^2
STO 6: Σy
STO 7: Σy^2
STO 8: Σxy
STO 9: n

Der berechnete Korrelationskoeffizient wird in Zeile 128 nach STO E abgespeichert und in Zeile 129 ausgegeben.

Tabelle 6.4.3 Anweisungsliste „Regressionsanalyse für zwei Koeffizienten"

a+bx	001	*LBLA		053	GSBb		105	RCL8		157	LN
	002	R/S		054	RCL2		106	RCL4		158	ST+2
	003	Σ+		055	ST06		107	RCL6		159	x
	004	DSZI		056	RCL3		108	x		160	ST+3
	005	GTOA		057	ST08		109	RCL9		161	GT07
	006	GSBb		058	GT06		110	÷	UP	162	*LBL3
	007	*LBL6	a+blnx	059	*LBLD		111	−		163	P⇄S
	008	1		060	R/S		112	RCL4		164	STOA
	009	2		061	GSB3		113	X²		165	LN
	010	STOI		062	DSZI		114	RCL9		166	ST+2
	011	RCL9		063	GTOD		115	÷		167	X²
	012	STOi		064	GSBb		116	RCL5		168	ST+3
	013	RCL4		065	RCL2		117	−		169	X⇄Y
	014	GSB5		066	ST04		118	RCL6		170	STOB
	015	RCL6		067	RCL3		119	X²		171	ENT↑
	016	GSB5		068	ST05		120	RCL9		172	LN
	017	ISZI		069	RCL1		121	÷		173	x
	018	ISZI		070	ST08		122	RCL7		174	ST+1
	019	RCL4		071	GT06		123	−		175	GT07
	020	GSB5	$e^a x^b$	072	*LBLE		124	x	UP	176	*LBLe
	021	RCL5		073	R/S		125	ABS		177	P⇄S
	022	GSB5		074	LN		126	√X		178	RCL7
	023	RCL8		075	X⇄Y		127	÷		179	RCL2
	024	GSB5		076	LN		128	STOE		180	÷
	025	GSBe		077	X⇄Y		129	PRTX⇒r		181	STOA
	026	PRTX⇒a		078	Σ+		130	SPC		182	RCL3
	027	RCLB		079	DSZI		131	RTN		183	x
	028	PRTX⇒b		080	GTOE	UP	132	*LBL1		184	ST-8
	029	SPC		081	GSBb		133	P⇄S		185	RCLA
	030	RTN		082	GT06		134	STOA		186	RCL4
	031	*LBL5	$a\,b^x$	083	*LBLa		135	X²		187	x
	032	ISZI		084	R/S		136	X⇄Y		188	ST-9
	033	STOi		085	GSB2		137	STOB		189	RCL9
	034	RTN		086	DSZI		138	X²		190	RCL8
$(a+bx)^{-1}$	035	*LBLB		087	GTOa		139	STOC		191	÷
	036	R/S		088	GSBb		140	x		192	STOB
	037	GSB1		089	RCL2		141	ST+2		193	RCL3
	038	DSZI		090	ST06		142	RCLC		194	x
	039	GTOB		091	RCL3		143	RCLA		195	CHS
	040	GSBb		092	ST08		144	x		196	RCL4
	041	RCL7		093	GSB6		145	ST+3		197	+
	042	ST09		094	RCLA		146	*LBL7		198	RCL2
	043	RCL3		095	e^x		147	RCLB		199	÷
	044	ST04		096	STOA		148	RCLA		200	STOA
	045	RCL2		097	PRTX⇒a		149	P⇄S		201	P⇄S
	046	ST05		098	RCLB		150	Σ+		202	RTN
	047	GT06		099	e^x		151	RTN	Start	203	*LBLd
$e^a e^{bx}$	048	*LBLC		100	STOB	UP	152	*LBL2		204	CLRG
	049	R/S		101	PRTX⇒b		153	P⇄S		205	P⇄S
	050	GSB2		102	R/S		154	STOA		206	CLRG
	051	DSZI	UP	103	*LBLb		155	X⇄Y		207	STOI
	052	GTOC		104	P⇄S		156	STOB		208	R/S

In dem als Unterprogramm konzipierten Programmteil Label 6 werden von Zeile 007 bis 024 folgende Umspeicherungen aus dem aktiven Primärbereich in den Sekundärbereich vorgenommen:

n von STO 9 nach STO 2'
Σx von STO 4 nach STO 3'
Σy von STO 6 nach STO 4'
Σx von STO 4 nach STO 7'
Σx^2 von STO 5 nach STO 8'
Σxy von STO 8 nach STO 9'

Mit dem Unterprogrammaufruf Label e in Zeile 025 wird die Auflösung des Gleichungssystems mit 2 Unbekannten nach dem Gaußschen Eliminationsverfahren eingeleitet. Die Ergebnisse werden in den Zeilen 026 und 028 ausgegeben. Der Regressionskoeffizient a ist in STO C und der Regressionskoeffizient b ist in STO D abgespeichert.

Für die Programmvariante Label a wird der Programmteil Label 6 als Unterprogramm aufgerufen. Dadurch erscheinen bei dieser Variante zwei Wertepaare als Ergebnis, einmal in Form der natürlichen Logarithmen der Regressionskoeffizienten (ln a, ln b) und einmal als die Regressionskoeffizienten a, b. In den Unterprogrammen Label 1, Label 2 und Label 3 werden alle für die Programmvarianten B, C, D und a erforderlichen Summenbildungen vorgenommen, die nicht über die Σ+-Funktion gebildet werden. Im Unterprogramm Label 1 wird z.B. in STO 2 die Summe $x^2 y^2$ und in STO 3 die Summe $(xy)^2$ gebildet. Mit den Anweisungen zwischen GSB b bis GTO 6 werden gegenüber der Programmvariante Label A erforderliche Umspeicherungen in den 6 Speichern STO 4 bis STO 6 vorgenommen.

Das Löschen der Primär- und Sekundärregister und die Eingabe der Anzahl Stützwerte aus dem X-Register vor dem jeweiligen Programmstart kann auch durch Aufruf der Programmadresse Label d erfolgen.

2. Programm zur Berechnung von drei Regressionskoeffizienten

In der Anweisungsliste (Tabelle 6.4.4) sind drei Programme mit den Startadressen Label A, B und C gemäß der ersten drei Zeilen in Tabelle 6.4.2 zusammengefaßt. Im Gegensatz zu der bisherigen Variante für 2 Korrelationskoeffizienten ist hier mit dem Unterprogramm Label e von Zeile 138 bis 218 ein Gleichungssystem mit drei Unbekannten mit Hilfe der Gauß-Elimination aufzulösen. Die Variante Label C unterscheidet sich von der Variante Label A lediglich dadurch, daß der eingegebene y-Wert unmittelbar nach der Eingabe logarithmiert wird.

Die Ergebnisse der Varianten Label A und Label B werden in den Zeilen 009 (Koeffizient a), 011 (Koeffizient b) und 013 (Koeffizient c) ausgegeben. Für Variante C müssen die errechneten Koeffizienten vor der Ausgabe durch die e^x Funktion entlogarithmiert werden. Hierzu sind die Anweisungen in den Zeilen 044 bis 052 vorgesehen.

Das Löschen der Primär- und Sekundärregister und die Eingabe der Anzahl Stützwerte aus dem X-Register vor dem jeweiligen Programmstart kann hier durch Aufruf der Programmadresse Label E erfolgen.

3. Programm zur Berechnung der Regressionskoeffizienten einer Glockenkurve

Die Anweisungsliste (Tabelle 6.4.5) beginnt mit der Startadresse Label A in Zeile 001. Mit den folgenden drei Anweisungen werden alle Primär- und Sekundärregister gelöscht. Die vor dem Programmstart über die Tastatur eingegebene Anzahl der Stützwerte für die Regressionsberechnung wird in Zeile 005 in das X-Register übernommen. Die Eingabeschleife erstreckt sich bis zur Zeile 011 mit der Rücksprunganweisung GTO a. Mit dem Unterprogrammaufruf GSB b in Zeile 012

Tabelle 6.4.4 Anweisungsliste ,,Regressionsanalyse für drei Koeffizienten''

$a+bx+cx^2$	001	*LBLA		057	STOI		113	$\Sigma+$		169	ST-i
	002	R/S		058	RCLi		114	RTN		170	RCLA
	003	GSB1		059	ST09	UP	115	*LBL2		171	RCLB
	004	DSZI		060	ISZI		116	P⇄S		172	x
	005	GTOA		061	RCLi		117	STOA		173	ISZI
	006	GSB6		062	ST08		118	√X		174	ST-i
	007	*LBL8		063	ISZI		119	ST+2		175	RCLA
	008	GSBe		064	RCLi		120	X⇄Y		176	RCL9
	009	PRTX=▷ a		065	ST07		121	STOB		177	x
	010	RCLB		066	ST03		122	RCLA		178	ISZI
	011	PRTX=▷ b		067	ISZI		123	X²		179	ST-i
	012	RCLC		068	RCLi		124	x		180	P⇄S
	013	PRTX=▷ c		069	ST01		125	ST+1		181	RCL7
	014	SPC		070	ISZI		126	RCLA		182	RCL2
	015	RTN		071	RCLi		127	X²		183	÷
$a+bx+c\sqrt{x}$	016	*LBLB		072	ST06		128	LSTX		184	STOA
	017	R/S		073	ST02		129	x		185	RCL3
	018	GSB2		074	ISZI		130	ST+3		186	x
	019	DSZI		075	RCLi		131	√X		187	ST-8
	020	GTOB		076	ISZI		132	ST+0		188	RCLA
	021	GSB6		077	ISZI		133	RCLA		189	RCL4
	022	RCL2		078	RCLi		134	x		190	x
	023	ST08		079	ST04		135	P⇄S		191	ST-9
	024	RCL1		080	ISZI		136	ST+0		192	RCL9
	025	RCL0		081	RCLi		137	GT07		193	RCL8
	026	P⇄S		082	P⇄S	UP	138	*LBLe		194	÷
	027	ST03		083	ST06		139	1		195	STOC
	028	R↓		084	R↓		140	1		196	RCL3
	029	ST09		085	R↓		141	STOI		197	x
	030	RCL0		086	ST09		142	RCLi		198	CHS
	031	ST08		087	RCL5		143	RCL6		199	RCL4
	032	P⇄S		088	ST08		144	÷		200	+
	033	GT08		089	RCL4		145	STOA		201	RCL2
$a+b^x+cx^2$	034	*LBLC		090	ST07		146	RCL7		202	÷
	035	R/S		091	RTN		147	x		203	STOB
	036	X⇄Y	UP	092	*LBL1		148	ISZI		204	P⇄S
	037	LN		093	P⇄S		149	ST-i		205	RCL7
	038	X⇄Y		094	STOA		150	RCLA		206	x
	039	GSB1		095	ENT↑		151	RCL8		207	RCLC
	040	DSZI		096	X²		152	x		208	RCL8
	041	GTOC		097	STOB		153	ISZI		209	x
	042	GSB6		098	x		154	ST-i		210	+
	043	GSBe		099	ST+3		155	RCLA		211	CHS
	044	RCLA		100	RCLA		156	RCL9		212	RCL9
	045	e^x		101	x		157	x		213	+
	046	PRTX=▷ a		102	ST+2		158	ISZI		214	RCL6
	047	RCLB		103	R↓		159	ST-i		215	÷
	048	e^x		104	RCLB		160	ISZI		216	STOA
	049	PRTX=▷ b		105	X⇄Y		161	ISZI		217	RTN
	050	RCLC		106	STOB		162	RCLi	Start	218	*LBLE
	051	e^x		107	x		163	RCL6		219	CLRG
	052	PRTX=▷ c		108	ST+1		164	÷		220	P⇄S
	053	R/S		109	P⇄S		165	STOA		221	CLRG
	054	*LBL6		110	*LBL7		166	RCL7		222	STOI
	055	1		111	RCLB		167	x		223	R/S
	056	1		112	RCLA		168	ISZI			

129

Tabelle 6.4.5 Anweisungsliste „Regressionsanalyse mit Glockenkurve"

Start	001	*LBLA	UP	055	*LBL1	111	STOI	166	RCL3
	002	CLRG		056	STOA	112	RCLi	167	×
	003	P⇄S		057	X⇄Y	113	RCL6	168	CHS
	004	CLRG		058	STOB	114	÷	169	RCL4
	005	STOI		059	X⇄Y	115	STOA	170	+
	006	*LBLa◄─┐		060	Σ+	116	RCL7	171	RCL2
	007	RCLI │		061	RCLA	117	×	172	÷
	008	R/S │		062	ENT↑	118	ISZI	173	STOB
	009	GSB1 │		063	X²	119	ST-i	174	P⇄S
	010	DSZI │		064	×	120	RCLA	175	RCL7
	011	GTOa ─┘		065	ST+3	121	RCL8	176	×
	012	GSBb		066	RCLA	122	×	177	RCLC
	013	RCL5		067	×	123	ISZI	178	RCL8
	014	RCL4		068	ST+8	124	ST-i	179	×
	015	RCL9		069	RCLB	125	RCLA	180	+
	016	P⇄S		070	LN	126	RCL9	181	CHS
	017	RCL0		071	ST+0	127	×	182	RCL9
	018	P⇄S		072	RCLA	128	ISZI	183	+
	019	STO9		073	×	129	ST-i	184	RCL6
	020	R↓		074	ST+4	130	ISZI	185	÷
	021	STO6		075	RCLA	131	ISZI	186	STOA
	022	R↓		076	×	132	RCLi	187	RTN
	023	STO7		077	ST+9	133	RCL6	188	*LBLB
	024	R↓		078	RTN	134	÷	189	RCLB
	025	STO8	UP	079	*LBLb	135	STOA	190	2
	026	RCL4		080	P⇄S	136	RCL7	191	×
	027	P⇄S		081	RCL8	137	×	192	1/X
	028	STO1		082	RCL4	138	ISZI	193	CHS
	029	R↓		083	RCL6	139	ST-i	194	√X
	030	STO2		084	×	140	RCLA	195	STOB
	031	STO6		085	RCL9	141	RCL8	196	2
	032	RCL3		086	÷	142	×	197	Pi
	033	STO7		087	−	143	ISZI	198	×
	034	P⇄S		088	RCL4	144	ST-i	199	√X
	035	GSBe		089	X²	145	RCLA	200	×
	036	RCLA		090	RCL9	146	RCL9	201	RCLA
	037	RCLB		091	÷	147	×	202	×
	038	CHS		092	RCL5	148	ISZI	203	RCLC
	039	RCLC		093	−	149	ST-i	204	STOA
	040	STOB		094	RCL6	150	P⇄S	205	X⇄Y
	041	÷		095	X²	151	RCL7	206	STOC
	042	2		096	RCL9	152	RCL2	207	GSBc
	043	÷		097	÷	153	÷	208	R/S
	044	STOC		098	RCL7	154	STOA	UP	209	*LBLc
	045	R↓		099	−	155	RCL3	210	RCLA
	046	RCLB		100	×	156	×	211	PRTX⇒ a,μ
	047	RCLC		101	ABS	157	ST-8	212	RCLB
	048	X²		102	√X	158	RCLA	213	PRTX⇒ b,σ
	049	×		103	÷	159	RCL4	214	RCLC
	050	−		104	STOE	160	×	215	PRTX⇒ c,k
	051	e^x		105	PRTX⇒ r	161	ST-9	216	SPC
	052	STOA		106	SPC	162	RCL9	217	RTN
	053	GSBc		107	RTN	163	RCL8	218	R/S
	054	GTOB	UP	108	*LBLe	164	÷		
				109	1	165	STOC		
				110	1				

wird die Berechnung des Korrelationskoeffizienten gemäß Gl. (6.4.1) veranlaßt. In dem Unterprogramm Label 1 ab Zeile 055 werden mit Hilfe der Registerarithmetik die Summen Σx^3 in STO 3, Σx^4 in STO 8, $\Sigma \ln y$ in STO 0, $\Sigma x \ln y$ in STO 4 und $\Sigma x^2 \ln y$ in STO 9 des Primärregisters gebildet. Die übrigen Summen aufgrund der Σ+-Anweisung sind den Sekundärspeichern STO 4' bis STO 9' zugeordnet. Nach der Auflösung des Gleichungssystems mit drei Unbekannten im Unterprogramm Label e werden zuerst die Regressionskoeffizienten a, b, c ab Zeile 210 und anschließend die für statistische Beschreibungsmethoden geeigneten Koeffizienten μ, σ, k gemäß der in Tabelle 6.4.2 (letzte Zeile) angegebenen Gleichungen ausgegeben.

6.4.2 Anwendungsbeispiele

1. Regressionsanalyse mit zwei Regressionskoeffizienten

a) Für die angegebene Wertetabelle der (x_i, y_i)-Wertepaare soll eine Regressionsgerade ermittelt werden:

y = a + bx

x	0	1	2	3	4	5	6
y	1	1	3	2,5	3,5	4,5	4,5

Um vor der Eingabe die Primär- und Sekundärregister zu löschen, und die Anzahl der Stützwerte nach STO I abzuspeichern, kann das Hilfsprogramm Label d aufgerufen werden.

Eingabe:
1. Anzahl der Stützwerte 7 [f] [d]
2. Start [A]
3. Wertepaare (y-Wert, ENTER, x-Wert, R/S)

Ergebnisse:
1. Korrelationskoeffizient
r = 0,95
2. Regressionskoeffizienten
a = 0,93
b = 0,64

Regressionsgleichung:
y = 0,93 + 0,64x

Rechenzeit rund 10 Sekunden

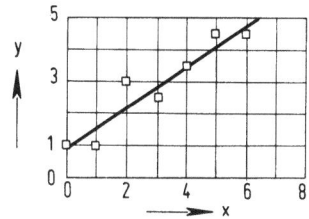

Bild 6.4.1 Lineare Regression

b) Die Wertepaare der anggebenen Wertetabelle sollen durch eine Regressionsgleichung in Form einer Hyperbel-Funktion approximiert werden:

$$y = \frac{1}{a + bx}$$

x	0	1	2	3	4	5	6	7	8	9	10
y	1	0,7	0,4	0,5	0,2	0,4	0,2	0,3	0,3	0,1	0,1

Eingabe:
1. Anzahl der Stützwerte 11 [f] [d]
2. Start [B]
3. Wertepaare (y-Wert, ENTER, x-Wert, R/S)

Ergebnisse:
1. Korrelationskoeffizient
r = − 0,84
2. Regressionskoeffizienten
a = 1,02
b = 0,42

Regressionsgleichung: $y = \dfrac{1}{1{,}02 + 0{,}42x}$

Rechenzeit rund 10 Sekunden

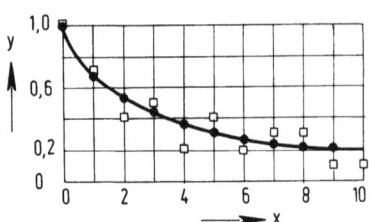

Bild 6.4.2 Nichtlineare Regression (Hyperbel-Funktion)

c) Die Wertepaare der angegebenen Wertetabelle sollen durch eine Regressionsgleichung in Form einer e-Funktion approximiert werden:

$\ln y = a + bx$ oder $y = e^a e^{bx}$

x	0	1	2	3	4	5	6	7	8	9	10
y	5	4	4	2,5	2	2	1,5	1,5	1	0,5	0,5

Eingabe:
1. Anzahl der Stützwerte 11 [f] [d]
2. Start [C]
3. Wertepaare (y-Wert, ENTER, x-Wert, R/S)

Ergebnisse:
1. Korrelationskoeffizient
r = − 0,96
2. Regressionskoeffizient
a = 1,71 (e^a = 5,50)
b = − 0,23

Regressionsglgeichung:
$\ln y = 1{,}71 - 0{,}23x$
$y = 5{,}50\, e^{-0{,}23x}$

Rechenzeit rund 10 Sekunden

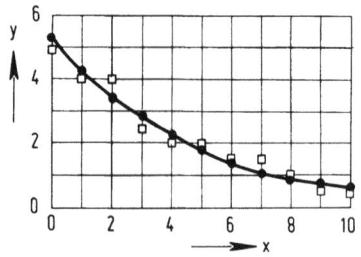

Bild 6.4.3 Nichtlineare Regression (e-Funktion)

d) Die Wertepaare der angegebenen Wertetabelle sollen durch eine Regressionsgleichung in Form einer logarithmischen Funktion approximiert werden:

$y = a + b \ln x$

x	1	2	3	4	5	6	7	8	9	10
y	5	4	2,5	2	2	1	1,5	0,5	1	0,5

Eingabe:
1. Anzahl der Stützwerte 10 [f] [d]
2. Start [D]
3. Wertepaare (y-Wert, ENTER, x-Wert, R/S)

Ergebnisse:
1. Korrelationskoeffizient
r = − 0,91

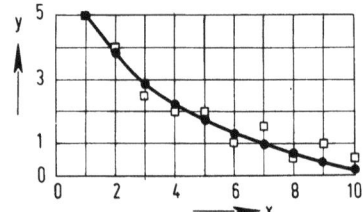

Bild 6.4.4 Nichtlineare Regression (logarithmische Funktion)

2. Regressionskoeffizient
a = 5,64
b = −2,41

Regressionsgleichung:
y = 5,64 − 2,41 ln x

Rechenzeit rund 10 Sekunden

e) Die Wertepaare der angegebenen Wertetabelle sollen durch eine Regressionsgleichung in Form einer Potenzfunktion approximiert werden:

ln y = a + b ln x   oder   y = $e^a x^b$

x	1	2	3	4	5	6	7	8	9	10
y	1	5	5	5	15	15	25	30	40	50

Eingabe:
1. Anzahl der Stützwerte 10 [f] [d]
2. Start [E]
3. Wertepaare (y-Wert, ENTER, x-Wert, R/S)

Ergebnisse:
1. Korrelationskoeffizient
r = 0,97
2. Regressionskoeffizient
a = 3,66 · 10^{-3} (e^a = 1,00)
b = 1,62

Regressionsgleichung:
ln y = 3,66 · 10^{-3} + 1,62 ln x   oder   y = 1,0 $x^{1,62}$

Rechenzeit rund 10 Sekunden

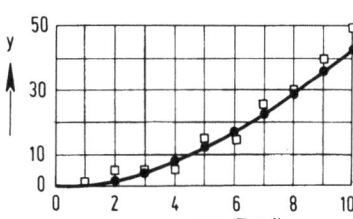

Bild 6.4.5 Nichtlineare Regression (Potenz-Funktion)

f) Die Wertepaare der angegebenen Wertetabelle sollen durch eine Regressionsgleichung in Form einer Exponentialfunktion approximiert werden:

y = ab^x oder   ln y = ln a + x ln b

x	3	4	5	6	7	8	9	10
y	0,5	2	4	8	10	25	50	100

Eingabe:
1. Anzahl der Stützwerte 8 [f] [d]
2. Start [f] [a]
3. Wertepaare (y-Wert, ENTER, x-Wert, R/S)

Ergebnisse:
1. Korrelationskoeffizient
r = 0,85
2. Regressionskoeffizient
ln a = −2,37
ln b = 0,70
 a = 0,09
 b = 2,02

Rechenzeit rund 10 Sekunden

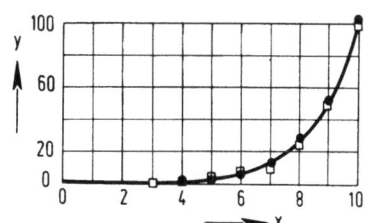

Bild 6.4.6 Nichtlineare Regression (Exponentialfunktion)

2. Regressionsanalyse mit drei Regressionskoeffizienten

a) Für die angegebene Wertetabelle der (x_i, y_i)-Wertepaare soll eine Regressionsparabel ermittelt werden:

$y = a + bx + cx^2$

x	0	1	2	3	4	5	6	7	8	9	10
y	0	3	6	8	8	8	7	6	4	2	0

Um vor der Eingabe die Primär- und Sekundärregister zu löschen, und die Anzahl der Stützwerte nach STO I abzuspeichern, kann das Hilfsprogramm Label E aufgerufen werden.

Eingabe:
1. Anzahl der Stützwerte 11 [E]
2. Start [A]
3. Wertepaare (y-Wert, ENTER, x-Wert, R/S)

Ergebnisse:
Regressionskoeffizienten
a = 0,53
b = 3,12
c = −0,33

Regressionsgleichung:
$y = 0,53 + 3,12x - 0,33x^2$

Rechenzeit rund 10 Sekunden

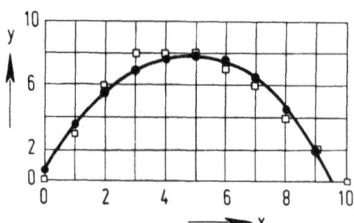

Bild 6.4.7 Regressionsparabel 1. Art

b) Die Wertepaare der angegebenen Wertetabelle sollen durch eine Regressionsparabel approximiert werden:

$y = a + bx + c\sqrt{x}$

x	0	1	2	3	4	5	6	7	8	9	10
y	4	5	5	4,5	4	3,5	2,5	2,5	1	1	0

Eingabe:
1. Anzahl der Stützwerte 11 [E]
2. Start [B]
3. Wertepaare (y-Wert, ENTER, x-Wert, R/S)

Ergebnisse:
Regressionskoeffizienten
a = 4,03
b = −1,07
c = 2,12

Regressionsgleichung:
$y = 4,03 - 1,07x + 2,12\sqrt{x}$

Rechenzeit rund 10 Sekunden

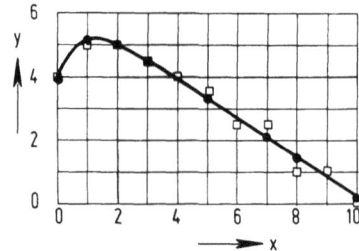

Bild 6.4.8 Regressionsparabel 2. Art

c) Die Wertepaare der angegebenen Wertetabelle sollen durch eine Regressionsgleichung in Form einer quadratischen Exponentialfunktion approximiert werden:

$$y = ab^x c^{x^2}$$

x	0	1	2	3	4	5	6	7	8	9	10
y	1	10	100	1000	1000	1000	1000	1000	100	10	1

Eingabe:
1. Anzahl der Stützwerte 11 $\boxed{E}$
2. Start $\boxed{C}$
3. Wertepaare (y-Wert, ENTER, x-Wert, R/S)

Ergebnisse:
Regressionskoeffizienten
a = 0,89
b = 20,20
c = 0,74

Regressionsgleichung:
$y = 0,89 \cdot 20,20^x \cdot 0,74^{x^2}$

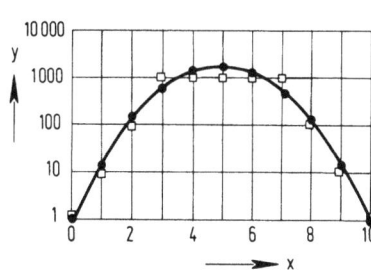

Bild 6.4.9 Nichtlineare Regression durch eine Exponentialfunktion

d) Die Wertepaare der angegebenen Wertetabelle sollen durch eine Regressionsgleichung in Form einer Glockenkurve approximiert werden:

$$y = a\, e^{b(x-c)^2}$$

Weiter sind die Koeffizienten einer approximierten Normalverteilung zu bestimmen:

$$y = \frac{k}{\sqrt{2\pi}\,\sigma}\, e^{-\frac{(x-\mu)^2}{2\sigma^2}}$$

x	0	1	2	3	4	5	6	7	8	9	10
y	2	6	8	9	9	8	6	3	2	1	1

Vor Betätigung der Starttaste A muß die Anzahl der Wertepaare eingegeben werden:

11 Start $\boxed{A}$

Nach Anzeige 11 Eingabe 2 ENTER 0, R/S
Nach Anzeige 10 Eingabe 6 ENTER 1, R/S
⋮
Nach Anzeige 1 Eingabe 1 ENTER 10, R/S

Ergebnisse:
1. Korrelationskoeffizient
r = − 0,54
2. Regressionskoeffizienten
a = 8,16
b = − 0,07
c = 3,83
μ = 3,83
σ = 2,72
k = 55,55

Regressionsgleichung:
$y = 8,16\, e^{-0,07(x-3,83)^2}$

Rechenzeit rund 30 Sekunden

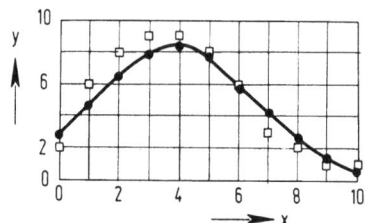

Bild 6.4.10 Nichtlineare Regression durch Glockenkurve

6.5 D'Hondtsches Verteilungsverfahren

Das D'Hondtsche Verteilungsverfahren wurde von dem Belgier *V. D'Hondt* angegeben als Berechnungsart für die Verteilung der Sitze bei der Verhältniswahl in Form von Listenwahlen [28]. Nach diesem Verfahren werden die Stimmzahlen der einzelnen Listen nacheinander durch 1, 2, 3, ... dividiert. Je nach der Höhe der Teilstimmenzahlen, die auf die einzelnen Listen entfallen, werden die zu vergebenden Sitze auf die einzelnen Listen verteilt.

6.5.1 Formalismus des Verteilungsverfahrens

Die zu vergebenden Sitze werden in jeder Verteilungsrunde nach der Höchstzahlenauswahl an die Liste mit der höchsten Teilstimmenzahl vergeben. Anschließend wird die Stimmenzahl der bedienten Liste durch einen für jede Liste getrennt zugeordneten monoton ansteigenden Teiler 1, 2, 3, ... dividiert. Die allgemeine Beschreibung dieses Verfahrens läßt sich aus der Entwicklung über die ersten drei Verteilungsrunden ableiten:

1. Verteilungsrunde:

    $\max \{n_i^{(1)}\}$ ergibt ersten Sitz an Partei P_k d.h. $s_k^{(1)} = 1$

    Die bediente Partei P_k geht in die zweite Verteilungsrunde mit der Teilstimmenzahl:

    $$n_k^{(2)} = \frac{n_k^{(1)}}{1 + s_k^{(1)}} \qquad (6.5.1)$$

    Die übrigen Parteien P_i gehen mit unveränderter Stimmenzahl in die zweite Verteilungsrunde:

    $$n_i^{(2)} = n_i^{(1)} \quad \text{für} \quad i \neq k \qquad (6.5.2)$$

2. Verteilungsrunde:

    $\max \{n_i^{(2)}\}$ ergibt Sitz an P_k d.h. $s_k^{(2)} = s_k^{(1)} + 1$

    $$n_i^{(3)} = \begin{cases} \dfrac{n_k^{(2)}}{1 + s_k^{(2)}} & \text{für} \quad i = k \\ n_i^{(2)} & \text{für} \quad i \neq k \end{cases} \qquad (6.5.3)$$

    j-te Verteilungsrunde:

    $\max \{n_i^{(j)}\}$ ergibt Sitz an P_k d.h. $s_k^{(j)} = s_k^{(j-1)} + 1$

    $$n_i^{(j+1)} = \begin{cases} \dfrac{n_k^{(j)}}{1 + s_k^{(j)}} & \text{für} \quad i = k \\ n_i^{(j)} & \text{für} \quad i \neq k \end{cases} \qquad (6.5.4)$$

6.5.2 Speicherstruktur

Die Ausgangsstimmenzahlen und die Anzahl der zu vergebenden Sitze werden vor dem Programmstart in die Speicher STO A bis STO E und STO I abgelegt. Die nach jeder Verteilungsrunde in einer Position veränderte Stimmenzahlen werden während des Programmlaufs in die Speicher STO 1 bis

STO 5 und die zugehörigen bereits vergebenen Sitze in die Sekundärspeicher STO 1' bis STO 5' gespeichert. Die Anzahl der zu vergebenden Sitze werden aus den Indexspeichern in den Arbeitsspeicher STO 0 umgespeichert und bestimmen die Anzahl der berechneten Verteilungsrunden.
Das Indexregister steht dadurch während der Programmbearbeitung zur Steuerung der Arbeitsspeicheradressen zur Verfügung.

6.5.3 Programmbeschreibung „D'Hondtsches Verteilungsverfahren"

Die Anweisungsliste zu dem Programm ist in Tabelle 6.5.1 angegeben.
Nachdem die Eingaben in die Speicher A bis E und I getätigt sind, kann das Programm über die Startadressen Label A in Zeile 001 oder Label B in Zeile 004 durch Betätigung der Tasten A oder B mit zwei Ausgabevarianten gestartet werden. Ein Start über Label A bewirkt die Ausgabe aller Zwischenergebnisse nach jeder Verteilungsrunde, während der Start über Label B (Flag 1 wird in Zeile 005 gesetzt) lediglich die Ausgabe der Endverteilung bewirkt.
Mit den Anweisungen in den Zeilen 008 bis 017 werden die Stimmenzahlen den Primärspeichern STO 1 bis STO 5 zugeordnet. Nach dem Wechsel der Speicherbereiche in Zeile 018 werden die Speicher für die gesuchte Sitzverteilung Null gesetzt. In dem in Zeile 029 aufgerufenen Unterprogramm Label a wird die jeweils höchste Stimmenzahl ermittelt und das Indexregister in einem weiteren Unterprogramm Label 1 gleich der Adresse des entsprechenden Speichers gesetzt. Mit den Anweisungen 030 bis 044 wird der zu vergebende Sitz mit der ISZ(i)-Anweisung in Zeile 037 der Partei mit der höchsten Teilstimmenzahl zugeordnet und die Stimmenzahl durch die zugehörige um 1 erhöhte Teilerzahl dividiert. In den Zeilen 046 bis 055 wird die bereits vergebene Anzahl Sitze ermittelt. Falls das Flag 1 gesetzt ist, werden die Ausgabeanweisungen in den Zeilen 058 bis 068 übersprungen. In Zeile 071 wird geprüft, ob die in STO 0' abgespeicherte Zahl der zu vergebenden Sitze schon erreicht ist. Falls dies der Fall ist, wird die Endverteilung ausgegeben. Andernfalls wird die zyklische Berechnung durch einen Rücksprung nach Label b in Zeile 027 fortgesetzt. Bei Gleichheit der Teilstimmenzahlen wird die Partei mit dem niedrigeren Ordnungsindex zuerst bedient. Falls dies bei der letzten Verteilungsrunde auftreten sollte, so müßte dieser letzte Sitz durch Losentscheid zwischen den Parteien mit gleichen Teilstimmenzahlen vergeben werden.

6.5.4 Testbeispiel

Bei einer Wahl seien auf die fünf Parteien A, B, C, D und E folgende Stimmen gefallen:

    A: 800 Stimmen
    B: 1000 Stimmen
    C: 600 Stimen
    D: 400 Stimen
    E: 50 Stimen

Nach dem D'Hondtschen Verfahren sind 20 Sitze zu vergeben.

Eingabe: 800 STO A ⎫
          1000 STO B ⎪
           600 STO C ⎬ Stimmen
           400 STO D ⎪
            50 STO E ⎭
            20 STO I   zu vergebende Sitze

Tabelle 6.5.1 Anweisungsliste „D'Hondtsches Verteilungsverfahren"

Zwischenvertlg.	001	*LBLA	051	RCL4	101	2	
	002	CF1	052	+	102	2	
	003	GTO0	053	RCL5	103	RCL0	
Endverteilung	004	*LBLB	054	+	104	RCL3	
	005	SF1	055	STOI	105	GSB1	
	006	*LBL0	056	F1?	106	2	
	007	DSP0	057	GTOc	107	3	
	008	RCLA	058	SPC	108	RCL0	
	009	STO1	059	PRTX⇒n	109	RCL4	
	010	RCLB	060	SPC	110	GSB1	
	011	STO2	061	GSBd	111	2	
	012	RCLC	062	SPC	112	4	
	013	STO3	063	DSP3	113	RCL0	
	014	RCLD	064	P⇌S	114	RCL5	
	015	STO4	065	GSBd	115	GSB1	
	016	RCLE	066	P⇌S	116	RTN	
	017	STO5	067	DSP0	UP 117	*LBL1	
	018	P⇌S	068	RCLI	118	X≤Y?	
	019	RCLI	069	*LBLc	119	RTN	
	020	STO0	070	RCL0	120	STO0	
	021	0	071	X>Y?	121	R↓	
	022	STO1	072	GTOb	122	R↓	
	023	STO2	073	SPC	123	STOI	
	024	STO3	074	RCL1	124	RTN	
	025	STO4	075	PRTX⇒S_1	UP 125	*LBLd	
	026	STO5	076	RCL2	126	RCL1	
	027	*LBLb	077	PRTX⇒S_2	127	PSE	
	028	P⇌S	078	RCL3	128	PRTX⇒S_1, x_1	
	029	GSBa	079	PRTX⇒S_3	129	RCL2	
	030	RCLi	080	RCLD	130	PSE	
	031	RCLI	081	X=0?	131	PRTX⇒S_2, x_2	
	032	P⇌S	082	R/S	132	RCL3	
	033	1	083	RCL4	133	PSE	
	034	9	084	PRTX⇒S_4	134	PRTX⇒S_3, x_3	
	035	-	085	RCLE	135	RCLD	
	036	STOI	086	X=0?	136	X=0?	
	037	ISZi	087	R/S	137	RTN	
	038	R↓	088	RCL5	138	RCL4	
	039	RCLi	089	PRTX⇒S_5	139	PSE	
	040	1	090	R/S	140	PRTX⇒S_4, x_4	
	041	+	UP 091	*LBLa	141	RCLE	
	042	÷	092	2	142	X=0?	
	043	P⇌S	093	0	143	RTN	
	044	STOi	094	STOI	144	RCL5	
	045	P⇌S	095	2	145	PSE	
	046	RCL1	096	1	146	PRTX⇒S_5, x_5	
	047	RCL2	097	RCL1	147	RTN	
	048	+	098	STO0	148	R/S	
	049	RCL3	099	RCL2			
	050	+	100	GSB1			

Start $\boxed{B}$: Ausgabe der Endverteilung

    Sitze A 6
    Sitze B 7
    Sitze C 4
    Sitze D 3
    Sitze E 0

Rechenzeit rund 2 Minuten.

Bei Start $\boxed{A}$ werden die Zwischenergebnisse in den einzelnen Verteilungsrunden ausgegeben: z.B. Ergebnis nach der 1. Verteilungsrunde:

    0   800 Stimmenzahl
    1   500 Teilstimmenzahl
    0   600 Stimmenzahl
    0   400 Stimmenzahl
    0   50 Stimemzahl

Ergebnis nach der 6. Verteilungsrunde:

    2   266,667
    2   333,333
    1   300
    1   200
    0   50
    ⋮

Ergebnis nach der 19. Verteilungsrunde:

    6   114,286
    7   125,000
    4   120,000
    2   133, 333
    0   50,000

Ergebnis nach der 20. Verteilungsrunde:

    6   114,286
    7   125,000
    4   120,000
    3   100,000
    0   50,000

Der Programmlauf kann zur Änderung des Ausgabemodus durch Betätigung der R/S-Taste unterbrochen werden. Nach Löschen von Flag 1 (mit Ausgabe der Zwischenergebnisse) oder Setzen von Flag 1 (ohne Ausgabe der Zwischenergebnisse) wird das Programm durch erneute Betätigung der R/S-Taste an der Unterbrechungsstelle fortgesetzt.

7 Informatik

7.1 Konvertierung zwischen Zahlensystemen

In den verschiedenen Ebenen der digitalen Informationsverarbeitung werden polyadische Zahlensysteme mit verschiedener Basis B verwendet. Auf der untersten Verarbeitungsebene wird die digitale Information durch elektrische Signale dargestellt, die technisch besonders einfach durch binäre Verknüpfungs- oder Speicherglieder verarbeitet werden können. Zur Darstellung von Zahlen wird daher auf dieser Ebene vorwiegend das duale Zahlensystem mit der Basis 2 und den Ziffern 0 und 1 verwendet. Dieses System hat den weiteren Vorteil, daß die Anzahl benötigter Ziffern S zur Darstellung von Zahlen in einem vorgegebenen Zahlenbereich N nahezu minimal wird und damit technisch einfache Speicherstrukturen ergibt. In einem polyadischen Zahlensystem können mit n Stellen und der Basis B

$$N = B^n \tag{7.1.1}$$

unterschiedliche Zahlen dargestellt werden. Die Anzahl der benötigten Ziffern beträgt dabei:

$$S = Bn = B \frac{\ln N}{\ln B} \tag{7.1.2}$$

Das Minimum der Funktion B/ln B liegt bei der Basis B = e = 2,71828. Für das duale Zahlensystem beträgt der Ziffernaufwand 2,88539 · ln N gegenüber 4,3429 · ln N beim dezimalen Zahlensystem. Auf der höheren Assembler-Ebene werden für die Kommunikation nach außen oktale Zahlensysteme und hexadezimale Befehlsverschlüsselungen verwendet.

7.1.1 Bildungsgesetz einer Zahl [29]

Ein Programm zur Konvertierung von Zahlen zwischen zwei Zahlensystemen beruht auf dem allgemeinen Bildungsgesetz einer Zahl Z zur Basis B mit der Ziffer c_i, mit n Stellen des ganzzahligen Anteils und m Stellen des echt gebrochenen Anteils:

$$Z = \sum_{i=-m}^{n-1} c_i B^i \tag{7.1.3}$$

Für die Ziffern c_i gilt:

$$0 \leqslant c_i \leqslant B - 1 \tag{7.1.4}$$

7.1.2 Konvertierung einer Zahl mit der Basis B in eine Dezimalzahl

Ein programmtechnisch günstig zu realisierender Formalismus ergibt sich durch Auswertung der Gl. (7.1.3) nach dem Horner-Schema:

$$Z = \{[(c_{n-1} \cdot B + c_{n-2}) \cdot B + c_{n-3}] \cdot B + \ldots + c_1\} B + c_0$$
$$+ \{[(c_{-m} : B + c_{-m+1}) : B + c_{-m+2}] : B + \ldots + c_{-1}\} : B \tag{7.1.5}$$

Mit Hilfe der Funktionstasten $\boxed{\text{Int}}$ und $\boxed{\text{Frac}}$ lassen sich für den ganzzahligen Anteil und für den echt gebrochenen Anteil der gegebenen Zahl getrennte Lösungsformalismen angeben:

Ganzzahliger Anteil	Echt gebrochener Anteil
$c_{n-1} = S_1$	$c_{-m} = s_1$
$S_1 \cdot B + c_{n-2} = S_2$	$s_1 : B + c_{-m+1} = s_2$
$S_2 \cdot B + c_{n-3} = S_3$	$s_2 : B + c_{-m+2} = s_3$
$\vdots$	$\vdots$
$S_{n-2} \cdot B + c_1 = S_{n-1}$	$s_{m-1} : B + c_{-1} = s_m$
$S_{n-1} \cdot B + c_0 = S_n = Z_{Int}$	$s_m : B = s_{m+1} = Z_{Frac}$
$Z_{10} = S_n, s_{m+1}$	

7.1.3 Konvertierung einer Dezimalzahl in eine Zahl mit der Basis B

Auch hier führt die Trennung des ganzzahligen Anteils von dem echt gebrochenen Anteil zu programmtechnisch günstigen Lösungsformalismen. Der ganzzahlige Anteil in Gl. (7.1.5) wird sukzessive durch die gewählte Basis B dividiert. Bei jeder Division fallen als Rest die gesuchten Ziffern, beginnend mit c_0 bis zu c_{n-1} an. Zur Berechnung des neuen gebrochenen Anteils wird der zweite Term in Gl. (7.1.5) sukzessive mit der gewählten Basis B multipliziert. Hier fallen nach jeder Multiplikation die Ziffern c_{-1} bis c_{-m} an. Die Lösungsformalismen für beide Anteile laufen wie folgt ab:

Ganzzahliger Anteil	Echt gebrochener Anteil
$Z_{Int} : B = S_1$ Rest c_0	$Z_{Frac} \cdot B = s_1 + c_{-1}$
$S_1 : B = S_2$ Rest c_1	$s_1 \cdot B = s_2 + c_{-2}$
$S_2 : B = S_3$ Rest c_2	$s_2 \cdot B = s_3 + c_{-3}$
$\vdots$	$\vdots$
$S_{n-2} : B = S_{n-1}$ Rest c_{n-2}	$s_m \cdot B = s_{m+1} + c_{-m+1}$
$S_{n-1} : B = 0$ Rest c_{n-1}	$s_{m-1} \cdot B = s_m + c_{-m}$
$Z_B = c_{n-1} c_{n-2} \ldots c_2 c_1 c_0 , c_{-1} c_{-2} c_{-3} \ldots c_{-m+1} c_{-m}$	

7.1.4 Programmbeschreibung „Zahlensystem-Konvertierung"

Die als Tabelle 7.1.1 angegebene Anweisungsliste enthält die Programme für die beiden Umwandlungsrichtungen, Dezimalzahl in eine Zahl mit der Basis B über die Startadresse Label A in Zeile 001 und Zahl mit der Basis B in eine Dezimalzahl über die Startadresse Label B in Zeile 066, mit $B \leq 10$. Beide Programmvarianten laufen in den gemeinsamen Ausgabeteil ab Label 1 in Zeile 163 zusammen.

Vor dem Start muß die von 10 verschiedene Basis B in STO B abgespeichert werden. Die umzuwandelnde Zahl Z muß über die Tastatur im X-Register bereitgestellt werden.

Die Umwandlung Z_{10} in Z_B führt zu Label A an den Anfang des Programms. In Zeile 005 wird die Ausgangsbasis 10 ausgegeben. Der ganzzahlige Anteil von Z_{10} wird nach STO 1 abgespeichert. Falls der gebrochene Anteil ungleich Null ist, wird in der Schleife Label 4 von Zeile 017 bis 035 der gebrochene Anteil umgewandelt. Innerhalb dieser Schleife wird in den Zeilen 028 bis 032 festgestellt, ob die Anzahl Kommastellen schon den Wert 9 erreicht hat. Falls dies der Fall ist (bei in

Tabelle 7.1.1 Anweisungsliste „Zahlensystem-Konvertierung für Basis kleiner zehn"

$Z_{10} \to Z_B$	001	*LBLA	060	ISZI	119	X=Y?
	002	DSP0	061	RCL1	120	GTO6
	003	1	062	X≠0?	121	R↓
	004	0	063	GTO0	122	R↓
	005	PRTX=▷Basis	064	RCLB	123	X≠0?
	006	X⇄Y	065	GTO1	124	GTO9
	007	INT	$Z_B \to Z_{10}$ 066	*LBLB	125	*LBL6
	008	STO1	067	RCLB	126	DSPi
	009	LSTX	068	DSP0	127	*LBL5
	010	FRC	069	PRTX=▷Basis	128	RCLI
	011	0	070	X⇄Y	129	STO3
	012	STOI	071	INT	130	0
	013	STO2	072	STO1	131	STOI
	014	X⇄Y	073	LSTX	132	STO0
	015	X=0?	074	FRC	133	RCL1
	016	GTO5	075	STO3	134	*LBL2
	017	*LBL4	076	0	135	ISZI
	018	DSZI	077	STOI	136	1
	019	RCLB	078	STO2	137	0
	020	×	079	X⇄Y	138	÷
	021	FRC	080	X=0?	139	INT
	022	LSTX	081	GTO5	140	X≠0?
	023	INT	082	*LBL8	141	GTO2
	024	RCLI	083	ISZI	142	RCL1
	025	10^x	084	1	143	RCLI
	026	×	085	0	144	10^x
	027	ST+2	086	ST×3	145	÷
	028	9	087	×	146	STO1
	029	RCLI	088	FRC	147	*LBL3
	030	CHS	089	X≠0?	148	RCLB
	031	X=Y?	090	GTO8	149	ST×0
	032	GTO6	091	*LBL7	150	RCL1
	033	R↑	092	RCLB	151	1
	034	X≠0?	093	ST÷2	152	0
	035	GTO4	094	RCL3	153	×
	036	RCLI	095	1	154	FRC
	037	CHS	096	0	155	STO1
	038	*LBL6	097	÷	156	LSTX
	039	STOI	098	INT	157	INT
	040	DSPi	099	STO3	158	ST+0
	041	*LBL5	100	LSTX	159	DSZI
	042	STO3	101	FRC	160	GTO3
	043	0	102	1	161	1
	044	STOI	103	0	162	0
	045	STO0	104	×	163	*LBL1
	046	RCL1	105	ST+2	164	RCL2
	047	*LBL0	106	DSZI	165	ST+0
	048	RCLB	107	GTO7	166	RCL3
	049	÷	108	RCLB	167	STOI
	050	INT	109	ST÷2	168	RCL0
	051	STO1	110	RCL2	169	SPC
	052	LSTX	111	*LBL9	170	PRTX=▷Z
	053	FRC	112	ISZI	171	R↑
	054	RCLB	113	1	172	DSP0
	055	×	114	0	173	PRTX=▷Basis
	056	RCLI	115	×	174	DSPi
	057	10^x	116	FRC	175	X⇄Y
	058	×	117	9	176	SPC
	059	ST+0	118	RCLI	177	R/S

142

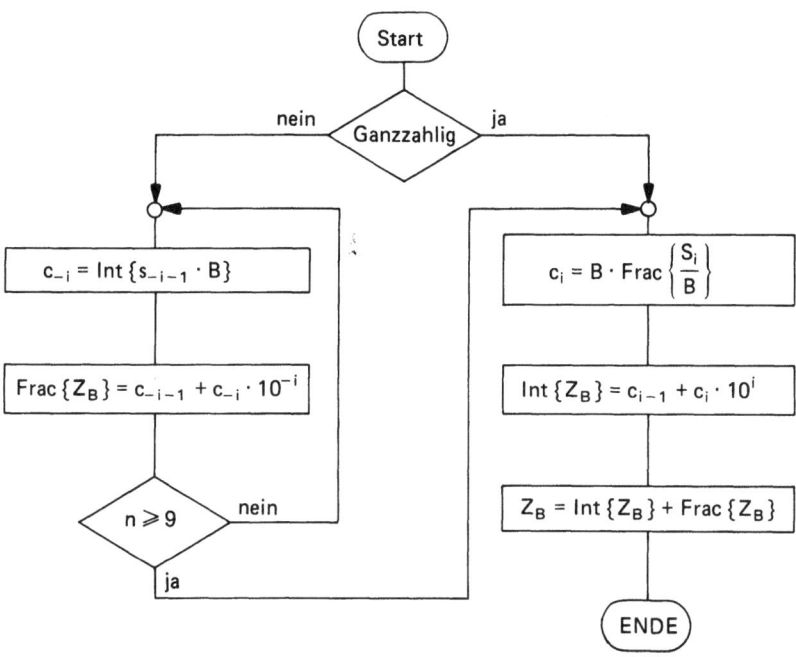

Bild 7.1.1 Flußdiagramm für die Konvertierung einer Dezimalzahl in eine Zahl anderer Basis

Bezug zu der gewählten Basis unecht gebrochener Zahlen immer), wird die Nachkommaberechnung bei 9 Stellen abgebrochen und die Schleife mit einem Sprung nach Label 6 in Zeile 038 verlassen. Über die DSP(i)-Anweisung in Zeile 040 wird das Ausgabeformat den errechneten Nachkommastellen angepaßt. Ab Label 5 in Zeile 041 beginnt die Umwandlung des ganzzahligen Anteils entsprechend dem in Abschnitt 7.1.3 angegebenen Lösungsschema. Der strukturelle Ablauf der Rechnung für den gebrochenen und ganzzahligen Anteil ist in dem Flußdiagramm nach Bild 7.1.1 aufgezeigt. Zum Abschluß der Rechnung werden in Zeile 170 die errechnete Zahl Z_B und in Zeile 173 die zugehörige Basis B ausgegeben.

Die Umwandlung Z_B in Z_{10} wird mit Label B in Zeile 066 gestartet. Auch hier wird wieder die Ausgangsbasis als erster Wert in Zeile 069 ausgegeben. Falls die im X-Register vorgegebene Zahl Z_B zur Basis B auch aus einem gebrochenen Anteil besteht, wird dieser zuerst umgewandelt. Hierzu dienen die Anweisungen 082 bis 126. In der Schleife Label 8 von Zeile 082 bis 090 wird der in STO 3 abgespeicherte gebrochene Anteil der gegebenen Zahl solange mit 10 multipliziert, bis keine Nachkommastellen ungleich Null mehr vorhanden sind. In der folgenden Schleife Label 7 von Zeile 091 bis 107 wird die Umwandlung des gebrochenen Anteils der Zahl Z_B gemäß dem Lösungsformalismus nach Abschnitt 7.1.2 vorgenommen.

Dabei werden die Zwischenzahlen m jeweils in STO 2 abgespeichert, so daß nach dem Verlassen der Schleife mit RCL 2 in Zeile 110 der Wert Z_{Frac} im X-Register vorliegt. Um das Ausgabeformat den von Null verschiedenen Nachkommastellen genau anpassen zu können, wird Z_{Frac} in einer anschließenden Schleife Label 9 von Zeile 111 bis 124 solange mit 10 multipliziert, bis eine ganze Zahl vorliegt oder bereits 9 Stellen verschoben wurden. Mit der indirekten Formatierung DSP(i) in Zeile 126 wird das Ausgabeformat angepaßt.

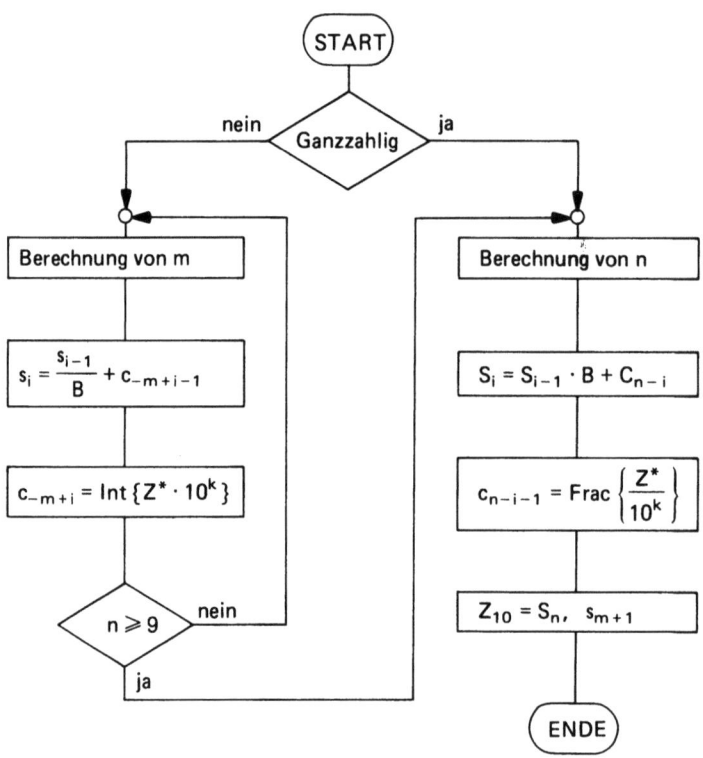

Bild 7.1.2 Flußdiagramm für die Konvertierung einer Zahl mit der Basis B in eine Dezimalzahl

Ab Label 5 beginnt die Umwandlung des ganzzahligen Anteils. Durch die Schleife Label 2 von Zeile 134 bis 141 wird die Anzahl der Ziffern festgestellt und im Indexregister festgehalten. In der Schleife Label 3 von Zeile 147 bis 160 wird der Lösungsformalismus nach Abschnitt 7.1.2 für den ganzzahligen Anteil abgearbeitet. Das Ergebnis wird in Zeile 170 ausgegeben. Anschließend wird noch die Basis 10 ausgegeben. Der strukturelle Ablauf der Rechnung ist im Flußdiagramm nach Bild 7.1.2 dargestellt.

Für Zahlensysteme mit der Basis größer als zehn gelten die gleichen Umwandlungsregeln. Bei der Verwirklichung auf dem Rechner ergibt sich jedoch die Schwierigkeit, daß zur Darstellung einer Zahl nur 10 Zeichen von 0 bis 9 verfügbar sind. Zur Darstellung einer hexadezimalen Zahl mit der Basis 16 werden z.B. jedoch 16 Zeichen benötigt. Üblich sind hier die Zeichen 0 bis 9 für die ersten 10 Zeichen und A bis F für die restlichen 6 Zeichen (28 im dezimalen System ergibt z.B. 1C im hexadezimalen System).

Ein Ausweg aus dieser Schwierigkeit bietet sich durch die Reservierung von 2 Dezimalzeichen zur Darstellung einer beliebigen Zahl zur Basis $B > 10$. Damit können dann alle Zahlensysteme bis zur Basis 100 eindeutig dargestellt werden.

Programmtechnisch ist dieses einfach dadurch zu lösen, daß die Summierspeicher für den ganzzahligen Anteil (STO 0) und den gebrochenen Anteil (STO 2) mit zwei Zehnerpotenzen als Schrittweite aufaddiert werden. Hierzu sind in der Anweisungsliste nach Tabelle 7.1.1 folgende Änderungen vorzunehmen:

1. Hinter der DSZI-Anweisung in Zeile 018 ist eine weitere DSZI-Anweisung einzuschieben.
2. Die Konstante 9 in Zeile 028 ist durch 8 zu ersetzen.
3. Hinter der ISZI-Anweisung in Zeile 060 ist eine weitere ISZI-Anweisung einzuschieben.
4. Hinter der ISZI-Anweisung in Zeile 083 ist eine weitere ISZI-Anweisung einzuschieben.
5. Die Konstante 10 in den Zeilen 084, 085 ist durch EEX 2 zu ersetzen.
6. Die Konstante 10 in den Zeilen 095, 096 ist durch EEX 2 zu ersetzen.
7. Die Konstante 10 in den Zeilen 102, 103 ist durch EEX 2 zu ersetzen.
8. Hinter der DSZI-Anweisung in Zeile 106 ist eine weitere DSZI-Anweisung einzuschieben.
9. Hinter der ISZI-Anweisung in Zeile 112 ist eine weitere ISZI-Anweisung einzuschieben.
10. Die Konstante 10 in Zeile 113, 114 ist durch EEX 2 zu ersetzen.
11. Die Konstante 9 in Zeile 117 ist durch 8 zu ersetzen.
12. Hinter der ISZI-Anweisung in Zeile 135 ist eine weitere ISZI-Anweisung einzuschieben.
13. Die Konstante 10 in Zeile 136, 137 ist durch EEX 2 zu ersetzen.
14. Die Konstante 10 in Zeile 151, 152 ist durch EEX 2 zu ersetzen.
15. Hinter der DSZI-Anweisung in Zeile 159 ist eine weitere DSZI-Anweisung einzuschieben.

Die geänderte Anweisungsliste ist in Tabelle 7.1.2 angegeben. Bei der Anwendung dieses Programms ist darauf zu achten, daß die gegebene oder gesuchte Zahl mit der Basis größer 10 je Zeichen durch zwei Dezimalziffern dargestellt wird. Die Dezimalzahl 28 im hexadezimalen System als 1C geschrieben, ist z.B. in der zweistellig verschlüsselten Form durch 01¦12 darzustellen. Dabei repräsentieren die beiden letzten Zeichen die letzte Stelle der hexadezimalen Zahl (C $\hat{=}$ 12) und das vorhergehende Zeichenpaar die vorhergehende hexadezimale Ziffer (1 $\hat{=}$ 01). Beim Rechnerausdruck bzw. der Anzeige wird die erste führende Null unterdrückt.

Zwischen der hexadezimalen Schreibweise und der numerisch codierten Schreibweise gilt folgende Zuordnung:

hexadezimal	0	1	2	3	4	5	6	7	8	9	A	B	C	D	E	F
numerisch verschlüsselt	00	01	02	03	04	05	06	07	08	09	10	11	12	13	14	15

7.1.5 Testbeispiele

1. Umwandlung aus dem Dezimalsystem ins oktale Zahlensystem und umgekehrt.

    Eingabe: 8 STO B

    100_{10} Start $\boxed{A}$ Ergebnis: 144_8

    Rechenzeit rund 10 Sekunden

    144_8 Start $\boxed{B}$ Ergebnis: 100_{10}

    Rechenzeit rund 10 Sekunden

    1200_8 Start $\boxed{B}$ Ergebnis: 640_{10}

    640_{10} Start $\boxed{A}$ Ergebnis: 1200_8

    7777777777_8 Start $\boxed{B}$ Ergebnis: 1073741823_{10}

    $125,48_{10}$ Start $\boxed{A}$ Ergebnis: $175,3656051_8$

    $0,00375_8$ Start $\boxed{B}$ Ergebnis: $0,007720947_{10}$

Tabelle 7.1.2 Anweisungsliste „Zahlensystem-Konvertierung für Basis größer zehn"

$Z_{10} \to Z_B$					
001	*LBLA	063	RCL1	125	X=Y?
002	DSP0	064	X≠0?	126	GTO6
003	1	065	GTO0	127	R↓
004	0	066	RCLB	128	R↓
005	PRTX ⇒ Basis	067	GTO1	129	X≠0?
006	X⇄Y $Z_B \to Z_{10}$	068	*LBLB	130	GTO9
007	INT	069	RCLB	131	*LBL6
008	STO1	070	DSP0	132	DSPi
009	LSTX	071	PRTX ⇒ Basis	133	*LBL5
010	FRC	072	X⇄Y	134	RCLI
011	0	073	INT	135	STO3
012	STOI	074	STO1	136	0
013	STO2	075	LSTX	137	STOI
014	X⇄Y	076	FRC	138	STO0
015	X=0?	077	STO3	139	RCL1
016	GTO5	078	0	140	*LBL2
017	*LBL4	079	STOI	141	ISZI
018	DSZI	080	STO2	142	ISZI
019	DSZI	081	X⇄Y	143	EEX
020	RCLB	082	X=0?	144	2
021	×	083	GTO5	145	÷
022	FRC	084	*LBL8	146	INT
023	LSTX	085	ISZI	147	X≠0?
024	INT	086	ISZI	148	GTO2
025	RCLI	087	1	149	RCL1
026	10ˣ	088	EEX	150	RCLI
027	×	089	2	151	10ˣ
028	ST+2	090	ST×3	152	÷
029	8	091	×	153	STO1
030	RCLI	092	FRC	154	*LBL3
031	CHS	093	X≠0?	155	RCLB
032	X=Y?	094	GTO8	156	ST×0
033	GTO6	095	*LBL7	157	RCL1
034	R↑	096	RCLB	158	EEX
035	X≠0?	097	ST÷2	159	2
036	GTO4	098	RCL3	160	×
037	RCLI	099	EEX	161	FRC
038	CHS	100	2	162	STO1
039	*LBL6	101	÷	163	LSTX
040	STOI	102	INT	164	INT
041	DSPi	103	STO3	165	ST+0
042	*LBL5	104	LSTX	166	DSZI
043	STO3	105	FRC	167	DSZI
044	0	106	EEX	168	GTO3
045	STOI	107	2	169	1
046	STO0	108	×	170	0
047	RCL1	109	ST+2	171	*LBL1
048	*LBL0	110	DSZI	172	RCL2
049	RCLB	111	DSZI	173	ST+0
050	÷	112	GTO7	174	RCL3
051	INT	113	RCLB	175	STOI
052	STO1	114	ST÷2	176	RCL0
053	LSTX	115	RCL2	177	SPC
054	FRC	116	*LBL9	178	PRTX ⇒ Z
055	RCLB	117	ISZI	179	R↑
056	×	118	ISZI	180	DSP0
057	RCLI	119	EEX	181	PRTX ⇒ Basis
058	10ˣ	120	2	182	DSPi
059	×	121	×	183	X⇄Y
060	ST+0	122	FRC	184	SPC
061	ISZI	123	8	185	R/S
062	ISZI	124	RCLI		

2. Umwandlung aus dem Dezimalsystem ins Dualsystem und umgekehrt.

Eingabe: 2 STO B

$125{,}38_{10}$ Start $\boxed{A}$ Ergebnis: $1111101{,}011_2$

Rechenzeit rund 25 Sekunden

$1111101{,}011_2$ Start $\boxed{B}$ Ergebnis: $125{,}375_{10}$

Rechenzeit rund 25 Sekunden

1000000_2 Start $\boxed{B}$ Ergebnis: 64_{10}

64_{10} Start $\boxed{A}$ Ergebnis: 1000000_2

3. Umwandlung aus dem Dezimalsystem ins hexadezimale Zahlensystem und umgekehrt.

Eingabe: 16 STO B (Wahl der Basis)

15_{10} Start $\boxed{A}$ Ergebnis: 15_{16}

31_{10} Start $\boxed{A}$ Ergebnis: $1\ 15_{16} \,\hat{=}\, 1F_{16}$

125_{10} Start $\boxed{A}$ Ergebnis: $7\ 13_{16} \,\hat{=}\, 7D_{16}$

1048576_{10} Start $\boxed{A}$ Ergebnis: $1{,}00\ 00\ 00\ 00\ 0\ E10_{16} \,\hat{=}\, 100000_{16}$

$100000_{16} \,\hat{=}\, 1{,}E10_{16}$ Start $\boxed{B}$ Ergebnis: 1048576_{10}

$ABCDE_{16} \,\hat{=}\, 10\ 11\ 12\ 13\ 14_{16}$ Start $\boxed{B}$ Ergebnis: 703710_{10}

$3{,}5_{10}$ Start $\boxed{A}$ Ergebnis: $3{,}08_{16}$

$12{,}05_{10}$ Start $\boxed{A}$ Ergebnis: $12{,}00\ 12\ 12\ 12_{16} \,\hat{=}\, C{,}0CCC_{16}$

$C{,}0CCC_{16} = 12{,}00\ 12\ 12\ 12_{16}$ Start $\boxed{A}$ Ergebnis: $12{,}04998779_{10}$ [1)]

$18{,}05_{10}$ Start $\boxed{A}$ Ergebnis: $102{,}00\ 12\ 12\ 1_{16} \,\hat{=}\, 12{,}0CC_{16}$

$0{,}ABCD_{16} \,\hat{=}\, 0{,}10\ 11\ 12\ 13_{16}$ Start $\boxed{B}$ Ergebnis: $0{,}67109680_{10}$

Für eine Umwandlung werden rund 10 Sekunden Rechenzeit benötigt.

7.2 Code-Umwandlungen

Analog zu der Konvertierung von Zahlen zwischen verschiedenen Zahlensystemen lassen sich auch Formalismen für die Umwandlung zwischen verschiedenen Codierungssystemen angeben. Voraussetzung hierzu ist, daß zwischen den beiden betrachteten Systemen eine eindeutige und umkehrbare Zuordnung besteht. Hierzu sollen die Gesetzmäßigkeiten einer Code-Umwandlung zwischen dem Dualcode und dem Gray-Code analysiert und für beide Umwandlungsrichtungen programmiert werden.

Für beide Umwandlungsrichtungen zwischen einer dual codierten Dezimalzahl und der korrespondierenden Darstellung im Gray-Code ist die Zwischenschaltung der Dual-Darstellung zweckmäßig. Dabei lassen sich folgende, für die Programmierung besonders geeignete Formalismen ableiten [30]:

[1)] Hier führt die Rückumwandlung nicht zum exakt gleichen Ergebnis, weil der Rechner bei unechten Brüchen nur maximal 10 Stellen verarbeiten kann.

1. Dezimal über Dual nach Gray-Code

Die höchst wertigste Ziffer im Dualcode ist identisch mit der höchst wertigsten Ziffer im Gray-Code. Danach ist die folgende Gray-Code-Ziffer gleich 1, wenn die korrespondierende Dualziffer wechselt und gleich Null, wenn diese unverändert bleibt.

Beispiel: $1000_{10} = 1111101000_2 = 1000011100_G$

Dualcode		Gray-Code
1	identisch	1
1	unverändert	0
1	unverändert	0
1	unverändert	0
1	unverändert	0
0	wechsel	1
1	wechsel	1
0	wechsel	1
0	unverändert	0
0	unverändert	0

2. Gray-Code über Dual nach Dezimal

Die höchst wertigste Ziffer im Gray-Code ist identisch mit der höchst wertigsten Ziffer im Dualcode.
Danach wechselt die folgende Binärziffer der Dualzahl, wenn die korrespondierende Gray-Code-Ziffer gleich 1 ist und bleibt unverändert, wenn diese gleich 0 ist.

Beispiel: $1001111101_G = 1110101001_2 = 937_{10}$

Gray-Code		Dualcode
1	identisch	1
0	unverändert	1
0	unverändert	1
1	wechsel	0
1	wechsel	1
1	wechsel	0
1	wechsel	1
1	wechsel	0
0	unverändert	0
1	wechsel	1

7.2.1 Programmbeschreibung „Code-Umwandlung"

Aus den im vorherigen Abschnitt dargelegten Formalismen bietet sich eine Programmstruktur an, die als Umwandlungsbrücke eine duale Zahlendarstellung benutzt. Hierzu können die im Abschnitt 7.1 angegebenen Programme in einem speziellen Code-Umwandlungsprogramm als fertige Programmteile gemäß der Anweisungsliste nach Tabelle 7.2.1 eingebaut werden.

Tabelle 7.2.1 Anweisungsliste „Dezimal-Dual-Graycode-Umwandlung"

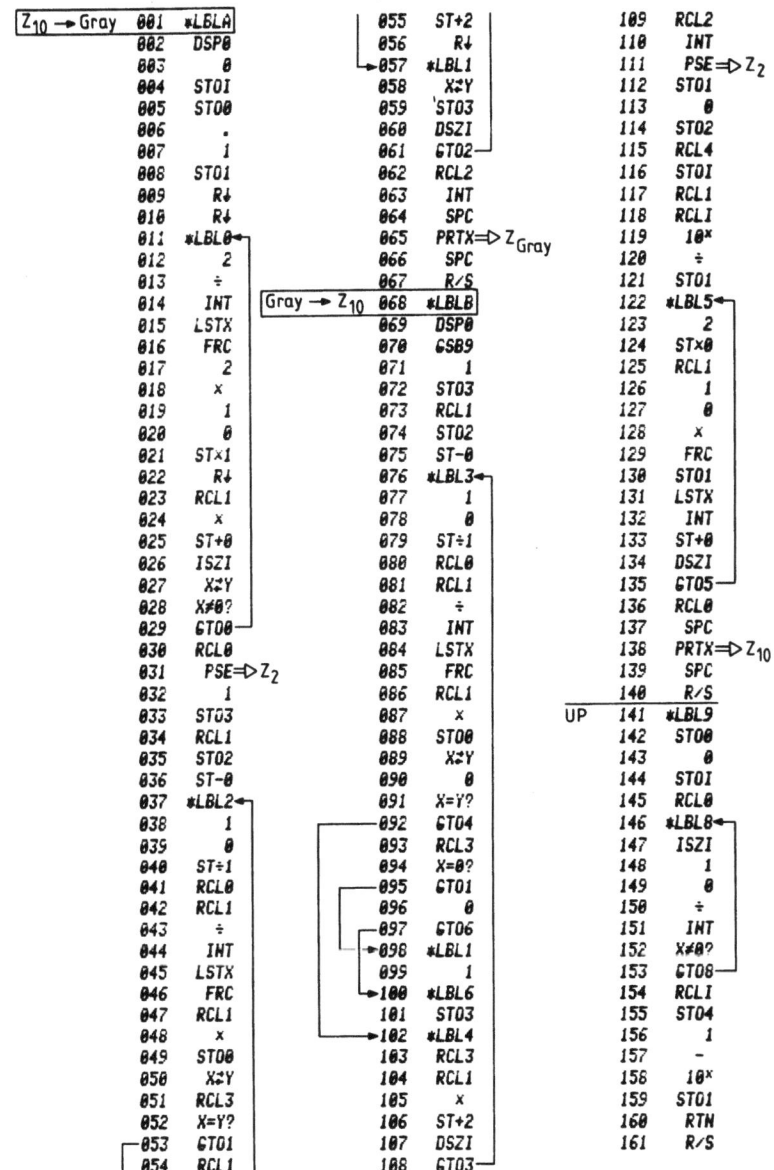

Die Umwandlung einer Dezimalzahl in den Gray-Code wird mit Label A in Zeile 001 gestartet. In der Schleife Label 0 von Zeile 011 bis 029 wird die Dualzahl gebildet und in einer kurzen Pause in Zeile 031 angezeigt. Anschließend wird in der Programmschleife Label 2 von Zeile 037 bis 061 der Umwandlungsformalismus abgearbeitet. Die höchst wertigste Stelle im Gray-Code wird in Zeile 035 in STO 2 abgespeichert. In der folgenden Anweisung 036 wird mit Hilfe der Registerarithmetik von der Dualzahl die höchst wertigste Stelle subtrahiert. Der Vergleich der beiden vorherigen Dualstellen wird in Zeile 052 durchgeführt. Der Inhalt von STO 3 bleibt unverändert, wenn die beiden letzten Dualziffern identisch sind. Die ermittelte Ziffernfolge im Gray-Code wird in Zeile 065 ausgegeben.

Die Umwandlung einer Gray codierten Zahl in eine Dezimalzahl wird mit Label B in Zeile 068 gestartet. In einem Unterprogramm Label 9 wird zunächst die Ziffernzahl im Gray-Code festgestellt. Auch hier wird durch die Registerarithmetik Operation in Zeile 075 die höchst wertigste Ziffer abgespalten, bevor der eigentliche Umwandlungsformalismus beginnt. Dieser wird innerhalb der Programmschleife Label 3 von Zeile 076 bis Zeile 108 erledigt. Als Zwischenergebnis wird in Zeile 111 die ermittelte Dualzahl in einer kurzen Pause angezeigt. Die anschließende Umwandlung von Dual nach Dezimal wird in der Schleife Label 5 mit den Anweisungen 122 bis 135 durchgeführt. Als Ergebnis wird die Dezimalzahl in Zeile 138 ausgegeben.

7.2.2 Testbeispiele

Eingabe:	941		(Dezimalzahl)
Start $\boxed{A}$:	1. Kurze Pause:	1110101101	(Dualzahl)
	2. Stop:	1001111011	(Gray-Code)

Rechenzeit rund 30 Sekunden

Eingabe:	1001111011		(Gray-Code)
Start $\boxed{B}$:	1. Kurze Pause:	1110101101	(Dualzahl)
	2. Stop:	941	(Dezimalzahl)

Eingabe:	1023		(Dezimalzahl)
Start $\boxed{A}$:	1. Kurze Pause:	1111111111	(Dualzahl)
	2. Stop:	1000000000	(Gray-Code)

Eingabe:	1111111111		(Gray-Code)
Start $\boxed{B}$:	1. Kurze Pause:	1010101010	(Dualzahl)
	2. Stop:	682	(Dezimalzahl)

Eingabe:	50000		(Dezimalzahl)
Start $\boxed{A}$:	1. Kurze Pause:	1.100001101 + 15	(Dualzahl)
	2. Stop:	1.010001011 + 15	(Gray-Code)

Rechenzeit rund 45 Sekunden

Die letzten beiden Ergebnisse geben die ersten 10 Ziffern der 16-stelligen (Exponent + 1) Dual- bzw. Gray-codierten Zahl an.

Führt man durch Betätigung der Starttaste $\boxed{B}$ anschließend die Umwandlung in umgekehrter Richtung durch, so erhält man als Dezimalzahl den Wert 49984. Diese Zahl würde im Gray-Code 1010001011100000 entsprechen. Hierbei ist zu beachten, daß 1010001011000000 im Gray-Code als Dualzahl 1100001101111111 $\hat{=}$ 50047 Dezimal ergeben würde. Da jedoch alle Ziffern über 10 hinaus identisch Null interpretiert werden, liegt der Umwandlung die Dualzahl 1100001101000000 $\hat{=}$ 49984 zugrunde.

7.2.3 Gray-Code-Abtaster

Bei Systemen zur digitalen Weg- und Winkelmessung mittels Winkelcodierern benötigt man zur Vermeidung von Zahlensprüngen zur Ausschaltung kleiner Justierfehler der Abtasteinrichtung einen Zahlencode, bei dem sich beim Übergang von einer Zahl zur nächsten immer nur ein einziges Bit ändert (Einschrittiger Code). Diese Eigenschaft zeichnet den Gray-Code nach Bild 7.2.1 aus [31]. Der funktionelle Aufbau einer Abtastbahn ist in Bild 7.2.1, die technische Realisierung einer Gray-codierten Abtastscheibe ist in Bild 7.2.2 gezeigt.

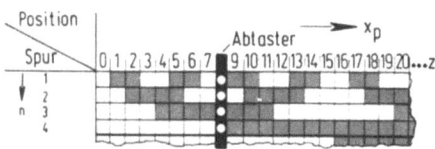

Bild 7.2.1 Aufbau einer Abtastbahn im Gray-Code   **Bild 7.2.2** Gray-codierte Abtastscheibe

7.2.4 Direkte Umwandlung Dezimal in Gray-Code

Zwischen der Anzahl der abzutastenden Positionen Z und der hierzu erforderlichen Anzahl Codierspuren n besteht die Beziehung:

$$Z = 2^n \tag{7.2.1}$$

Aus Gl. (7.2.1) folgt für die erforderliche Anzahl Codierspuren:

$$n = \text{Int}\left\{\frac{\log Z}{\log 2}\right\} + 1 \tag{7.2.2}$$

Mit Gl. (7.2.2) ist die Spur mit der am weitesten links stehenden 1 festgelegt. Allgemein gilt, daß die n-te Spur bei der beliebigen Position X_p „1"-Signal liefert, wenn X_p in folgendem Bereich liegt:

$$(1 + 4k) \, 2^{n-1} \leq X_p \leq (3 + 4k) \, 2^{n-1} - 1 \tag{7.2.3}$$

mit $k \geq 0$ und ganzzahlig.

Mit diesen Überlegungen ist die Basis für die Erarbeitung des zyklischen Ablaufs gelegt. Der als Endergebnis gesuchte Gray-Code der gegebenen Dezimalzahl Z soll über das X-Register mit maximal zehn Ziffern angezeigt werden. Hierzu ist es notwendig, die einzelnen errechneten Gray-Code-Ziffern nacheinander mit abnehmender Wertigkeit dezimal zu wichten und in einem Zwischenspeicher aufzuaddieren. Als erstes dezimal gewichtete Gray-Code-Ergebnis entsteht die Zahl

$$X_G = 10^{n-1} \tag{7.2.4}$$

Hiernach wird eine neue Position X'_p ermittelt, die angibt, wie weit die gegebene Position X_p von der unteren Grenze des Intervalls nach Gl. (7.2.3) für k = 0 entfernt ist.

$$X'_p = X_p - 2^{n-1} \tag{7.2.5}$$

Eine logische Abfrage der Form:

$$X'_p + 1 > 2^{n-2} \tag{7.2.6}$$

liefert im Falle „ja" den Hinweis, daß die nächste Gray-Code-Ziffer eine Null sein muß. Damit ist keine Addition zu dem bisherigen Wert von X_G erforderlich. Im Fall „nein" muß ein neues X'_G der Form:

$$X'_G = X_G + 10^{n-2} \tag{7.2.7}$$

gebildet werden. Außerdem muß ein neues X''_p nach folgender Beziehung ermittelt werden

$$X''_p = 2^{n-1} - 1 - X'_p \tag{7.2.8}$$

Der Rechnungsablauf ist im Flußdiagramm nach Bild 7.2.3 verdeutlicht.

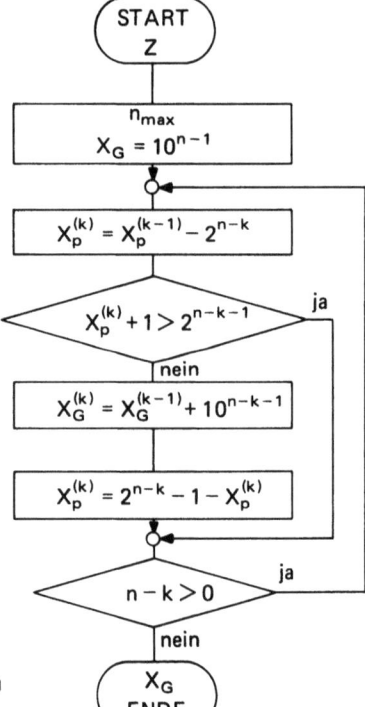

Bild 7.2.3
Flußdiagramm Dezimal-Gray-Code-Umwandlung

7.2.5 Programmbeschreibung „Dezimal-Gray-Code-Umwandlung"

Die Anweisungsliste zu dem Programm ist in Tabelle 7.2.2 angegeben. Das Programm wird mit Label A in Zeile 001 gestartet. Der im X-Register eingegebene Wert wird in Zeile 003 nach STO 2 zwischengespeichert. Mit den Anweisungen 004 bis 011 wird die Gl. (7.2.2) ausgewertet, die erforderliche Anzahl Codierspuren ermittelt und mit einer kurzen Pause in Zeile 016 angezeigt.

Tabelle 7.2.2 Anweisungsliste „Dezimal-Graycode-Umwandlung"

$Z_{10} \to$ Gray	001	*LBLA		017	8		034	GTO1
	002	DSP0		018	STOI		035	RCL0
	003	STO2		019	RCL0		036	1
	004	LOG		020	10^x		037	−
	005	2		021	STO1		038	10^x
	006	LOG		022	*LBL2 ←		039	ST+1
	007	÷		023	2		040	RCL3
	008	EEX		024	RCL0		041	1
	009	CHS		025	Y^x		042	−
	010	8		026	STO3		043	RCL2
	011	+		027	ST÷2		044	−
	012	INT		028	2		045	STO2
	013	STO0		029	÷		→ 046	*LBL1
	014	1		030	RCL2		047	DSZi
	015	+		031	1		048	GTO2 ⎤
	016	PSE⇒n Code-Bahnen		032	+		049	RCL1
				033	X>Y?		050	R/S⇒Gray-Code

Der Rechenfehler bei Auswertung der Gl. (7.2.2) kann in der Größenordnung von $2 \cdot 10^{-9}$ liegen. Aus der Beziehung (log 256)/(log 2) bildet der Rechner z.B. als Ergebnis 7,999999998 statt dem exakten Ergebnis 8,0. Diese Ungenauigkeit kann bei nachfolgenden Integer-Operationen zu völlig falschen Ergebnissen führen, wenn an Stelle des exakten Integer-Wertes 8 mit dem falschen Integer-Wert 7 weiter gerechnet wird. Um diese Fehler an den Dualsprüngen zu vermeiden, wird in den Zeilen 008 bis 011 ein Korrekturwert 10^{-8} zu dem Ergebnis aus Gl. (7.2.2) addiert.

Eine äußere Programmschleife umfaßt die Anweisungen von Zeile 022 bis 048. Innerhalb dieser Schleife werden die Gln. (7.2.5 bis 7.2.8) ausgewertet. Die Schleife wird verlassen, wenn der Inhalt von STO 0 auf Grund der Dekrement-Anweisung in Zeile 047 gleich Null geworden ist. Das im Gray-Code vorliegende Ergebnis wird angezeigt. Für Dezimalzahlen bis 1023 werden alle Ziffern im Gray-Code ausgegeben. Über diesen Zahlenbereich hinaus, schaltet der Rechner automatisch auf Exponential-Format-Ausgabe um, so daß nur die ersten zehn Ziffern im Gray-Code der Anzeige entnommen werden können.

7.2.6 Testbeispiel

Die in den Gray-Code umzusetzende Zahl Z wird über die Eingabetastatur in das X-Register eingegeben ($1 \leqslant Z < 1024$). Bei Überschreitung des angegebenen Zahlenbereiches gibt die auf 10 Stellen begrenzte Anzeige die zehn höherwertigsten Gray-Code-Stellen an.

Eingabe: Z = 937   Start [A]

Ergebnis: In einer kurzen Pause wird mit n = 10 die Anzahl der Codierspuren angezeigt. Der Rechengang hält mit dem Gray-codierten Ergebnis an X_G = 1001111101

Rechenzeit rund 20 Sekunden

Eingabe: Z = 1500000   Start [A]

Ergebnis: n = 21 (kurze Pause)
Als Endergebnis wird 1.110110010 + 20 angezeigt. Die ersten 10 Ziffern der Gray-codierten Zahl lauten daher 1110110010.

Rechenzeit rund 40 Sekunden

Literaturverzeichnis

[1] *Ameling, W.; Lange, O.:* Stationen auf dem Wege zur Elektronischen Datenverarbeitung, Hochschuljahrbuch Alma Mater Aquensis, Bd. XIV, 1976/77.

[2] *Baxandall, D.; Pugh, J.:* Calculating Machines and Instruments Science Museum, London, ISBN 0901805.14.9

[3] *Jordan, W.:* Machina arithmetica in qua non additio tantum et subtractio sed et multiplicatio nullo, divisio vero paene nullo animi labore peragantur.
(Arithmetische Maschine, mit der man nicht nur Additionen und Subtraktionen, sondern auch die Multiplikation mühelos und die Division fast mühelos vollziehen kann.) Aus Zeitschrift für Vermessungswesen Bd. XXVI, 1877, H. 10, S. 307. Quelle: Niedersächsische Landesbibliothek Hannover (Leibniz-Archiv).

[4] Texas Instruments: Individuelles Programmieren, Programmierbare TI-58/59. Bedienungshandbuch D.Om 344 247 S.

[5] *Schumny, H.:* Taschenrechner Handbuch, Naturwissenschaften/Technik, Verlag Vieweg, Braunschweig, 1977, 2. Auflage, ISBN 3-528-14035-6.

[6] *Gloistehn, H.-H.:* Programmieren von Taschenrechnern 3, Lehr- und Übungsbuch für den TI-58 und TI-59, Verlag Vieweg, Braunschweig, 1978, ISBN 3-528-04095-5.

[7] *Lukasiewicz, J.:* Aristotle's Syllogistic from the Standpoint of Modern Formal Logic, Oxford, Clarendon Press, 1951, S. 78.

[8] *Stone, Harold, S.:* Introduction to Computer Organization and Data Structures, McGraw-Hill, Book Company, New York.

[9] *Ralston, Anthony:* Encyclopedia of computer Science, Polish Notation, Petrocelli/Charter, New York, 1976, Page 1084–1085.

[10] *Schärf, J.; Strecha, R.:* UPN-Taschenrechner in Schule und Praxis. R. Oldenbourg Verlag, Wien, München, 1977.

[11] Hewlett-Packard: HP 67 Bedienungs-Handbuch 00067 – 90013 German – NP.

[12] Hewlett-Packard: HP 97 Bedienungs-Handbuch 00097 – 90003 German.

[13] DIN 19233: Automat, Automatisierung, Deutsche Normen, Fachnormenausschuß Messen, Steuern, Regeln (FMSR), Juli 1972.

[14] *Meyer zur Capellen, W.:* Mathematik, in Dubbels Taschenbuch für den Maschinenbauer, Springer-Verlag, Berlin, Göttingen, Heidelberg, Bd. 1, 11. Aufl., 1958.

[15] *Zurmühl, R.:* Praktische Mathematik für Ingenieure und Physiker, Springer-Verlag, Berlin, Heidelberg, New York, 5. Aufl., 1965.

[16] *Mandel, H.:* Einführung in die Reaktortheorie, Vorlesungsmanuskript 1971/72, RWTH Aachen.

[17] *Brauch, W.; Dreyer, H.-J.; Haacke, W.:* Mathematik für Ingenieure des Maschinenbaus und der Elektrotechnik B. G. Teubner, Stuttgart, 4. Aufl. 1974, ISBN 3-519-16510-4.

[18] *Vormbaum, H.:* Finanzierung der Betriebe, Gabler-Verlag, Wiesbaden, 2. Aufl. 1971.

[19] *Langguth, R.; Rautenberg, H. G.:* Finanzierung und Investitionsrechnung, Betriebswirtschaftslehre für Ingenieure, VDI-Verlag GmbH, Düsseldorf T45, 1973.

[20] *Schneider, E.:* Volkswirtschaft u. Betriebswirtschaft, I. C. Mohr, Tübingen, 1964.

[21] Becksche Textausgaben, EStR, Einkommensteuer-Richtlinien, Einkommensteuergesetz und Einkommensteuer DV, C. H. Beck-Verlag, München, 2. Aufl. 1978.

[22] *Tipke, K.:* Steuerrecht, ein systematischer Grundriß, Verlag Dr. Otto Schmidt KG, Köln, 4. Aufl. 1977.

[23] *Stange, K.:* Angewandte Statistik, Springer-Verlag, Berlin, Heidelberg, New York, Bd. 1 1970 und Bd. 2 1971.
[24] *Heinhold, J.; Gaede, K.-W.:* Ingenieur-Statistik, R. Oldenbourg Verlag, München, Wien 1972, ISBN 3-486-31743-1.
[25] *Sachs, L.:* Statistische Auswertungsmethoden, Springer-Verlag, Berlin, Heidelberg, New York, 1969.
[26] *Kreyszig, E.:* Statistische Methoden und ihre Anwendungen, Vandenhoeck & Ruprecht, Göttingen, 5. Aufl. 1975, ISBN 3-525-40717-3.
[27] *Heinhold, J.; Gaede, K.-W.:* Aufgaben und Lösungen zur Ingenieur-Statistik, R. Oldenbourg Verlag, München, Wien, 1973.
[28] Brockhaus Enzyklopädie, F. A. Brockhaus, Wiesbaden 1969, Bd. 8 u. 19.
[29] *Borucki, L.:* Grundlagen der Digitaltechnik, B. C. Teubner, Stuttgart 1977.
[30] *Grabbe, E. M.; Ramo, S.; Wooldridge, D. E.:* Handbook of Automation Computation and Control, S. 18–25, John Wiley & Sons Inc., New York, Chapman & Hall, Ltd., London.
[31] *Walcher, H.:* Digitale Lagemeßtechnik, VDI-Verlag, Düsseldorf 1974.
[32] *Elgerd, O., I.:* Electric Energie Systems Theory: An Introduction, TMH Edition, Tata McGraw-Hill, Publishing Company Ltd., New Delhi 1975.
[33] *Chua, L. O.; Lin, P.-M.:* Computer-Aided Analysis of Electronic Circuits: Algorithms & Computational Techniques; Prentice-Hall, Inc. Englewood Cliffs, New Jersey 1975.
[34] *Carnaham, B.; Wilkes, O.:* Digital Computing and Numerical Methods; John Wiley and Sons, Inc. New York, London, Sydney, Toronto 1973.
[35] *Harms, A.:* Einsatzmöglichkeiten von programmierbaren Taschenrechnern zur Wirtschaftlichkeitsrechnung bei Investitionen. Elektrizitätswirtschaft, Jg. 78 (1979), S. 42–47.

Sachwortverzeichnis

Ablaufschema, UPN-Technik 6
Adressen, indirekte 10
Äquivalenzabfrage 10
Algebraisches-Operations-System (AOS) 3
Anfangsadressen 10
Anfangsstatus 10
Annuität 79, 82, 85, 90
Annuitätentilgung 72
Anordnung, eingeschobene 4
—, klammerfreie 4
Anteil, echt gebrochen 140 f.
—, ganzzahlig 140 f.
Anweisungsliste, Binominalverteilung 117
—, Dezimal-Dual-Graycode-Umwandlung 149
—, Dezimal-Graycode-Umwandlung 153
—, D'Hondtsches Verteilungsverfahren 138
—, Differentialgleichungen erster Ordnung 43
—, Differentialgleichungen zweiter Ordnung 49
—, Einkommensteuerberechnung bis 1978   101
—, Einkommensteuerberechnung ab 1979   105
—, Gaußsche Normalverteilung 110
—, Gleichungen zweiten und dritten Grades 18
—, Harmonische Analyse 60
—, Komplexe Rechnung 54
—, Lineare Gleichungssysteme bis vierter Ordnung 21
—, Newtonsches Iterationsverfahren 23
—, Newton-Raphson-Methode 68
—, Numerische Integration 30
—, Regressionsanalyse für drei Koeffizienten 129
—, Regressionsanalyse für zwei Koeffizienten 127
—, Regressionsanalyse mit Glockenkurve 130
—, Renten- und Finanzierungsprogramm 71
—, Stichproben-Klassifizierungsprogramm 122
—, Wirtschaftlichkeitsberechnung I 83
—, Wirtschaftlichkeitsberechnung II 93
—, Zahlensystem-Konvertierung für Basis größer zehn 146
—, Zahlensystem-Konvertierung für Basis kleiner zehn 142
—, Zinseszinsberechnung für Jahres- und Monatszyklen 78
Anzeige, Zwischenergebnisse 4
AOS-Technik 3
Approximation, diskrete 56
Approximationsgüte 125
Arbeitsregister, abrufbar 7
Arithmetikoperationen 10
Ausdrücke, alphanumerische 2
Aussagen, logische 4
Ausschußbereich 108
Ausschußwahrscheinlichkeit 115

Bereichsdekaden 2
Bernoulli-Experiment 115
Bildungsgesetz einer Zahl 140
Binominalkoeffizienten 116
Binominalverteilung 114 f.
Bissaker, Robert 2
Bruttoerlösüberschüsse 89

Cardanische Formel 19
Code-Umwandlungen 147

Datenabrufe 12
Dateneingabe 10 ff.
Datensetzung 12
Datenspeicher 9
Dekrementieren 10
Dezimal-Graycode-Umwandlung 152
D'Hondt, V. 136
D'Hondtsches Verteilungsverfahren 136
Dichtefunktion 109
Differentialgleichung erster Ordnung 40
— zweiter Ordnung 46
Disagio 73
Diskriminante 19
Display-Anzeige 12
Dreiecksfaktorisierung 20
Dualcode 147

Eingabe 4
Eingabedaten, problembezogen 9
Eingaben, separieren 6
Eingabesystematik 3
Einkommensteuerberechnung 97 f., 104
Einkommensteuertarif 97
Einzelwahrscheinlichkeit 111, 115 f.
Enter-Taste 6
Ergebnisspeicher 9
Erwartungswert 121

Fehlersuche 15
Finanzierungsberechnung 72
Flag-Abfragen 12, 14
— -Steuerung 13
Fourier-Koeffizienten 35
—, numerische Bestimmung 56
Fraktile 111
—, einseitig 115
—, P %- 108
Funktionen, analytische 38
—, empirische 36
—, versetzt symmetrisch 59
Funktionsmerkmale, AOS-Technik 3
—, UPN-Technik 4
Funktionsweise 3

Galton (1822–1911) 125
Gauß-Elimination 22
Gaußsches Eliminationsverfahren 128
Gaußsche Normalverteilung 108, 123 f.
Gaußsches Prinzip 125
Gleichungssysteme, linear bis vierter Ordnung 20
Glockenkurve 125, 128
Graph (UPN-Technik) 5
Gray-Code 147, 151
— -Abtaster 151
Grenz-Ausfallzahl 115 f.

Grenzwert der Mittelwertstreuung 123
Grundgesamtheit 115
Gutbereich 109

Haltepunkte, programmierte 12
Harmonische Analyse 56
Harms, A. 94
Hauptprogramm 14
Hexadezimal 145
Hilfsgrößenspeicher 9
Hierarchie, algebraische (AOS) 4
–, algebraische (UPN) 6
Horner-Schema 24, 98, 140

Indexregister 10, 13, 111
Informatik 140
Informationsverarbeitung, digital 140
Indirekte Adressierung 10
Inkrementieren 10
Innovationspotential 2
Integration, Gaußsche Normalverteilung 34
–, numerische 35
–, statistische 35
Integrationsbereich 111
Integrationsgrenzen 111
Integrationsintervalle, numerische 111
Integrationsverfahren, numerische 111
Interner Zinsfuß 89 f.
Intervallbreite 111
Investitionsberechnung 89

Jacobi-Matrix 65

Kapitaldienst 90
Kapitalwertmethode 82, 84
Klammersetzungen 4
Klassifizierung durch Stichproben 120
Komplexe Rechnung 53
Konvertierung zwischen Zahlensystemen 140
Korrelationskoeffizient 125 f.
Kubische Gleichungen 16

Label 11
Last X-Register 7
Laufzeit 79
Leibniz, Gottfried Wilhelm 1
Leistungs-Ganglinie 33
Liniendiagramm, numerische Fourier-Analyse 64
Lösungsformalismen 141
Lösungsverfahren, iteratives 112
Logik, formale 4
Lukasiewicz, Jan 4

Makrobefehle 2
Mittelwert 120
Morland, Samuel 1

Newton-Iteration, modifiziert 92
Newton-Raphson-Methode 64, 66
Newton-Regel 29
Newtonsches Iterationsverfahren 23, 85
Newtonsche Wurzelverbesserung 26
Normalgleichungen 125 f.

Normalverteilung 109, 111, 113
–, binomisch 115
–, normiert 111
Normalverteilungskurve 123
Notation, algebraische 3
–, umgekehrt Polnisch 3
Nullstellensuche 26
Numerische Integration 28, 31
Nutzungsdauer 95

Operand 4, 7
Operation, einparametrig 7
–, zweiparametrig 7
Operator 4, 6 f.
Organisationsanweisung 11
Organisationstechnik 4
Organisationsteil 58

Partridge, Seth 2
Pascal, Blaise 1
Pilgerschrittverfahren 123
Polynomberechnung 25
Postfix-Schreibweise 4
Prefix-Schreibweise 4
Primärbereich 10
Primärspeicher 9
Programmaufrufe 11
Programmbeschreibung, Binominalverteilung 116
–, Code-Umwandlung 148
–, Dezimal-Graycode-Umwandlung 152
–, D'Hondtsches Verteilungsverfahren 137
–, Differentialgleichungen erster Ordnung 42
–, – zweiter Ordnung 48
–, Einkommensteuer 100
–, Gleichungen, kubisch und quadratisch 17
–, Gleichungssystem bis vierter Ordnung, linear 20
–, Harmonische Analyse 59
–, Newton-Raphson-Methode 67
–, Newton-Regel 33
–, Newtonsches Iterationsverfahren 24
–, Normalverteilung 111
–, Numerische Integration 32
–, Regressionsanalyse 126
–, Renten- und Finanzierungsprogramm 74
–, Simpson-Newton-Regel 33
–, Simpson-Regel 33
–, Stichproben-Klassifizierung 121
–, Trapez-Regel 32
–, Wirtschaftlichkeitsberechnung I 87
–, Zahlensystem-Konvertierung 141
Programmdokumentation 15
Programmierkomfort 1
Programmiertechnik 9
Programmverzweigungen 12

Quadratische Gleichungen 16

Rechenanlage (programmgesteuert) 1
Rechenregister 7
Rechenschieber 2
Rechensysteme 3
Rechenuhr 1
Rechnungsablauf, logischer 3 ff.
–, UPN-Technik 6

Regression, Regressionsanalyse 125, 131, 134
Regressionsgerade 125
Regressionsgleichungen 125 f.
Regressionskennlinie 125
Regressionskoeffizienten 125 f., 128
Regression, lineare 131
—, nichtlineare e-Funktion 132
—, — Exponentialfunktion 133, 135
—, — Glockenkurve 135
—, — Hyperbel-Funktion 132
—, — log-Funktion 132
Regressionsparabel, erster Art 134
—, zweiter Art 134
Rekursionsformel 116
—, (Einzelwahrscheinlichkeit) 114
Rente 70
—, (Kapitalisierung) 70
Rentenbarwertfaktor, nachschüssig 70
—, vorschüssig 70
Rentenberechnung 70
Rentenendwertfaktor, nachschüssig 70
—, vorschüssig 70
Rücksprunganweisung 13
Runge-Kutta-Verfahren 40
Runge-Kutta-Nystrom-Verfahren 40
Run-Modus 11

Schickard, Wilhelm 1
Schreibweise, postfix 4
Schrittweitensteuerung 41
Schrittwahl 41
Sekundärbereich 10
Sekundärspeicher 9
Separator 6
Simpson-Integration, numerisch 112
Simpson-Regel 29, 111, 123
Software 2
Sparkassenverzinsung 80
Speicheradressen 9
Speicheradressierung, indirekt 10
Speicherarten 9
Speicherausgabe, automatisch 25
Speicherbereichsdefinition 10
Speicherbereichswechsel 10
Speicher, flexibel 3
Speicherregister 7
Speicherregister-Arithmetik 11
Speicherstruktur 136
Speichertechnik 9
Springen 10
Sprung, bedingter 13
—, unbedingter 12
Stackregister (Stapelregister) 5, 7
Standardabweichung 108, 121, 124
Statistik 108
Statistische Sicherheit 111 f., 123 f.
Statistische Unsicherheit 112
Steuerung, Verarbeitungsstufen 4
Stichprobe 121
Stichproben-Kenngröße 123
— -Klassifizierung 123
Stichprobenmittel 120
Stichprobenstandardabweichung 120
Streubereich 121, 124

Streubereichsgrenzen 124
Summenwahrscheinlichkeit 115 f.
Symmetrieeigenschaften 58

Taschenrechner 2
Taylor-Abgleich 46
Tilgungsplan 74, 77
Toleranzgrenze 108, 112
Toleranzintervall für zweiseitige Begrenzung 112
Trace-Modus 15
Trapez-Regel 28, 112

Umwandlungsformalismus 148
Unterprogrammaufruf 10, 12, 14
Unterprogrammtechnik 14

Varianz 108, 115
Verarbeitungsregister, interne 3
Veränderliche, stochastisch 120 f.
Vergleichsoperationen 13
Vernunftschlüsse (Aristotelischer) 4
Verrentung eines Kapitals 72
Verteilung, binomisch 115
Verteilungsfunktion 108
—, (Binominal) 115
Verteilungsdichte 111
Verteilungsrunde 136
Verteilungsverfahren 136
Vertrauensbereich 111, 118 f., 124
— des Mittelwertes 121, 123
—, normiert zweiseitig 123
Vertrauensgrenze von Hypothesen 115
Vertrauensintervall 115
—, zweiseitig 115
Vierspezies-Rechner 1

Wachstumsansatz 92
Wahrscheinlichkeitsdichte 111
Wirtschaftlichkeit 82
Wirtschaftlichkeitsberechnung 86, 89 f., 94
— von Investitionen 82

Zählrad, dekadisches 1
Zeigerdiagramm, numerische Fourier-Analyse 64
Zinseszinsberechnung 77
Zinsfaktor 70
Zinsfußmethode, interne 82, 84
Zufallsereignisse 114
Zufallsgröße 108
Zuse, Konrad 1
Zwischenergebnis 3 f.
Zwischenspeicherung 3

Anhang   Einkommensteuerberechnung für Österreich

1 Gesetzliche Grundlagen

Im Österreichischen Einkommensteuergesetz ESTG von 1972 nach dem Stand von 1978 ist der Einkommensteuer-Tarif als Zonentarif für 11 Zonen zu versteuernder Einkommenbeträge in § 33 formuliert:

III. TARIF
Steuersätze und Steuerabsetzbeträge

§ 33. (1) Die Einkommensteuer von dem zu versteuernden Einkommen beträgt jährlich

für die ersten	50.000 S	23 v. H.
für die weiteren	50.000 S	28 v. H.
für die weiteren	50.000 S	33 v. H.
für die weiteren	50.000 S	38 v. H.
für die weiteren	40.000 S	43 v. H.
für die weiteren	40.000 S	48 v. H.
für die weiteren	40.000 S	52 v. H.
für die weiteren	180.000 S	55 v. H.
für die weiteren	500.000 S	58 v. H.
für die weiteren	500.000 S	60 v. H.
für alle weiteren Beträge		62 v. H.

(2) Wenn das zu versteuernde Einkommen nicht durch 100 S teilbar ist, so sind Restbeträge bis einschließlich 50 S zu vernachlässigen und Restbeträge von mehr als 50 S als volle 100 S zu rechnen.

(3) Dem Steuerpflichtigen steht ein allgemeiner Steuerabsetzbetrag in Höhe von 4.400 S jährlich zu.

(4) Ein Alleinverdienerabsetzbetrag in Höhe von 2.400 S jährlich ...

(5) Ein Arbeitnehmerabsetzbetrag in Höhe von 2.000 S jährlich ...

⋮

(8) Die Einkommensteuer wird nicht erhoben, wenn sie den Betrag von 300 S nicht übersteigt. Übersteigt die Einkommensteuer den Betrag von 300 S, dann wird sie

bis zu einem Betrag von 350 S mit 150 S,
bis zu einem Betrag von 400 S mit 200 S und
bis zu einem Betrag von 450 S mit 300 S

erhoben.

Nach dem Stand vom 1. Januar 1979 [1] gelten für die Absetzbeträge ab 1979 folgende erhöhten Werte:

Allgemeiner Steuerabsetzbetrag	(§ 57 Abs. 1) jährlich	4.800,– S
Alleinverdienerabsetzbetrag	(§ 57 Abs. 2) jährlich	3.200,– S
Arbeitnehmerabsetzbetrag	(§ 57 Abs. 3) jährlich	3.000,– S.

In der Jahresausgleichstabelle sind neben den Absetzbeträgen der Werbungskostenpauschbetrag von 4.914,– S und der Sonderausgabenpauschbetrag von 3.276,– S berücksichtigt.

2 Programmbeschreibung

Das Programm umfaßt 158 Anweisungszeilen. Es kann über vier Startadressen Label b, Label B für Alleinverdiener-Abzugsberechtigte (verheiratete) und Label e, Label E für Ledige gestartet werden. Bei Aufrufe über die Label B oder b wird der Alleinverdiener-Absetzbetrag aus STO 6 berücksichtigt. Bei Aufrufe über die Kleinbuchstaben werden alle Absetzbeträge und der Werbungskostenpauschbetrag aus STO 7 sowie der Sonderausgabenpauschbetrag aus STO 8 berücksichtigt. Für individuelle Werbungs- oder Sonderausgabenbeträge müssen diese vor dem Programmstart nach STO 7 bzw. STO 8 mit negativem Vorzeichen abgespeichert werden. Über die Startadressen Label b und Label e werden die Lohnsteuerbeträge der Jahresausgleichstabelle [1] aus Spalte 2 und 3 exakt berechnet. Die Aufsummierung der Steuerbeträge in den einzelnen Tarifzonen wird mit Hilfe der indirekten Adressierung mit den Anweisungen zwischen Label a in Zeile 054 und der Rücksprunganweisung GTO a in Zeile 075 durchgeführt. Für die Abspeicherung der Tarifzonen und der zugehörigen Steuersätze wird nur jeweils ein Speicherplatz benötigt. Dazu werden die Steuersätze hinter dem Komma an die Zonenwerte angehängt. Die Separierung der beiden Zahlenwerte wird über die Funktionen Int und Frac innerhalb der Programmschleife Label a erreicht.

In einer kurzen Pause wird der auf volle hundert Schilling gerundete, zu versteuernde Einkommensbetrag angezeigt. Bei der Rundung wurde berücksichtigt, daß bei 50 S nicht aufgerundet sondern noch abgerundet wird. Die in § 33 Ziffer 8 gegebenen besonderen Berechnungsregeln für kleine Einkommen werden mit den Anweisungen von Zeile 084 bis 124 realisiert. Als Merkmal für die reine Einkommensteuerberechnung durch Start über die Großbuchstaben B oder E wird das Flag 2 gesetzt. Dadurch wird die Berechnung der gerundeten Monatsbeträge in den Zeilen 128 bis 140 übersprungen. Als Ergebnisse werden der vorgenannte Einkommensbetrag in S, der Spitzensteuersatz in %, der Durchschnittssteuersatz in % und der Steuerbetrag in S ausgegeben.

3 Speicherplatzbelegung

Das Programm benötigt einen permanenten Datensatz, in dem die Konstanten des Einkommensteuertarifs abgespeichert sind. Diese Daten werden über eine Datenkarte mit folgender Ordnungsstruktur zur Verfügung gestellt:

Primärspeicher

	Jahr	
	1978	1979
STO 4:	−4.400	−4.800
STO 5:	−2.000	−3.000
STO 6:	−2.400	−3.200
STO 7:	−4.914	−4.914
STO 8:	−3.276	−3.276
STO 9:	0,62	0,62

Sekundärspeicher

STO 0':	50.000,23
STO 1':	50.000,28
STO 2':	50.000,33
STO 3':	50.000,38
STO 4':	40.000,43
STO 5':	40.000,48
STO 6':	40.000,52
STO 7':	180.000,55
STO 8':	500.000,58
STO 9':	500.000,60

---

[1] Lohnsteuertabellen 1979, Verlag der Österreichischen Staatsdruckerei

4 Beispiele (1978)

1. Jahreslohn   37.640,– S

Eingabe: 37640

Start ⎡f⎤⎡e⎤ d.h. nicht Alleinverdienerabsetzberechtigt

Ergebnisse: Einkommensbetrag (T)   37.640,00 S
            Spitzensteuersatz (Z)   23,00 %
            Durchschnittssteuersatz (Y)   0,53 %
            Steuerbetrag (X)   200,40 S

Rechenzeit rd. 15 Sekunden

Eingabe: 37640

Start ⎡f⎤⎡b⎤ d.h. Alleinverdienerabsetzberechtigt

Ergebnisse: Einkommensbetrag (T)   37.640,00 S
            Spitzensteuersatz (Z)   23,00 %
            Durchschnittssteuersatz (Y)   0,00 %
            Steuerbetrag (X)   0,00 S

2. Jahreslohn   240.000,– S

Eingabe: 240000

Start ⎡f⎤⎡e⎤ d.h. nicht Alleinverdienerabsetzberechtigt

Ergebnisse: Einkommensbetrag (T)   240.000,00 S
            Spitzensteuersatz (Z)   43,00 %
            Durchschnittssteuersatz (Y)   28,45 %
            Steuerbetrag (X)   68.274,00 S

Eingabe: 240000

Start ⎡f⎤⎡b⎤ d.h. Alleinverdienerabsetzberechtigt

Ergebnisse: Einkommensbetrag (T)   240.000,00 S
            Spitzensteuersatz (Z)   43,00 %
            Durchschnittssteuersatz (Y)   27,45 %
            Steuerbetrag (X)   65.874,00 S

Rechenzeit rd. 15 Sekunden

Tabelle 1 Anweisungsliste „Einkommensteuerberechnung Österreich"

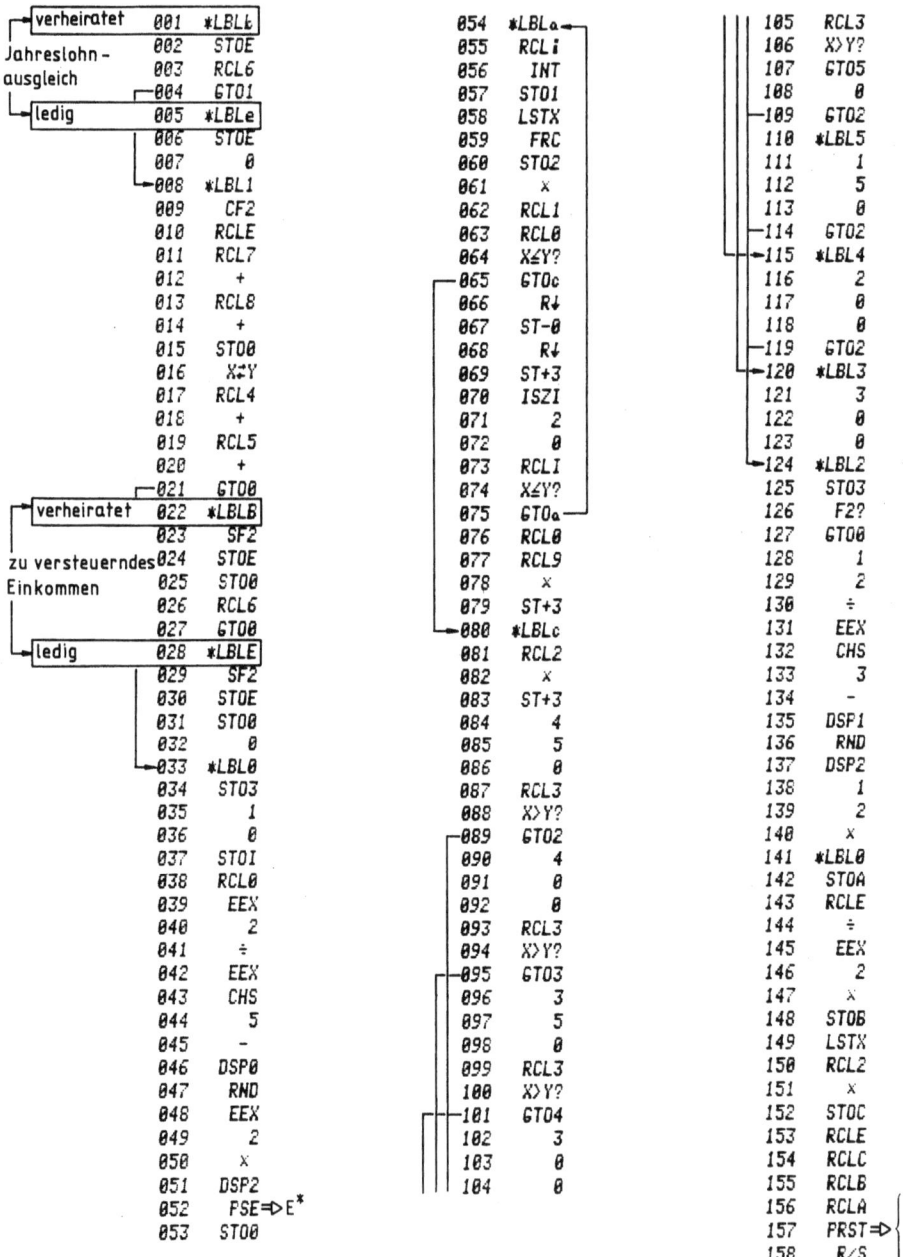

Die in diesem Band vorliegende Programmsammlung wurde auf den
Rechnern HP-67 und HP-97

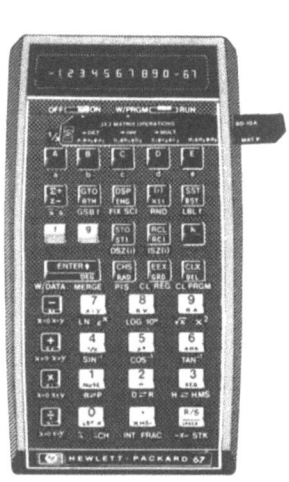
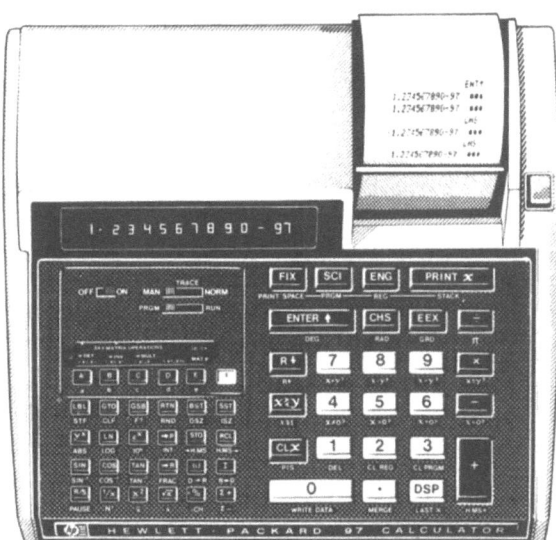

erstellt. Aus den verschiedensten Fachbereichen ausgewählt und von durchweg hohem Anforderungsniveau, dokumentieren diese Programme beispielhaft die vielseitigen Einsatzmöglichkeiten und den hohen technischen Standart der Rechner HP-67 und HP-97. Zusammen mit der bewährten Computer-Logik UPN, der einfachen Programmierung und dem anspruchsvollen Qualitätsmaßstab, den HEWLETT-PACKARD an alle seine Produkte anlegt, stehen so dem Anwender Rechner zur Verfügung, die im besten Sinne benutzerfreundlich sind.

Aber HEWLETT-PACKARD bietet noch mehr. Ergänzend zu den Rechnern liegt ein umfassendes Software-Angebot von mehr als 3000 weiteren Programmen aus Wirtschaft, Wissenschaft und Technik in praxisgerechter Form vor. Damit eröffnet sich den Benutzern von HEWLETT-PACKARD-Rechnern die Möglichkeit, die individuellesten Problemstellungen gezielt anzugehen und einer schnellen und exakten Lösung zuzuführen.

Baustatik:

Umfangreiche Programmsammlung in DIN-Norm von Ing. (grad.) *W. Mücke* und Dipl.-Ing. *H. Weckmann*

Bauphysik:

Zahlreiche Programme für Heizungs-/Klimatechnik und Akustik von Ing. (grad.) *H. Markert*

Bank, Sparkassen und Finanzbereich:

Braess/Fangmeyer „Elektronische Effektivzinsberechnung" für Renditen, Kurse und Konditionen bei

- Annuitätendarlehen (Tilgungsdarlehen, Zinsanpassungsdarlehen)

- Darlehen und Wertpapiere mit Ratentilgung (Tilgungsdarlehen, Zinsanpassungsdarlehen)

- Festdarlehen und gesamtfällige Wertpapiere (auch U-Schätze) von Dipl. Mathematiker *H. Fangmeyer* und Bankkaufmann *A. Beer.*

Anwendung programmierbarer Taschenrechner

Band 1: Angewandte Mathematik, Finanzmathematik Informatik, Statistik – für UPN-Rechner

von Dr.-Ing. *Helmut Alt*
Verlag Vieweg
Braunschweig/Wiesbaden 1979

Arbeitsvorbereitung und Kalkulation:

Programme aus den Bereichen Bohren, Drehen, Fräsen, Zeitwirtschaft und Kostenkalkulation von Industrial Engeneer *H. P. Schoth*

Geodäsie:

Ingenieurvermessung, Landesvermessung, Photogrammetrie, Ausgleichsrechnung von Prof. Dr. *Oberete-Brink-Bockholt*

Umfangreiche Software aus unserem Hause:

Statistik – Maschinenbau* – Finanzmathematik – Elektronik – Spiele* – Vermessung – Navigation* – Nuklearmedizin

„Users-Club" für Programmaustausch:

Der HP *Users-Club* zählt über 5000 Mitglieder. Es gibt über 1000 Programme. Zusätzlich stehen 40 neue Programmsammlungen* mit jeweils 10 bis 15 Programmen, ohne Magnetkarten, unterschiedlicher Sachgebiete zur Verfügung.

* Diese Programme sind nur in englisch erhältlich.

Adressenliste:

Weitere Programmsammlungen von Anbietern der verschiedensten Fachrichtungen auf Anfrage.

HP-Taschenrechner System Befeld:

Für Einsatz in explosionsgefährdeten Räumen (Schutzart G 5)

Fordern Sie weitere Informationen beim Fachhandel an oder direkt bei:

Hewlett-Packard GmbH/Vertrieb, Berner Straße 117, 6000 Frankfurt 56, Tel. (0611) 5004-1

Taschenrechner + Mikrocomputer Jahrbuch 1981

Anwendungsbereiche — Produktübersichten — Programmierung — Entwicklungstendenzen — Tabellen — Adressen.
Herausgegeben von Harald Schumny.
1980. VIII, 296 S. mit zahlreichen Abbildungen. Format 19 X 24 cm. Kartoniert

Unwissenheit fördert Angst, Wissen gibt Sicherheit: Jedem eine solide Basis bietet das neue
Taschenrechner + Mikrocomputer Jahrbuch 1981
mit aktuellen Beiträgen über
- Taschenrechner
- Mikrocomputer
- Peripheriegeräte und Speichertechnik
- Programme,

mit interessantem Datenteil und Sachwortverzeichnis. Die Autoren sind Praktiker, unmittelbar an der rasanten Entwicklung der neuen Technologien beteiligt. Also: Aufschluß aus erster Hand! Über die Gegenwart wie über die künftige Entwicklung.
Inhalt: Fachteil: Beiträge zu den Themen Taschenrechner, Mikrocomputer, Peripheriegeräte und Speichertechnik. Die Rubrik „Programme" enthält für programmierbare Taschenrechner und Mikrocomputer, geordnet nach Typen, zahlreiche ausgetestete Programme mit Beschreibung.
Datenteil: Produktübersichten mit Preisangaben, Adressen, Bücher, Zeitschriften, Produktneuheiten.

MIX
Papier aus verantwortungsvollen Quellen
Paper from responsible sources
FSC® C105338

If you have any concerns about our products,
you can contact us on
ProductSafety@springernature.com

In case Publisher is established outside the EU,
the EU authorized representative is:
**Springer Nature Customer Service Center GmbH
Europaplatz 3, 69115 Heidelberg, Germany**

Printed by Libri Plureos GmbH
in Hamburg, Germany